AF862669

Tous nos ouvrages sont disponibles aux

Éditions Decoopman
Ferrières
30440 Saint-Laurent-le-Minier
Tel : +33 (0)4.67.73.90.95
web : www.decoopman.com
e.mail : livres@decoopman.com

Olivier Lacaux
Jean Castanier

© ***Éditions Decoopman***
I.S.B.N. 978-2-36965-152-9
Dépôt légal : 2e trimestre 2023

© La loi du 11 mars 1957 interdit les copies ou reproductions destinées à une utilisation collective. Toute représentation ou reproduction intégrale ou partielle faite par quelque procédé que ce soit sans le consentement de l'auteur ou de ses ayants droit ou ayants cause, est illicite et constitue une contrefaçon sanctionnée par les articles 425 et suivants du Code Pénal.

Photo de 4e de couverture : Un Spad, chasseur français le plus performant de la guerre 14-18. © Collection du Musée de l'air et de l'Espace du Bourget.

À découvrir…

- *La guerre à ciel ouvert* - V. Rousset
- *La dissuasion nucléaire française* - P. Wodka-Gallien
- *Abécédaire des forces sous-marines* - P. Nôtre & J. L. Vichot
- *La Marine de guerre* – A. Sauvaire-Jourdan
- *La navigation sous-marine* – G.L. Pesce
- *Les Torpilles* – E. Hennebert
- *Sous-marins & submersibles* - Max Laubeuf

Les moteurs d'aviation

Capitaine
Camille Martinot-Lagarde

1917

À la conquête du ciel, les moteurs d'avions

Philippe Wodka-Gallien
Membre de l'Institut Français d'Analyse Stratégique

« – *Vous parlez bien français, remarque le lieutenant Maréchal, pilote,*
– *J'ai travaillé chez Gnome à Lyon, lui répond l'officier allemand.*
– *Moi aussi, je suis dans la mécanique.* »

Ce dialogue est tiré d'une scène bien émouvante du film *La grande Illusion*, l'œuvre de Jean Renoir. À l'occasion d'une scène de fraternisation entre ennemis allemands et français, il salue le constructeur de moteurs d'avions, les usines Gnome & Rhône. Abattus au-dessus des troupes allemandes lors d'une mission de reconnaissance, le capitaine de Boëldieu, rôle confié à Pierre Fresnay et le lieutenant Maréchal, incarné par Jean Gabin, sont conviés à un partager un déjeuner par les officiers allemands. « Très honorés de recevoir des hôtes français » lance von Rauffenstein, l'aristocrate allemand. La scène se veut une restitution fidèle du quotidien des pilotes de la première guerre mondiale. C'est en 1937 que la marque française reçoit la consécration de notre culture populaire.

La Grande Illusion est une histoire d'aviateurs, une nouvelle aristocratie d'officiers, celle des chevaliers du ciel. La séquence qui réunit Français et Allemands a retenu l'attention de Daniel Costelle qui la reprend en citation dans la série documentaire *L'Histoire de l'aviation*, précisément l'épisode *Au temps des escadrilles* consacré à la Grande Guerre. Il est vrai que Jean Renoir était lui-même pilote de reconnaissance sur Caudron.

Dans *La Grande Illusion*, la scène se situe en 1916, le récit faisant référence à la prise du fort de Vaux et aux lassitudes d'une guerre sans fin. La même année, Camille Martinot-Lagarde publie *Les moteurs d'aviation,* un manuel expliquant leurs architectures aux aviateurs, aux ingénieurs, aux personnels d'ateliers, techniciens et mécaniciens. L'avion apparaît comme une nouvelle création de l'ère industrielle, un objet qui combine la cinétique du vol aux mécaniques de métal, d'huile et de pétrole.

Depuis l'ouverture du conflit en août 1914, l'aviation s'est affirmée dans ses missions de guerre, d'abord la reconnaissance, puis très vite la chasse et le bombardement. L'aviation de guerre rejoint ainsi dans son organisation et ses missions les principes posés par Clément Ader dans *L'aviation militaire*, ouvrage de doctrine et de techniques publié en 1907.

Un siècle se passe, et voici que l'ouvrage *Les moteurs d'aviation* est ressuscité dans une édition moderne à l'initiative des éditions Decoopman. Forcément, en découvrant ce travail méticuleux, les dessins industriels, les schémas de fonctionnement, il nous vient l'envie de revenir sur les pionniers de l'aviation, leurs audaces, de citer certains avions apparus durant la Belle Époque, puis les combats de 14-18, mais aussi de voir comment l'univers des artistes a été inspiré par la modernité de ces mécaniques nouvelles et de leurs envolées.

Révélateur de l'effort de guerre, les moteurs d'aviation s'affirment d'emblée dans leur dualité. Servant les militaires dans le ciel de la Somme, de la Marne et de Verdun, ils seront, la paix revenue, les compagnons fidèles des exploratrices et explorateurs de grands raids, ceux qui ont défriché les routes du ciel entre les continents. Chez tous les belligérants, la totalité de la production d'avions, de moteurs, d'instruments, d'armes de bord et de munitions entre dans le cadre d'une guerre totale, une mobilisation intégrale de l'outil industriel au service de la victoire. Le vainqueur sera celui qui dispose de l'industrie la plus puissance et la plus innovante.

Une étoile est née

Justement de quels moteurs parle-t-on dans *La Grande Illusion* ? Il est sans doute question du moteur rotatif Omega, une étoile de sept cylindres. C'est un prodige de mécanique qui propulse alors l'essentiel de la chasse française.

Les historiens de l'aviation sont unanimes : le décollage de l'aviation doit beaucoup au moteur Omega. À l'origine, il y a le génie de deux ingénieurs français, Louis et Laurent Seguin. Les deux frères ont une idée géniale : le moteur en étoile rotatif. Comptant sept cylindres, sa formule révolutionnaire permet d'alléger l'ensemble mécanique et de la sorte, obtenir un excellent rendement entre masse et unité de puissance délivrée, la masse rapportée à chaque cheval vapeur produit. Le moteur Oméga donne un cheval pour 1,4 kilogramme de métal.

Dès l'apparition de l'Omega en 1908, l'aviation peut s'élancer dans l'ère de la performance. Les ouvrages d'aéronautiques mettent en avant la simplicité d'une mécanique dépourvue de complications. Son refroidissement par air est fourni par la rotation des cylindres ajourés, l'effet centrifuge garantissant pour sa part une bonne lubrification de l'ensemble, contrant ainsi l'effet de la pesanteur sur les écoulements des fluides, et cela quelles que soient les inclinaisons de l'avion.

Dès lors, on peut s'affranchir d'un système de refroidissement par liquide, contribuant ainsi à la légèreté et à la simplicité de l'ensemble. Sa conception fait l'objet de centaines de brevets. Concepteur d'avions, Henri Farman est séduit. Il le fixe à son appareil. Dès le premier essai, Farman signe le 27 août 1909 le record de durée de vol en parvenant à

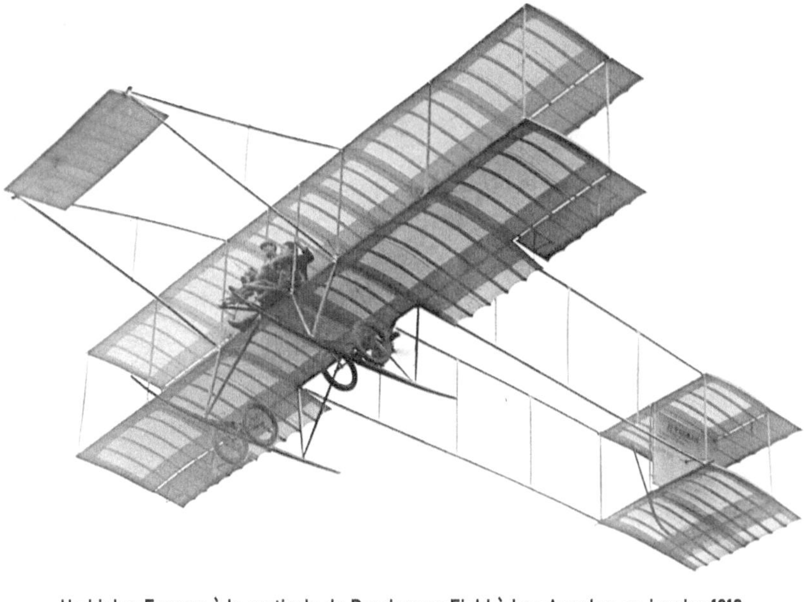

Un biplan Farman à la verticale de Dominguez Field à Los Angeles, en janvier 1910.

tenir l'air durant trois heures et 15 minutes. Avec ce moteur, il parvient à parcourir 180 kilomètres.

L'exploit est renouvelé le 3 novembre 1909, l'avion franchissant 232 km en quatre heures, 17 minutes et 53 secondes dans le ciel de Mourmelon, battant ainsi son propre record de durée de vol. Le produit des frères Seguin s'impose face à ses rivaux. La première version permet à plus de 60 types d'avions de prendre l'air. Le succès technologique se combine à une réussite industrielle : plus de 20 000 exemplaires sont produits. Des licences sont acquises au Royaume Uni, au Japon et en Allemagne.

Que de progrès en cinq ans depuis l'envol du *Flyer* des frères Wright, ce large biplan qui parvint à tenir l'air sur 40 mètres au-dessus de la place de Kitty Hawk en Caroline du Nord ce 17 décembre 1903.

Le premier vol motorisé et contrôlé de l'histoire de l'humanité s'était traduit par un petit bond de 12 secondes. Au quatrième vol, l'appareil sait parcourir 284 mètres, soit 59 secondes dans l'air. L'énergie du *Flyer* avait été fournie par un petit moteur de leur conception. Il produisait douze chevaux et entraînait deux hélices. Le progrès est spectaculaire, en référence au premier moteur à explosion spécialement étudié en 1899 pour donner force aux avions : un deux temps Dion-Bouton.

L'avion 14 Bis d'Alberto Santos-Dumont, machine qui effectue le premier vol moteur en France, une expérience homologuée par l'Aéroclub de France. L'essai se déroula le 23 octobre 1906 sur le terrain de Bagatelle qui dépendait alors de Neuilly-sur-Seine. L'avion était doté d'un moteur Antoinette de 50 chevaux, mais sa formule « canard » s'avéra particulièrement instable.

Sillonner le ciel et relier les hommes

Voici Alberto Santos-Dumont. Son prototype, la *Demoiselle*, sait assurer un vol entièrement contrôlé. Il est produit en 1907. Son hélice est entraînée par un bloc bicylindre Duthiel-Chalmers de 18 chevaux. À bord de ce qui ressemble plus à un ULM qu'à un avion, le brésilien franchit le 13 septembre 1909 les 8 km séparant Saint-Cyr-l'École de la commune de Buc, près de Versailles. Son vol prend cinq minutes à une vitesse de 90 km/h. L'avion du Brésilien est produit en petite série et permet à des aventuriers de s'initier au pilotage, une tentation à laquelle succombe immédiatement Roland Garros. La France est alors le pays de l'aviation.

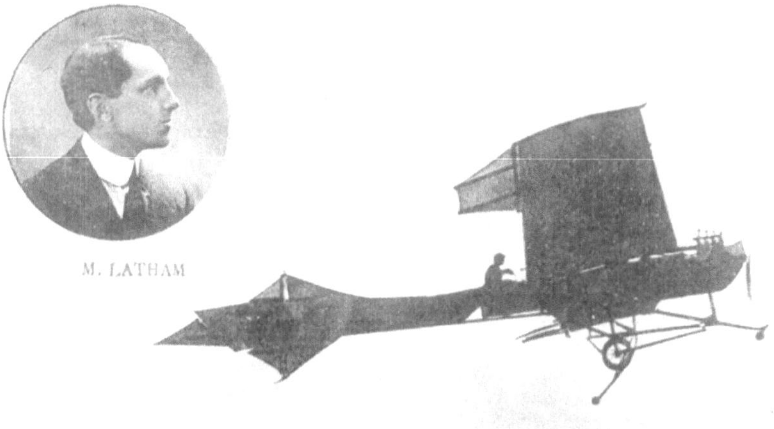

L'avion Antoinette avec son moteur Levavasseur bien visible sur le dessus de la structure. Aux commandes, le français Hubert Latham.

À bord d'une *Antoinette VII*, le 7 janvier 1910, Hubert Latham est le premier à dépasser les 1 000 mètres d'altitude lors d'un vol à Chalons en France. Il doit ce record à un moteur Levavasseur V8. Pour franchir la Manche, Blériot compte sur un moteur Anzani pour emmener son monoplan à Douvres après le survol du Pas-de-Calais. Disposé en demi-étoile, ce moteur, un bloc de 65 kg, fournit 25 chevaux : à masse équivalente, c'est un rendement deux fois supérieurs au moteur du *Flyer* des frères Wright.

L'exploit est signé le 25 juillet 1909. Louis Blériot sauve son entreprise et la publicité de l'exploit se traduit immédiatement sur le carnet de commandes qui se monte vite à 200. Le *Blériot XI*, c'est l'avion tout simplement : l'architecture n'a pas changé depuis. L'ordonnancement est immuable, de l'avant vers l'arrière : hélice, moteur, cockpit, une aile au centre autour du centre de gravité, fuselage, empennage. Le moteur Omega permet à l'aviation naissante de réaliser la percée technologique escomptée pour fournir la performance requise et réellement décoller. Les journaux, les meetings aériens, les mécènes, à l'image de Jacques Schneider, stimulent le progrès technique et encouragent les audaces.

On en vient à imaginer des routes reliant les grandes métropoles. Le français Marcel Brindejonc des Moulinais a appris sur *Demoiselle*. Il démontre du 25 au 27 février 1913 qu'un avion sait effectuer un trajet Paris, Londres, Bruxelles-Paris, soit 1 040 kilomètres parcourus en deux traversées de la Manche. Son avion est un monoplan Morane-Saulnier.

Chasseur monoplan Morane-Saulnier type N. Un imposant carénage masque son moteur en étoile Rhône 9C (neuf cylindres). Apparu en 1915, il est rapidement remplacé par des avions dotés de mitrailleuses synchronisées tirant à travers l'hélice. Photo Imperial War Museum

Les raids entre grandes villes d'Europe deviennent sa spécialité. Tracté par le moteur Gnome, ce petit avion décolle de Villacoublay le 10 juin 1913 et met cap à l'Est : Berlin, Varsovie, puis percer plus au nord. Il se pose sans encombre à Stokholm, à Copenhague et à Saint-Petersbourg. De retour à Paris le 2 juillet, il est accueilli en héros par une foule enthousiaste. Emporté par la guerre, il disparaît en service en 1916.

À la recherche de l'exploit, Roland Garros franchit la Méditerranée le 23 septembre 1913. Son choix se porte sur un monoplan Morane-

Saulnier animé par un moteur Gnome dont les 80 chevaux entraîne une hélice Chauvière. Il décolle de Saint-Raphaël à 5 h 47 avec à bord 200 litres d'essence et 60 litres d'huile de ricin en guise de lubrifiant. Se guidant à la boussole, il chemine par la Corse, voici Calvi, puis la Sardaigne. Il se pose à Bizerte à 13 h 40 après avoir parcouru 780 kilomètres. Il ne restait alors que cinq litres d'essence dans le réservoir.

L'aviateur a laissé son nom à un complexe sportif dédié au tournois de tennis, l'Open de France, porte d'Auteuil à l'entrée Ouest de Paris.

En Russie, Igor Sikorsky veut construire le plus gros avion du monde. Le *Bolchoï*, c'est son nom, le *Grand* en français, est bâti autour de quatre moteurs Argus de 100 ch montés deux à deux en tandem entre les deux voilures, ce qui ajoute deux hélices propulsives vers l'arrière. La taille répond au besoin de connecter un vaste pays. Faire grand est aussi dans la tradition russe, à l'image du *Tsar des canons* exposé à l'intérieur des murs du Kremlin.

Le 13 mai 1913, l'avion s'envole avec à son bord un équipage de trois aviateurs, puis se pose à l'issu d'un vol de dix minutes. Le 11 juillet 1914, Kiev n'est plus qu'à 19 heures 30 de Saint-Pétersbourg. Pour ce trajet, il compte sur l'immense *Ilia-Mourometz*.

L'avion géant russe Ilia Mourometz conçu par Igor Sikorsky. Propulsé par des moteurs Renault, l'avion a servi de bombardier durant la Grande Guerre. Photo San Diego Air & Space Museum

Ses quatre moteurs sont français : des Renault de douze cylindres en ligne refroidis par eau, chacun donnant 220 chevaux. Logés en cabine, les passagers ont même eu droit à une collation à bord pour patienter sur les 2 650 kilomètres du trajet. Le quadrimoteur russe devient alors le premier avion de ligne au monde.

En avril 1921, Adrienne Bolland est la première femme à franchir la Cordillère des Andes à bord d'un G.33, avec un Gnome & Rhône de 80 chevaux. Son vol dura 4 heures et 15 minutes, à une vitesse moyenne de 50 km/h. L'aviation est émancipation pour les femmes. Il faut le dire.

Elise Deroche débute comme actrice de théâtre. Devenue baronne de Laroche, la jeune femme a bien compris ce que l'aventure peut apporter. Elle devient le 8 mars 1910 la première femme à obtenir son brevet de pilote, au passage la 36e licence délivrée par l'Aéroclub de France. Durant la guerre, elle effectue des missions de transport, devient ingénieur, mais son destin se brise dans un accident fatal le 18 juillet 1919.

Avions et moteurs

Deux options techniques s'affrontent : le moteur en étoile et le moteur en ligne, éventuellement en V. La question du refroidissement est cruciale. Le moteur en étoile, rotatif ou fixe, permet de s'affranchir d'un circuit de refroidissement en exploitant le courant d'air généré autour des cylindres, en rotation, comme en translation. C'est plus simple et plus léger. En revanche, le nombre de cylindres est limité, ce qui fixe un plafond à la puissance délivrée. Le moteur rotatif en étoile est par ailleurs réputé moins souple d'utilisation.

Il n'y a pas que l'Omega sur les avions. Le premier appareil construit par Louis Breguet est le Breguet Type I. La machine présente 13,70 mètres d'envergure. Tracté par un moteur en ligne Renault V8 développant 60 chevaux, il peut voler à 60 km/h. Le premier vol est réalisé le 28 juin 1909.

Avec Breguet, l'aviation et l'horlogerie vont aussi former un couple fusionnel. Né en 1880, Louis Breguet est le descendant d'un horloger de Neuchâtel qui avait rejoint Paris durant la Révolution pour concevoir les pièces de haute horlogerie. La France fait figure de leader technologique. En janvier 1915, les deux sociétés Gnome et Rhône fusionnent. Le moteur issu du bureau d'études Hispano-Suiza est pour sa part produit sous licence par les ateliers Wright à Dayton, posant la première pierre au cœur de l'Ohio d'une coopération entre la France et les États-Unis dans les moteurs d'avions. Pour propulser les biplans de combat made-in-USA, un accord de licence est signé au tournant de 1915 et de 1916.

Au Royaume Uni, Harry Hawker conçoit le biplan *Sopwith Tabloid.* Lancé sur la piste, il parvient, en dix minutes, à atteindre une altitude de 5 000 m, une performance qu'il doit aux 80 chevaux de son moteur Gnome. La maniabilité est également remarquable. Ce biplan s'impose. La performance est quant à elle optimisée par le soin apporté au dessin des profils d'ailes.

L'ambition britannique dans ce segment stratégique et critique porte un nom : *Eagle*. Tel est le choix de la firme Rolls-Royce pour baptiser le premier moteur aéronautique de son histoire. Apparu en 1915, *Eagle One* délivre 225 chevaux. Le premier vol de ce bloc propulseur de douze cylindres en V se déroule le 15 décembre 1915 sur un bombardier Handley Page Type O. Rolls-Royce extrait un groupe de six cylindres d'un moteur *Eagle* pour développer un propulseur léger de 75 chevaux, le moteur *Hawk*. Son rendement est porté à 105 chevaux en 1918.

Bombardier britannique Handley Page. Mise en service en 1916, c'est alors le plus grand avion du monde. Il reçoit les premiers moteurs Eagle de Rolls-Royce.

Tout comme le *Liberty* américain, ce moteur britannique poursuit sa carrière dans les années 1920. La version IX délivrant 360 chevaux est produite entre 1922 et 1928 pour l'équipement de l'aérien civil. Au bilan, le moteur Eagle a porté dans le ciel une cinquantaine de types d'appareils : des bombardiers Handley Page ou Short, des hydravions Vickers et Supermarine.

Mécanos sur moteur Rolls-Royce vérifiant un bombardier Handley Page en 1918 - Librairy of Scotland

Sur la base du Rolls-Royce Eagle, les ingénieurs britanniques conçoivent le moteur *Condor* qui, sur la fin du conflit, parvient à développer 675 chevaux. Les gabarits des appareils et leurs performances opérationnelles peuvent croître en conséquence, à l'image de l'hydravion *Blackburn Iris* : 30 mètres d'envergure, treize tonnes, une charge utile de 900 kg de bombe. Il tient l'air cinq heures. L'équipage est composé de cinq hommes.

Le moteur américain Liberty L12 présenté par le major Henry Arnold de l'US Army Air Corps.

La guerre s'étend le 6 avril 1917 aux États-Unis et devient plus mondiale encore. Dans la diversité des moteurs produits dans les nations aéronautiques, il convient de s'arrêter sur le *Liberty* V-12. Cet américain fournit 400 chevaux. À l'origine, une demande de l'Aircraft Board qui mobilise dès le mois de mai 1917 les deux meilleurs concepteurs de moteurs : Jesse Vincent de la Packard Motor Car Company à Detroit et E.J. Hall de la Hall-Scott Motor Co. de Berkeley. Leur feuille de route : concevoir le plus rapidement possible un moteur d'avion à parité de performances avec les meilleures productions britanniques, françaises et allemandes, donc délivrer un rapport puissance-poids élevé et qu'il puisse être fa-

En combat tournoyant dans le ciel de France, un Airco DH-4 américain. Le chasseur américain est propulsé par un moteur Liberty.

cilement produit en grande série. C'est un succès : dans les ateliers Buick, Ford, Cadillac et Lincoln, 13 000 exemplaires sont assemblés durant la guerre, 20 000 au total. Il propulse une quinzaine de types d'avions. Il équipe notamment le chasseur Airco DH4, seul avion construit aux États-Unis à avoir participé à la première guerre mondiale. Il est suivi par le DH9 du même constructeur, un avion de bombardement léger.

La carrière du moteur Liberty se prolonge après-guerre dans l'aviation postale et dans les chars d'assaut. Il tient aussi sa notoriété pour avoir été choisi par Giani Caproni pour son prototype d'avion de ligne géant, le CA60 Transaero. La destruction de l'avion lors d'un premier vol en 1921 met fin au projet du constructeur italien qui revient à la production de bombardiers pour l'Italie du Duce.

Le bombardier italien Ca.5 de Gianni Caproni.

Le temps des as

Le 5 octobre 1914, le sergent Frantz et son mécanicien Quenault, à bord de leur *Voisin* sont sur le retour d'un vol de reconnaissance. En approche de leur terrain de Lhery, ils croisent un Aviatik allemand. L'occasion est trop belle. L'Allemand ouvre le feu. Quesnault riposte. Un premier chargeur est consommé, sans succès. Le Français recharge son arme. Le tir est mieux ajusté. L'Allemand plonge vers le sol et s'écrase dans les marais entre Muizon et Jonchery entraînant dans la mort l'Oberlieutenant Fritz von Zagen. Voilà ! C'est un avion français qui signe la première victoire en combat air-air de l'histoire.

Joseph Frantz et Louis Quesnault devant l'empennage de leur Voisin. Le 5 octobre 1914, par une manœuvre audacieuse, ils parviennent à abattre avec la mitrailleuse de bord un Aviatik, signant ainsi par une victoire française le premier combat aérien de l'histoire.

Dès septembre 1914, l'état-major français sait ce qu'il doit à l'aviation de reconnaissance. Les 2 et 3, les aviateurs en vol de reconnaissance observent que l'armée de von Kluck modifie sa route offrant dangereusement ses flancs à une contre-offensive. Joffre et Gallieni contre-attaquent. Le miracle se produit sur la Marne. Paris et sauvé.

Dès 1915, les premières unités de bombardement sont formées avec mission de porter le feu au-dessus de l'ennemi. Cette année-là voit toutefois la domination des aviateurs allemands. L'État-Major français réagit et forme très vite, sous l'impulsion du commandant de Rose, des unités organisées et mieux formées. L'industrie se mobilise, ce qui donnera un bon petit chasseur signé Nieuport. L'année 1915 est l'occasion d'inaugurer les premières missions spéciales : Jules Védrines dépose et récupère des agents secrets derrière les lignes.

Ils s'appellent Kiffin Rockwell, Norman Prince, Alfred de Laage de Meux, Elliot Cowdin, Bert Hall, James McConnell et Victor Chapman. Ce sont les citoyens américains volontaires pour venir aider la France dans le ciel alors que les États-Unis ne sont pas en guerre. À leur tête le capitaine Georges Thenault. L'unité prend le nom d'escadrille *La Fayette*.

Le Département de l'Air signe le 21 mars 1916 la constitution de cette unité, l'escadrille américaine N 124. Le 20 avril elle s'implante à Luxeuil-les-Bains. Volant alors sur biplan Nieuport 11, ils ont pour mission l'escorte de bombardiers anglais et français. Le 18 mai 1916, l'escadrille obtient sa première victoire. Elle est attribuée à Kiffin Rockwell qui abat ce jour-là un biplan. L'escadrille *La Fayette* combat ensuite sur

Le SPAD XIII et les pilotes américains du 94th Aero Squadron sur le terrain de Faucoucourt en Novembre 1918. À l'image, le lieutenant Reed Chambers, le capitaine James Meissner, le lieutenant Eddie Rickenbacker, le lieutenant Taylor et le lieutenant Eastman. Photo US Air Force

Nieuport 17 puis Spad VII. Aux termes de la guerre, 209 aviateurs auront servi au *Flying Corps Lafayette.* Animant la fraternité d'arme entre militaires américains et français, les traditions de l'unité sont aujourd'hui entretenues par l'escadron 2/4 *La Fayette* sur Rafale, une unité des Forces Aériennes Stratégiques avec pour mission la dissuasion nucléaire.

Bataille au sol, Verdun est aussi une bataille aérienne. Déclenchée le 21 février 1916 à l'initiative du commandement allemand, son issue repose sur l'action d'une puissante artillerie dirigée contre les tranchées ennemies. Les avions de reconnaissance, escortés par les chasseurs, sont mobilisés pour le réglage des tirs. Le général Joffre, aux premiers jours de l'offensive, convoque le commandant De Rose, aviateur très expérimenté, et lui demande de rassembler les meilleures escadrilles dans le secteur de Verdun.

Très engagé dans la bataille de Verdun, Jean Navarre et son chasseur Nieuport au printemps 1916. Il compte 12 victoires homologuées et 15 probables. L'as français est consacré « Sentinelle de Verdun ».

Pour la première fois de l'histoire, le sort d'une bataille, avec lui celui du pays, dépend de l'obtention de la supériorité aérienne. À bord de son Nieuport, Jean Navarre se distingue. Pour les poilus fixés dans la boue des tranchées, il devient « la sentinelle de Verdun ». As aux douze victoires aériennes homologuées, il aurait engagé victorieusement quinze avions ennemis de plus.

Apparu en septembre 1916, le Spad VII permet aux aviateurs français de prendre l'ascendant sur leurs adversaires. Il est conçu par la Société de Production des Aéroplanes Duperdussin, d'où son nom. Les huit cylindres en V de son moteur Hispano Suiza fournissent 180 chevaux et savent entraîner l'avion jusqu'à 5 300 mètres d'altitude à 200 km/h. Il peut voler une heure et 30 minutes. Un ingénieur aéronautique a dessiné son hélice. Son nom : Marcel Bloch. Il baptise sa création *Éclair*.

Le Spad VII, c'est l'avion de Georges Guynemer. Le 11 septembre 1917, le pilote a rendez-vous avec le destin. Aux commandes de son *Vieux Charles*, le nom qu'il donne à son Spad VII, il est en mission de reconnaissance au-dessus des Flandres. Escorté par Jean Bozon-Verduraz, il repère huit avions allemands. Il engage le combat. L'as français affiche déjà 54 victoires. Il ne reviendra pas. Georges Guynemer est une légende. Dans son ouvrage récent, *Le siècle des as*, Pierre Razoux rappelle l'esprit chevaleresque partagé avec l'as allemand Ernst Udet. Dans le ciel de feu d'un jour de juin 1917, le duel s'engage entre les deux pilotes. Au bout de quelques minutes, les mitrailleuses allemandes s'enrayent. Guynemer s'en aperçoit, s'approche de son adversaire, l'épargne et le salue.

Le chasseur Spad, l'avion français qui change le cours de la guerre aérienne. Sur Spad XIII, René Fonck remporte 52 duels aériens face aux avions ennemis.
Photo San Diego Air & Space Museum.

René Fonck, l'as français aux 75 victoires, voit dans le Spad VII l'avion qui « changea complètement le visage du combat aérien ». L'avion français arme la 94e escadrille formée par les États-Unis en France.

C'est dans cette l'unité que s'exprime le capitaine Edward Rickenbacker, as aux 26 victoires, et premier aviateur au palmarès américain. Le Spad VII signe l'acte de naissance de la chasse française. L'hélice de Marcel Bloch est si bien dessinée qu'elle améliore très sensiblement la force motrice fournie par la mécanique montée sur le Spad, mais aussi les Caudron, les Nieuport, les Farman de reconnaissance et les Sopwith britanniques.

L'as américain Eddie Rickenbacker aux commandes de son Spad XIII. Au-dessus de son moteur Hispano-Suiza, deux mitrailleuses Vickers. Capable de voler à 220 km/h, voire 350 en piqué, c'est l'avion de chasse le plus rapide de la guerre.

Devenu constructeur d'avions dans les années 1930, Marcel Bloch, rescapé des camps, prend le nom de Dassault en 1945. Ses avions seront toujours inspirés par les phénomènes météo : Ouragan, Mirage, Rafale.

L'année 1917 : bombardiers et chasseurs

À la publication de l'ouvrage de Martinot-Lagarde en 1917, l'aviation militaire atteint un statut de pleine maturité. Au plan militaire, l'échec sanglant de l'offensive du *Chemin des Dames* finit de convaincre les dirigeants français qu'il faut attendre les chars et les Américains. Devant un tel niveau d'incurie du général Nivelle, les mutineries touchent 40 000 soldats français.

Côté britannique, la tentative de percée à Passchendaele, dans la région d'Ypres, coûte la vie à des centaines de milliers de soldats. Le 6 avril 1917, le Congrès américain vote la déclaration de guerre des États-Unis contre les empires centraux, l'Allemagne et l'Autriche. La Révolution russe, en mars, puis en octobre bouleverse le rapport de force.

L'industrie produit des avions en quantité, petits biplans côtoyant les géants des airs. L'Allemagne met en service le 1er février 1917 son bombardier Friedrichschaffen G3. Il est poussé par des moteurs Mercedes. Au printemps, Manfred von Richtofen et les camarades de son Jagdgeschwader étrillent les escadrilles britanniques. À la tête du « cirque volant », le *Baron Rouge*, surnom attribué par les Français en référence à la livrée écarlate de son Albatros D1 abat, rien qu'en avril, 21 avions anglais.

Chasseurs allemands Albatros DIII du Jagdstaffel 11, l'unité de Manfred von Richtofen. Peint en rouge, son avion est le second de cet alignement. Les 175 chevaux du moteur Mercedes IIID lui donnaient une vitesse de 175 km/h.

L'Italie se distingue par les bombardiers lourds que dessine Gianni Caproni. Fabriquant de belles machines sportives, Fiat et Isotta-Fraschini équipent les bombardiers lourds Ca.5. On reconnaît ces machines à l'aérodynamique raffinée de leur fuselage. Bien dessiné, ce biplan sera produit à 659 exemplaires entre 1917 et 1921.

Apparu en 1918, le modèle Ca.40 de Caproni vole là encore sur moteurs Fiat ou Isotta-Fraschini. Cette mécanique en V sait donner 300 chevaux. Le Royal Naval Air Service adopte l'avion italien en lui montant des *Liberty* de 400 chevaux. Sous cocardes britanniques, il prend la désignation Ca.42. Il faut trois mitrailleuses pour le protéger. Géant de quatre tonnes, ce triplan emporte une tonne de bombes.

Les Britanniques disputent le ciel aux Allemands sur Bristol F.2, avec un F comme Fighter. Produit à 5 329 exemplaires, ce biplan inaugure la culture de performances de la chasse britannique. Cet avion biplace est bâti autour d'un moteur Rolls-Royce très puissant, un Falcon de 190 chevaux. Sa puissance sera portée à 220 chevaux sur la version F.2B, de quoi engager le combat aérien contre les *Albatros* du Reich avec une mitrailleuse fixée dans l'axe, la seconde tenue par l'observateur assurant la défense sur le secteur arrière. Il faut entendre le velouté musical de ce moteur qui annonce déjà le *Merlin* du légendaire Spitfire de la bataille d'Angleterre.

Le chasseur britannique Bristol F2. Pour animer son hélice, un moteur Roll-Royce.

Apparu lui aussi en 1917, le Breguet XIV eut un rôle déterminant dans le narratif de l'aérien français. Dans le sillage du nouveau monoplace de chasse Spad VII apparu quelques mois plus tôt, l'avion Breguet est un tournant pour l'aviation française. Son modèle XIV est un avion tactique biplan destiné aux missions de reconnaissance et de bombardement.

La structure en bois a fait place au duralumin et à l'acier. Son moteur Renault 12F d'une puissance de 280 chevaux est refroidi par eau. Il fournit à cette machine une vitesse de 190 km/h et une autonomie de

Le Breguet XIV, un bombardier tactique reconverti après-guerre en avion postal. Ce biplace vole sur moteur Renault 12F. Il tire sa célébrité pour ses survols de l'Afrique aux couleurs de l'Aéropostale aux mains de pilotes comme Mermoz, Saint-Exupéry et Guillaumet.

700 km. Le 6 mars 1917, l'État passe une première commande de 150 exemplaires en version reconnaissance et 150 pour le bombardement (ils sont désignés respectivement Breguet XIV A.2 et Breguet XIV B.2).

Derrières les lignes allemandes, ses équipages s'en prennent aux usines, aux voies ferrées, aux gares, et sur la ligne de feu, aux tranchées ennemies. Bien conçu, il est massivement utilisé par la France et les forces alliées. La Belgique en aligne 40, l'US Army Air Service en utilisera 600. Ils volent sous les couleurs de la Serbie qui forment cinq escadrilles, mais aussi aux couleurs de la Macédoine et de la Grèce. Au titre de ses faits d'armes, le 29 juin 1918, un Breguet XIV abat le Fokker

Un Fokker D.VII F sur le terrain de Berlin-Johannisthal en 1918. Son moteur est un BMW IIIa, un ensemble de six cylindres en ligne.

D.VII que pilote le célèbre pilote allemand Ernst Udet. Avec 62 victoires homologuées, Ernst Udet survit à la guerre.

Reconvertis pour le transport du courrier, les Breguet XIV sont associés aux opérations des lignes aériennes Latécoère. Dans le service aérien entre la France, l'Afrique et l'Amérique Latine, Antoine de Saint-Exupéry trouvera l'inspiration pour écrire les plus belles pages de la littérature française. L'avion du *Petit Prince* a été choisi pour orner le billet de 50 francs, le dernier avant le passage à l'Euro. L'avion de Breguet entre dans la mythologie française.

Les pilotes allemands terminent la guerre sur Fokker D.VII, un biplan qui compte sur deux mitrailleuses Maxim de 7,82 mm, un moteur Mercedes de 180 chevaux, ou un BMW type IIIa (185 chevaux), pour disputer le ciel aux Alliés.

Les premiers entrent en lignes de vol en avril 1918. Sur le front, les scores s'envolent : 565 victoires en août. Son moteur Mercedes lui permettait de voler à 200 km/h. Dans les dernières semaines de guerre, l'Allemagne met en ligne un ultime chasseur, le Pfalz D.XII dont la production débute en juin 1918 avec moteur BMW ou Mercedes.

Hommage au Nieuport

Les pilotes du Commonwealth sont nombreux à voler sur les biplans Nieuport. On salue Billy Bishop, l'as canadien aux 72 victoires homologuées. Son avion est un Nieuport XI. Ce biplan prend l'air sur un moteur Rhône 9J, ses neuf cylindres donnant 110 chevaux.

Un Nieuport et son pilote, le colonel Billy Bishop, as canadien aux 72 victoires.

L'as britannique Albert Ball inscrit 44 victoires. On le reconnaît posant devant son Nieuport, l'image laissant apparaître les cylindres du moteur français. Tout aussi combatif, Edmond Thieffry est originaire de Etterbeeck. Il combat pour la Belgique sur Nieuport. Il inscrit dix victoires à son carnet.

L'as britannique Albert Ball devant son Nieuport. On peut parfaitement distinguer les cylindres du moteur rotatif Gnome & Rhône. Photo Imperial War Museum.

L'imagerie de la guerre aérienne doit beaucoup à la silhouette du Nieuport qui est sans doute à l'aviation de 14-18 ce que le canon de 75 est à l'artillerie et le Renault F-17 aux chars d'assaut dans l'iconographie de la guerre de tranchées. Sa notoriété est consacrée le 7 août 1919. Ce jour-là, un Nieuport passe sous l'Arc de triomphe à dix mètres de hauteur, à une vitesse de 140 km/h. En un geste militant, son pilote veut marquer l'opinion sur le rôle de l'arme aérienne dans le conflit. Il est vrai que les aviateurs français ont ressenti comme une humiliation l'ordre de l'État-major français de défiler à pieds lors de la parade de la victoire sur les Champs-Élysées le 14 juillet 1919, à l'instar de l'infanterie. Il faut faire quelque chose. Une idée émerge au cours d'un dîner d'aviateurs au Fouquet's. Tristement, Jean Navarre, as aux douze victoires, désigné pour le vol se tue le 10 juillet lors d'un vol d'entraînement. L'opération est tenue secrète, mais la presse a été informée pour immortaliser

Paris, place de l'Étoile, passage sous l'arc de Triomphe du Nieuport que pilote Charles Godefroy, pilote militaire de la Grande Guerre, le 7 août 1919. Un geste qui veut saluer la contribution des aviateurs à la victoire.

le geste. Terrain de Villacoublay, 7h20, en uniforme d'adjudant-chef, Charles Godefroy a pris place dans son Nieuport 27. Il avait été désigné pour son pilotage rigoureux, d'ailleurs il était instructeur durant la guerre. Contact. Les 120 chevaux de son Rhône s'ébrouent. Direction Paris. Son audace ne sera sanctionnée que d'un avertissement. Ami de la petite bande d'aviateurs, Jacques Mortane saisit l'évènement. Photographe d'aviation, Mortane fonde son propre hebdomadaire, *La Guerre aérienne illustrée*. On lui doit une quarantaine de livres d'aviation. Au passage des Alphajet de la *Patrouille de France* le 14 juillet sur les Champs Elysées, jour de fête nationale, on aura une pensée pour un geste aérien interdit depuis par la réglementation aérienne.

Le 11 novembre 1918, à 11 heures, les armes se taisent.

L'armistice signé dans la forêt de Rethondes à 5h15 stipule un cessez-le-feu effectif à 11 h.

Le bilan industriel de la guerre 14-18 nous donne les chiffres vertigineux, comme le rapporte Edmond Petit dans son *Histoire de l'Aviation*, livre qui fait toujours référence. Durant la Grande Guerre, la France a produit 51 040 appareils – parmi eux, près de 8 000 Breguet XIV, 14 000 chasseurs Spad, et 92 594 moteurs. Pour les produire, 186 000 ouvriers sont mobilisés dans les usines françaises.

De l'autre côté du Rhin, 48 537 avions et 41 000 moteurs sortent des 267 usines de l'Allemagne du Kaiser. En août 1914, la France alignait 138 avions, l'Allemagne 230 : les chiffres de 1918 soulignent la révolution militaire et technologique qui vient de se produire à l'issue d'une guerre qui a coûté la vie à 20 millions de personnes.

Combinée aux premiers chars de combat, l'aviation de 1918, employée en unités intégrées de combat formant concentration de feu, permet de percer les lignes et de reprendre la guerre de mouvement. Comptant sur l'endurance et la fiabilité des nouveaux moteurs, l'aviation élargit son champ d'action aux espaces maritimes. Les hydravions apparaissent pour appuyer la lutte contre les sous-marins.

Au plan opérationnel, une révolution dans les stratégies militaires se prépare alors. En août 1917, les Britanniques effectuent des tentatives d'appontage de chasseurs Sopwith avec l'HMS *Furious*. Une catapulte est montée sur une tourelle du croiseur *Australia*. La même année , la Royal Navy fait modifier l'HMS *Argus*, donnant ainsi un premier

ABONNEMENTS

Trois mois Six mois Un an

FRANCE & COLONIES

4 fr. 7 fr. 50 14 fr

UNION POSTALE

5 fr. 10 fr. 20 fr.

Le Petit Journal

illustré

Les Manuscrits ne sont pas rendus

Un Paquebot Aérien

L'hydravion Caproni, qui procède à ses essais sur le lac Majeur, est le plus grand qu'on ait jamais construit. Il est aménagé pour le transport de 100 passagers.

En première de couverture du Petit Journal, le Caproni Transaero construit en 1921, un immense appareil entre l'imaginaire futuriste de Jules Verne et les espoirs d'un transport aérien populaire pour le plus grand nombre.

porte-avions. Au Japon, dès 1919, le premier bâtiment porte-avions est construit.

L'aviation de 1918, après avoir changé la guerre, va transformer la paix. Comme l'expliquait le général italien Giulio Douhet, théoricien de l'arme aérienne, l'avion civil pour passagers est un dérivé du bombardier. Il faut donc encourager l'aviation civile et l'aérien en temps de paix car cette activité, duale par essence, saura très vite se reconvertir en industrie de guerre. L'ère nouvelle est aux grands raids, à l'ouverture des routes du ciel. Toute une génération d'aviateurs tente l'Atlantique.

Du spirituel dans l'air

Nous sommes en 1911 lorsque Kandinsky met la dernière touche à son ouvrage fondateur, *Du Spirituel dans l'art, et dans la peinture en particulier*. Il écrit :

> « La peinture est un art, et l'art dans son ensemble n'est pas une création sans but qui s'écoule dans le vide. C'est une puissance dont le but doit être de développer et d'améliorer l'âme humaine. »

Le peintre ajoute :

> « Le bleu profond attire l'homme vers l'infini, il éveille en lui le désir de pureté et une soif de surnaturel. C'est la couleur du ciel tel qui nous apparaît dès que nous entendons le mot ciel. »

Bref, la rencontre entre la création et l'aérien est possible. L'aviateur et l'artiste-peintre partagent le même idéal : prendre de la hauteur et servir le bien commun. Au temps des pionniers, la conquête du ciel correspond à une révolution dans l'univers artistique, la naissance de l'abstraction. En rupture avec l'Ancien Monde, la nouvelle esthétique trouve dans l'aviation et ses mécaniques de métal une source inédite d'inspiration.

L'équipage des premières envolées réunit les grands noms de la création : Malevitch, Kandinsky, Klee, Delaunay, Villon. La nation qui a vu naître l'aviation avec Clément Ader et Alberto Santos Dumont est un laboratoire où s'invente la conquête du ciel en peinture. L'aérien stimule l'artiste qui sommeille en tout homme. Les lignes des moteurs d'avions, leur esthétique inédite, leurs mouvements internes, la magie de la technique, inspirent Sonia et Robert Delaunay qui trouvent dans les cylindres, les pistons, les hélices, les culbuteurs et les bougies les dynamiques animant leurs pinceaux sur la toile. Une intimité se noue

Créée en 1914, Hommage à Blériot, une toile du peintre français Robert Delaunay. Le Blériot XI de l'aviateur se dissimule dans les abstractions inspirées par la cinématique des hélices et des moteurs.

entre l'industrie et la peinture. Delaunay est un pionnier. Le dessin industriel rejoint le dessin de l'artiste. Telle est la lecture que l'on peut proposer devant *L'hommage à Blériot* produit en 1914 et *Hélice et rythme* dévoilé en 1937. La même année, son épouse Sonia crée une fresque qui reprend les lignes d'un moteur en V destiné à l'accueil du public lors de l'exposition internationale des arts et des techniques. Avec le couple Delaunay, les cinétiques machinales deviennent harmonie et volupté.

Le second siècle de l'aérien : objectif 2050

Une centaine d'années après la publication du livre du capitaine Camille-Martinot-Lagarde, des associations de passionnés entretiennent la mémoire de ces prodiges de mécaniques par un travail de restauration patient et méticuleux. On peut les rencontrer dans les ateliers du Musée de l'air et de l'Espace au Bourget ou dans les hangars de la Ferté-Alais où travaille l'Amicale Jean Salis. De leurs efforts, les derniers Blériot, Morane Saulnier et Fokker peuvent être aux programme des démonstrations en vol lors des meetings aériens : Le temps des hélices à La-Ferté-Alais en juin et Air Legend à Melun-Villaroche en septembre. À l'image de ce livre, les meetings aériens sont des machines à remonter le temps. Il y a un siècle, le développement des moteurs avait donné une impulsion décisive à l'aviation. En ces années 2020, Safran en France, Rolls-Royce au Royaume Uni, Pratt & Whitney, Honeywell et General Electric aux États-Unis et au Canada, accompagnent la dynamique de l'aéronautique dans ses activités civiles, professionnelles et militaires.

En 2022, 23 000 avions Airbus, Bombardier (désormais sous l'enseigne Airbus), Boeing, De Havilland, Embraer et Saab poussés par des moteurs français, britanniques et américains ont transporté près de quatre milliards de passagers. Les avionneurs russes Illiouchine, Tupolev et Sukhoï, ou encore chinois avec Comac auront aussi leur part d'un marché dynamique.

Comme le montre ce livre, l'innovation est dans l'ADN de l'aéronautique. Selon les prévisions, les parcs d'avions de ligne civils opérés par les compagnies aériennes devraient doubler d'ici 2040 pour atteindre 47 000 appareils. Au milieu de ce siècle, formatant les organisations humaines et économiques, l'aviation sera alors dans une phase de profond renouvellement de ses technologies.

Le transport aérien escompte de considérables progrès en matière d'émissions de carbone. L'objectif de l'aérien est clair : épargner l'environnement et réduire son effet sur le réchauffement climatique, tout en garantissant un schéma économique rentable et accessible au plus grand nombre. La neutralité carbone de l'aérien a été fixé à 2050 par l'OACI, l'Organisation de l'Aviation Civile Internationale, orientation officialisée par une résolution adoptée le 7 octobre 2022. L'innovation et les efforts de recherche des avionneurs, des motoristes, des équipementiers et des électroniciens aboutiront, sans doute à cet horizon, à une diversité de modes de propulsion. Des moteurs électriques seront montés sur les appareils légers des écoles de pilotage. Cette technologie encore à l'étude sera peut-être exploitée par l'aviation régionale opérant sur de courtes distances. L'hydrogène aura fait son apparition pour se déployer dans les aéroports et servir une future génération de transporteurs. Mais, à n'en pas douter, les avions de ligne des liaisons intercontinentales de 2040 rejoindront leur destination sur des moteurs fonctionnant sur un kérosène à très faible émission de carbone. Les progrès s'observent déjà sur le moteur Leap qui équipe les Airbus A320 et Boeing 737. Ce moteur est produit par le consortium franco-américain CFM formé par

Safran et General Electric. Il présente déjà une diminution de 15% de la consommation de kérosène par rapport à la génération précédente, et 50% de réduction des émissions d'oxydes d'azote par rapport à la norme fixée par l'OACI.

Pour réduire encore les consommations par passager transporté, des logiciels optimiseront mieux encore les débits de carburant et les trajectoires, comme aujourd'hui les calculateurs fixés aux propulseurs. À l'image des premiers avions du XXe siècle, il y aura encore des hélices. Elles pourront même se combiner aux réacteurs comme l'annoncent les projets « *open rotor* ».

À cet horizon, que celui qui ouvrira ce livre puisse porter un regard bienveillant, voire émerveillé, sur les pionniers de la propulsion, ceux qui ont conçu au début du XXe siècle les premiers moteurs d'avions.

L'envie de voyages et de découvertes est au plus profond de la nature humaine.

Homme libre, toujours tu chériras le ciel, en 2050 comme en 1917.

⁂

Pour en savoir plus :

– *Les aviateurs au combat. Entre privilèges et sacrifice.* 1914-1918. Ronald Hubscher. Editions Privat.2016.
– *Dictionnaire de la grande guerre.* Jean-Yves Le Naour. Larousse. 2018
– *Le siècle des as – Une autre histoire de l'aviation* – Pierre Razoux. Édition Perrin. 2019
– *Guerre secrètes.* Marie Catherine et Paul Villatoux. Édition Memorabilia. 2021

Introduction à la deuxième édition

Dans la période actuelle, les qualités des avions se modifient chaque jour dans la voie du progrès ; le moteur, qui en est une partie essentielle, suit une évolution continue et parallèle, non seulement en vue de réaliser des puissances plus considérables, pour augmenter le poids utile transporté et obtenir des vitesses maxima plus grandes, mais aussi pour permettre des vols de plus longue durée, pour acquérir plus de robustesse et de sécurité.

C'est encore le moteur à explosion à quatre temps qui est universellement employé ; mais de nouvelles solutions mécaniques ont été étudiées et réalisées depuis la publication, en 1911, de la première édition de cet ouvrage sur les moteurs d'aviation.

La deuxième édition présentée aujourd'hui contient la description des principaux nouveaux moteurs apparus en France et à l'étranger. Une place plus grande est faite aux moteurs à refroidissement par eau, dont l'emploi s'impose de plus en plus, au fur et à mesure que la puissance nécessaire augmente, que les questions d'économie et de durée se précisent.

On y a indiqué également les perfectionnements réalisés dans les moteurs qui avaient fait déjà leurs preuves il y a trois ans. À titre de document, on a laissé figurer tous les moteurs déjà décrits dans la première édition, même ceux qui n'ont pas encore donné de résultats vraiment pratiques.

Le plan primitif de l'ouvrage a été conservé ; toutefois on a ajouté quelques développements complémentaires sur les questions d'équilibrage et de graissage, si importants en aviation.

Dans la première partie du livre on examine les conditions spéciales du fonctionnement du moteur d'aviation et les moyens propres à lui donner la légèreté, qui est une des conditions essentielles de son emploi, sans nuire à la robustesse et à la régularité de marche qui ne sont pas moins nécessaires.

La seconde partie donne une description des principaux moteurs d'aviation existant à l'heure actuelle : moteurs à cylindres parallèles, opposés, en étoile, en éventail, rotatifs, à refroidissement par air et par eau, avec leurs caractéristiques, les tendances nouvelles qu'ils présentent, les difficultés rencontrées dans leur établissement, les résultats obtenus.

Comme dans la première édition, comme dans l'ouvrage sur *Le Moteur à explosion* considéré en général, et dont une seconde édition revue et augmentée vient également de paraître, on a cherché à donner aux développements un caractère d'utilisation pratique.

Nous nous estimerons satisfait si cette publication peut être utile à nos aviateurs et à leurs mécaniciens qui, chaque jour, risquent héroïquement leur existence pour la patrie.

Meudon, juillet 1914.

Le moteur d'aviation est dérivé du moteur à essence d'automobile ; il est comme lui du type à explosion, normalement à quatre temps : aspiration, compression, explosion, échappement. Nous allons examiner d'abord les qualités qu'il doit présenter, puis nous décrirons les principaux types réalisés.

« Le moteur d'aviation ne souffre pas la médiocrité[1]. » Ses caractéristiques et ses qualités principales doivent être les suivantes :

1. – *Grande puissance massique.* L'allégement du poids par cheval permet, à charge égale de l'appareil, soit d'augmenter la charge utile et le rayon d'action, soit, ce qui est mieux, d'accroître la puissance. On peut ainsi utiliser la souplesse des moteurs, ne plus avoir à craindre une faiblesse passagère grâce à la réserve d'énergie disponible qui donne en même temps la possibilité de sortir d'un passage difficile ; cet excès de puissance peut être utilisé à commander des servo-moteurs pour la manœuvre des stabilisateurs afin de diminuer la fatigue du pilote ; enfin on peut arriver à avoir deux moteurs à bord pour ne plus être à la merci d'une panne. Mais cet allégement ne doit pas être obtenu au détriment de la robustesse.

2. – *Robustesse, simplicité, fonctionnement sûr,* afin de permettre des marches régulières de longue durée, quelles que soient les circonstances atmosphériques extérieures et l'altitude, sans pannes et sans réparations, sans avoir à craindre des atterrissages forcés.

3. – *Bon équilibrage* pour réduire au minimum les vibrations et éviter les trépidations rythmiques susceptibles d'entraîner des déformations dangereuses dans les fuselages éminemment élastiques.

4. – *Couple moteur régulier,* afin de ne pas fatiguer l'hélice et d'en obtenir le maximum d'effort de propulsion ou de traction, et de faire subir au fuselage des efforts de valeur constante.

(1) Lacoin, *Construction et réglage des moteurs à explosion.*

Toute variation brusque de l'effort moteur provoque, en effet, dans l'hélice, en vertu de son inertie, des flexions anormales dans son plan. En outre, les accélérations de sa vitesse de rotation qui en résultent n'étant pas accompagnées d'accélérations synchrones et correspondantes dans la vitesse d'avancement de l'appareil, il en résulte un effort de flexion de l'hélice dans un sens perpendiculaire à son plan de rotation. Ces efforts anormaux entraînent la perte d'une certaine quantité de travail, et provoquent des variations brusques très nuisibles dans les efforts exercés sur le moteur et ses appuis.

5. - *Bon rendement*, c'est-à-dire faible consommation de combustible, dépense réduite de lubrifiant. On arrive ainsi à la notion de masse du moteur par cheval-heure qui comprend une première partie A égale au rapport du poids total du moteur au nombre de chevaux fournis, et une deuxième B relative à la consommation horaire en essence et en huile, par cheval.

6. - *Souplesse*, afin de pouvoir régler la marche de l'appareil, non seulement avec le gouvernail, mais encore avec le moteur.

7. - *Résistance à l'avancement minima.* Centre de gravité placé le plus bas possible. Facilité d'installation à bord pour la commande de l'hélice. Le poids du support du moteur et des installations connexes, de l'hélice et de sa commande, interviennent dans la détermination de la masse par cheval-heure du groupe moto-propulseur, qui constitue une donnée particulièrement intéressante pour l'avion.

I – Grande puissance massique

Les facteurs qui agissent sur l'augmentation de la puissance massique sont nombreux.

On peut les ranger en plusieurs catégories :

A) Ceux qui tiennent à la *constitution mécanique* du moteur, à la disposition des organes, etc. ;

B) Ceux qui ont pour effet d'augmenter le *rendement thermodynamique* du moteur, d'accroître le *couple moteur*, la *vitesse angulaire*.

A — Constitution mécanique

Les moyens de diminuer la masse du moteur sont les suivants :

a) Emploi de matériaux de première qualité

Il y a intérêt à utiliser des aciers spéciaux au nickel, au chrome, etc., non fragiles, présentant une grande résistance statique et un allongement suffisant. Ceux-ci permettent d'alléger le moteur en augmentant le taux de travail admissible tout en gardant le même coefficient de sécurité, mais nécessitent pour leur mise en œuvre un outillage et des traitements thermiques spéciaux.

b) Formes rationnelles données aux pièces

Les pièces métalliques auront des sections et des profils exactement appropriés aux efforts à supporter (par exemple, section en I ou annulaire pour les corps des bielles, vilebrequin creux, etc.), des nervures et des évidements aux endroits voulus. Les écrous auront des épaisseurs juste suffisantes. Les organes en mouvement, en particulier le piston, auront un poids réduit au minimum pour diminuer les effets d'inertie. Le piston sera raccourci ; le nombre des segments ramené à deux ou trois au maximum et leurs dimensions les plus faibles possible.

c) Remplacement de métaux par d'autres plus légers

Le plus employé parmi ceux-ci est l'aluminium, qui a une densité environ trois fois moins forte que celle du fer, et possède à poids égal la même résistance que l'acier. Il faut prendre certaines précautions dans son emploi, éviter de le faire travailler à la traction ; en outre, sa résistance diminue avec la température et s'abaisse d'un tiers vers 360°.

L'aluminium est très bon conducteur de la chaleur, mais très dilatable par rapport à l'acier. Il est inaltérable à l'air, mais est attaqué par l'eau contenant une dissolution très faible de chlorure de sodium[(2)].

L'aluminium est surtout employé dans les carters, les supports ; il est à proscrire des pistons.

Le duraluminium, d'une densité à peine supérieure à celle de l'aluminium et d'une résistance comparable à celle de l'acier doux, semble devoir être employé à l'avenir dès que des procédés industriels pour son usinage auront été mis au point.

d) Suppression des organes qui ne sont pas absolument indispensables

C'est ainsi qu'on peut supprimer les régulateurs, les ventilateurs de radiateur, le volant qui est remplacé par l'hélice.

e) Groupement logique des organes

Les moteurs peuvent être « *fixes* » ou « *rotatifs* ». On sait que le moteur à explosion le plus simple se compose essentiellement (fig. 1) d'un cylindre C dans lequel peut se mouvoir d'un mouvement relatif alternatif un piston P. Ce piston P est relié, par une bielle AB articulée à ses deux extrémités A et B, au maneton A d'une manivelle OA solidaire de l'arbre moteur.

Dans les moteurs fixes, le cylindre ou plus généralement son axe est fixe, le piston est animé d'un mouvement de va-et-vient qui est

(2) Par l'eau de mer en particulier.

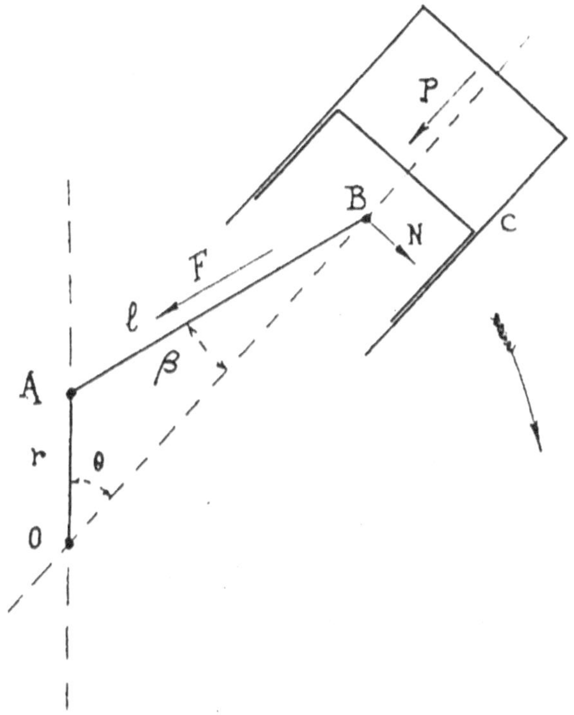

Fig. – 1. Moteur rotatif ordinaire.
O, centre du vilebrequin ; A, maneton fixe.

transformé grâce à la bielle AB et à la manivelle OA en un mouvement de rotation de l'arbre autour du point O. La force d'explosion P donne naissance tout d'abord à un effort de compression de la bielle AB dont la composante, suivant la tangente en A au cercle de rayon OA et de centre O constitue l'effort moteur. Elle produit en outre un effort d'appui N du piston B contre le cylindre C. Cet effort N tend à renverser le cylindre ; les pattes de fixation du carter du moteur s'opposent à ce renversement.

On a démontré dans l'ouvrage Le Moteur d explosion que cet effort N a par rapport au point O un moment égal au couple moteur.

On conçoit également que le piston soit fixe, et que le cylindre relié à la bielle soit animé d'un mouvement alternatif.

Les cylindres peuvent être parallèles et de même sens ou parallèles et opposés, ou en V, ou en éventail ou en étoile ; dans les dispositifs en éventail ou en étoile, les cylindres peuvent être dans un même plan ou dans des plans parallèles. Lorsque les cylindres sont fixes, ils sont normalement solidaires d'un bâti central formant carter ; quand au contraire les pistons sont fixes et les cylindres mobiles, étant donnée la nécessité d'évacuation des gaz, les pistons sont en général solidaires d'une couronne extérieure, circulaire dans le cas d'un moteur en étoile, droite dans le cas de cylindres parallèles.

Dans les moteurs *rotatifs*, l'arbre-manivelle OA est fixe, le cylindre et le piston sont animés simultanément d'un mouvement de rotation, l'un autour du centre O, l'autre autour du centre A. Grâce à l'excentrage de ces axes, la distance du fond de piston au fond du cylindre varie avec l'inclinaison de l'axe du cylindre par rapport à la direction des centres OA et l'angle de la bielle avec l'axe du cylindre. Cette distance passe, comme dans le moteur fixe, par un minimum et un maximum lorsque l'axe du cylindre se trouve confondu avec OA (minimum en dessus, maximum en dessous).

L'explosion donne naissance aux mêmes efforts : une compression suivant la bielle BA qui est détruite par la fixité du point A, et un effort latéral N perpendiculaire à l'axe du piston et qui tend à faire tourner le cylindre autour du point 0 dans le sens de la flèche.

Si P est la pression d'explosion et *s* la section du piston, l'effort total d'explosion est P*s* ; l'effort N est représenté par la formule P*s* × tg β ; au fur et à mesure que β et en même temps S augmentent, la tangente croit, mais en même temps la détente s'effectue et P décroît, de telle sorte que l'effort N passe par un maximum vers θ = 35° ; cet effort N a, par rapport au point O, un moment égal au couple moteur, et ses variations sont les mêmes que dans le moteur fixe. L'angle β passe par un maximum lorsque AB est perpendiculaire sur OA, l'effort d'entraînement du cylindre est alors égal à :

$$Ps \times (OA / AB)$$

Toutes les solutions permettant de réaliser, par la rotation de l'ensemble pistons et cylindres, le mouvement relatif alternatif des pistons par rapport aux cylindres, sont admissibles, théoriquement du moins.

Le dispositif le plus employé consiste à rendre les cylindres solidaires d'un carter circulaire qui est centré autour de l'axe du moteur et est muni d'un prolongement constituant l'arbre moteur (nez porte hélice en général).

Les pistons sont reliés chacun à une bielle articulée par son pied à une couronne montée sur le maneton unique du vilebrequin.

On peut aussi concevoir un moteur dans lequel les pistons seraient reliés d'une façon rigide et tourneraient autour de l'axe du moteur, les cylindres étant articulés sur le maneton du vilebrequin.

Dans un autre système on a réalisé (fig. 2) un dispositif dans lequel l'ensemble des bielles et des pistons constitue un tout rigide sans articulation, tournant autour du maneton du vilebrequin ; les cylindres tournent autour de l'axe du moteur et sont maintenus par une couronne circulaire sur laquelle ils peuvent se déplacer parallèlement à eux-mêmes, et perpendiculairement à leur axe, de façon à avoir constamment la même direction que les pistons.

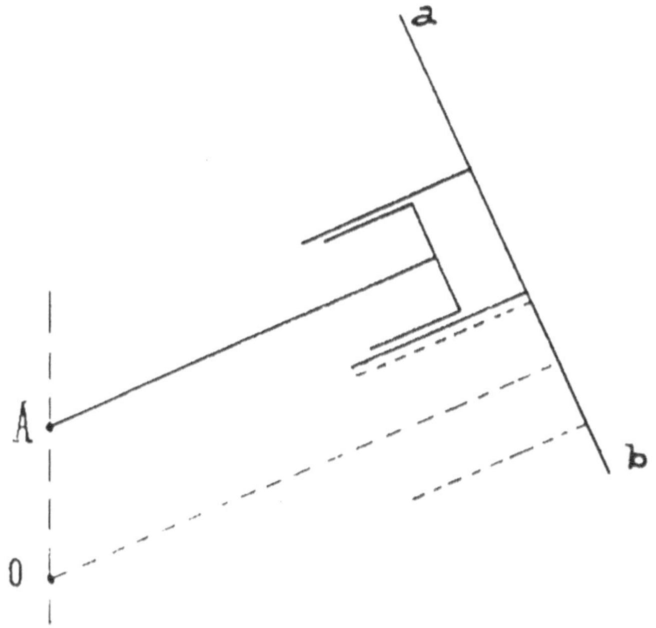

Fig. – 2. Moteur rotatif à bielles et pistons rigides.
O, centre du vilebrequin ; A, manchon fixe ; *ab*, ligne de glissement du cylindre.

Chaque type de moteur permet une disposition plus ou moins avantageuse des organes.

Par exemple, la réunion sur un même maneton de l'action de plusieurs cylindres, comme dans les moteurs en étoile, en éventail ou en

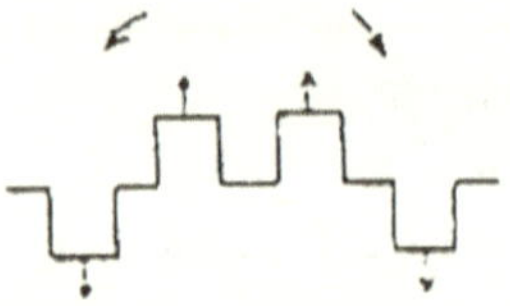

Fig. – 3. Quatre-cylindres normal.

V, permet de diminuer le poids : en effet, dans un moteur à quatre cylindres à quatre temps ordinaire (fig. 3 et 4), comme l'a fait remarquer M. Robert Esnault-Pelterie, un des manetons du vilebrequin ne reçoit l'effort de l'explosion que pendant une course du piston sur quatre. Le temps pendant lequel ce maneton travaille à plein, c'est-à-dire aux neuf dixièmes de l'effort maximum, est seulement un trentième environ du temps pendant lequel le moteur tourne. Le reste du temps, il possède une résistance et un poids tout à fait inutiles, mais dont on ne peut le priver, puisque, de loin en loin, ces qualités lui sont indispensables.

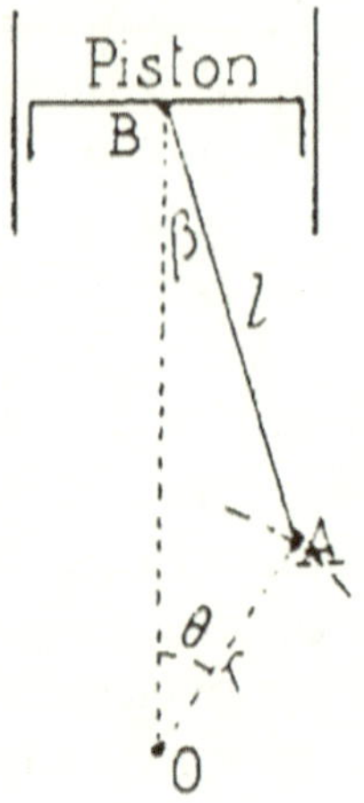

Fig. – 4. Montage normal d'un cylindre.

En réalité donc, la matière est mal utilisée dans un tel vilebrequin.

On allège les moteurs à cylindres parallèles en donnant au moteur une forme aussi ramassée et trapue que possible. Dans ce but (fig. 5), on emploie des cylindres désaxés, dispositif qui a l'avantage de permettre de diminuer là hauteur des cylindres, d'obtenir une course motrice plus grande, de réduire la fatigue et la longueur des bielles, d'utiliser des pistons plus courts ; on emploie même, ce qui est peu recommandable, des bielles désaxées ; on réduit le nombre de paliers intermédiaires.

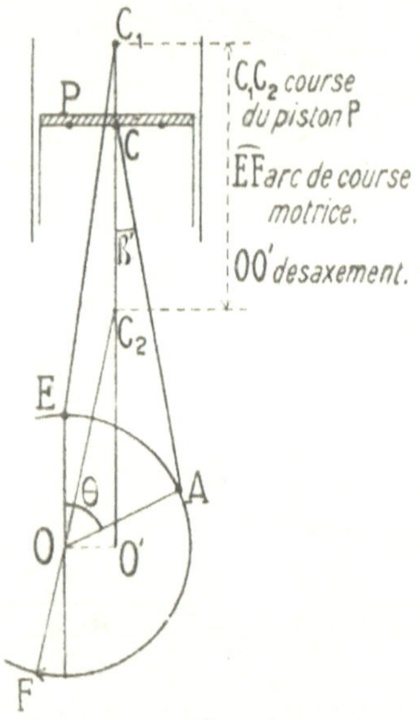

Fig. – 5. Cylindre désaxé.

L'emploi des soupapes concentriques, ou simplement placées au fond du cylindre, ou légèrement obliques, d'un seul arbre à came ou d'une seule came spéciale de distribution, comme on le verra plus loin, la commande de plusieurs organes, pompes, magnéto par un même arbre, sont des dispositifs intéressants, tant que les fonctions n'en souffrent pas.

f) Mode de refroidissement[3]

Le mode de refroidissement par l'air seul rendu possible grâce à la très grande vitesse d'avancement des aéroplanes et à la présence de l'hélice, est un facteur assez ; important de la diminution de poids en même temps qu'il permet de simplifier le moteur.

Cependant, tout n'est pas bénéfice ; en effet, pour avoir un bon pouvoir émissif et diminuer les frottements intérieurs du piston, on emploie en général de la fonte pour les cylindres à ailettes, à moins, comme dans le Gnome, que l'emploi de l'acier, plus résistant, ne soit une nécessité de construction ; et alors les cylindres en fonte à ailettes sont presque aussi lourds que les cylindres en acier à chemise rapportée en cuivre.

En outre, pour avoir un refroidissement suffisant, il est indispensable que les ailettes de tous les cylindres soient léchées par un violent courant d'air, d'où l'avantage des cylindres en étoile ou en éventail. Si les cylindres sont à la suite l'un de l'autre comme dans les moteurs en V, il faut employer un refroidissement artificiel au moyen d'un ventilateur spécial, et d'une enveloppe forçant le courant d'air à contourner chaque cylindre. La puissance absorbée dans ce cas est assez sensible, de 3 chevaux environ pour le moteur Renault de 60 chevaux. Quand on emploie le mouvement du moteur lui-même pour le refroidissement comme dans les moteurs rotatifs, la puissance absorbée est encore plus importante et atteint environ 6 chevaux pour le Gnome de 50 chevaux, 10 chevaux pour le Gnome de 70 chevaux. Dans le moteur R. E. P. en étoile, on utilise le vent de l'hélice ; la réaction du moteur sur l'air vient en déduction de la force tractive de l'hélice.

En résumé, le refroidissement par ailettes absorbe toujours une puissance appréciable très comparable à celle qui correspond à l'entraînement de la pompe et à la résistance à l'avancement du radiateur dans le cas de refroidissement par eau.

(3) Dans les moteurs actuels, le nombre de calories à enlever par refroidissement à un cylindre est de 1000 à 1200 par cheval-heure, ce qui correspond à une élévation de température de 60° d'un volume d'air de 80 à 100 m^3 environ.

En revanche, les moteurs à ailettes sont plus simples, plus faciles à installer à bord, ils ne comportent pas de tuyauteries, de joints, de chambre annulaire, de radiateur, de pompe, d'eau, et, par conséquent, ne présentent pas les chances de pannes provenant d'une fuite dans une circulation d'eau toujours compliquée, ou d'un mauvais fonctionnement de la pompe.

Il est nécessaire de prendre des précautions spéciales pour suspendre les radiateurs et les tuyauteries et les mettre autant que possible à l'abri des vibrations. L'étanchéité des radiateurs et des tuyauteries doit faire l'objet d'une surveillance constante. En hiver, il faut tenir compte du danger de la gelée et mélanger à l'eau une certaine proportion d'alcool (30 p. 100 pour avoir un point de congélation de - 25°). Enfin sur les avions de guerre, l'installation d'un blindage protecteur présente certaines difficultés.

Par contre, le refroidissement par l'air seul est moins régulier et dépend de la température extérieure. Les lois des dilatations sont variables et l'alimentation et le graissage sont plus difficiles. Étant donné que le refroidissement réalisé, surtout dans les moteurs fixes, est un minimum, toute variation dans la carburation ou l'avance à l'allumage susceptible de produire une élévation supplémentaire de température devient rapidement dangereuse ; c'est ainsi qu'un mélange carburé trop peu riche, qui fuse au lieu d'exploser et diminue l'effet de refroidissement de la détente, suffit pour faire chauffer le moteur.

On ne peut donc avec le refroidissement par air, chercher à obtenir l'économie maximum dans la consommation d'essence. La dépense de combustible par cheval-heure peut être aussi augmentée de ce fait de 10 à 20 p. 100. En outre, la haute température de la chambre d'explosion et d'aspiration produit une diminution de la densité du mélange gazeux, et la brusque dilatation de ce mélange au moment de son arrivée dans le cylindre diminue la dépression et par suite la valeur de la cylindrée ; de ces deux causes résulte une certaine diminution de puissance. La soupape d'échappement étant portée au rouge, on a à craindre son voilement et en outre l'autoallumage ; le refroidissement inégal des diverses génératrices des cylindres, suivant leur orientation par rapport au courant d'air, peut amener une ovalisation de ceux-ci suffisante pour diminuer l'étanchéité de la chambre d'explosion, favoriser la rupture du segment et produire réchauffement du cylindre.

La haute température à laquelle est portée la culasse dans les moteurs fixes, augmente les dangers de rupture ou de déformation ; la déformation peut supprimer l'étanchéité des joints et par suite déterminer la production de chalumeaux de gaz brûlés produisant des échauffements locaux ; l'absence de graissage, même momentanée, d'un cylindre entraîne presque toujours sa mise hors d'état de fonction. Pour favoriser le refroidissement, l'évacuation des gaz brûlés doit être rendue particulièrement rapide, ce qui conduit, soit à employer des soupapes de grand diamètre exigeant par suite un effort plus considérable pour leur ouverture, soit à utiliser de grandes vitesses de rotation, soit à admettre l'échappement à fond de course dont on verra plus loin les inconvénients. En pratique, la puissance maximum par cylindre ne devra pas dépasser une dizaine de chevaux pour les moteurs fixes, une quinzaine de chevaux pour les moteurs rotatifs.

Le poids mort correspondant au refroidissement par eau est, en définitive, assez faible. L'augmentation totale de poids mort par cheval peut être réduite à 20 p. 100 environ. On allège en effet le dispositif employé sur les voilures, en remplaçant, par exemple, les chemises d'eau venues de fonte par des chemises rapportées en cuivre ayant une très grande conductibilité et un pouvoir émissif élevé ; le poids du radiateur peut être réduit de plus de moitié, à 0,6 kg par cheval, eau comprise, soit de 30 kg environ pour un moteur de 50 chevaux. Dès que la vitesse de translation atteint 60 km à l'heure environ, le ventilateur du radiateur peut être supprimé. Enfin, on peut diminuer la quantité d'eau en utilisant partiellement la chaleur de vaporisation, comme cela était réalisé dans le moteur Antoinette (15 l d'eau pour 60 chevaux).

On peut, citer le refroidissement mixte qui consiste à refroidir les parties les plus importantes, les soupapes par une circulation d'eau, et le reste du cylindre au moyen d'ailettes.

Mais il ne semble pas que cette solution soit appelée à donner des résultats pratiques à cause de la différence de température et par suite de dilatation de pièces adjacentes, que l'on risque de réaliser.

g) Nombre de cylindres

Au point de vue du poids seul, il est indifférent d'avoir, pour la même puissance et avec la même vitesse de rotation, un ou plusieurs cylindres, à condition d'avoir la même compression, la même carburation, le même mode d'allumage, etc... On peut s'en rendre compte facilement pour les cylindres[(4)].

L'ordonnée moyenne P du diagramme étant la même, la puissance H est, comme on sait, si V est le volume de la cylindrée du monocylindre, N le nombre de tours à la seconde, représentée par l'expression :

$$H = PV\,(N/2)$$

Si le multicylindre comprend *n* cylindres, il faut, pour que la puissance soit la même, *v* étant le volume d'une cylindrée, que l'on ait :

$$nv = V$$

Si λ est le rapport d'homothétie, on a :

$$V = \lambda^3 v, \quad \text{donc} \quad n = \lambda^3$$

L'épaisseur *e* du cylindre unique, si F est le taux du travail admis pour le métal qui le constitue, D l'alésage, P_1 la pression d'explosion, est donnée par la relation connue :

$$2eF = P_1 D$$

e varie ainsi proportionnellement au diamètre ; le volume du métal constituant chaque cylindre est donc proportionnel au cube de ses dimensions linéaires, le poids également. Si π est le poids d'un cylindre du multicylindre, celui du monocylindre sera égal à $\lambda^3\pi$.

Le rapport des poids des cylindres sera ainsi égal à

$$(\lambda^3\pi \,/\, n\pi) = 1$$

L'ensemble des autres organes du moteur, carter, vilebrequin, arbre à cames, soupapes, etc., présente dans le polycylindre un poids un peu plus considérable que dans le monocylindre, mais cette augmentation de poids est compensée sensiblement par l'allégement du volant.

De plus le *polycylindre* présente de grands avantages sur le monocylindre au point de vue des *forces d'inertie*. Celles-ci sont diminuées dans le rapport de 1 à λ quand on passe du mono au polycylindre. En effet, dans l'expression de ces forces entre le facteur $M\omega^2 r$, la masse M est proportionnelle au cube des dimensions linéaires, donc à λ^3, le rayon de giration est proportionnel à λ. Les forces d'inertie sont donc proportionnelles à λ^4. Si $m\omega^2 r$ est la force relative à un cylindre du multicylindrique, celle de tous ses cylindres sera $nm\omega^2 r = \lambda^3 m\omega^2 r$;

(4) Lecornu.

celle du monocylindre sera $\lambda^4 m\omega^2 r$. En outre, ces forces s'équilibrent beaucoup mieux dans le polycylindre.

Or, la diminution des efforts d'inertie entraîne la diminution de la fatigue des pièces, des vibrations du bâti support et des pertes par frottement. En pratique, on admet les mêmes vitesses linéaires moyennes(5) du piston, ce qui correspond à des vitesses angulaires d'autant plus grandes que la course est plus faible, c'est-à-dire qu'il y a plus de cylindres et, par suite, la diminution du couple étant relativement faible, à un gain de puissance ; la correspondance des vitesses est donnée par le tableau suivant :

COURSE en millimètres	NOMBRE DE TOURS pour des vitesses de piston en mètres, par seconde, égales à	
	5 m	6 m
70	2148	2575
100	1500	1800
160	933	1125
180	835	1000
200	750	900

Enfin, avec le multicylindrique, les explosions sont mieux réparties et le couple moteur beaucoup plus régulier.

B - Rendement thermodynamique — Puissance

La puissance d'un moteur est, en définitive, comme on vient de le rappeler, le produit de deux facteurs, la pression moyenne sur le piston produisant le couple moteur, et le chemin parcouru par ce dernier, ou, si l'on veut, le produit du couple moteur par le nombre de tours à la

(5) La vitesse linéaire moyenne en mètres Vm d'un piston est liée à la course C exprimée en millimètres et au nombre de tours N, par minute par la relation simple $Vm = (2N / 60) \times (C/1000)$.

La vitesse maxima, qui se produit quand la bielle est perpendiculaire à la manivelle, est égale à $Vm\sqrt{1+u^2}$.

avec u = rayon de manivelle / longueur de bielle

seconde, qui est lié à la vitesse angulaire. Ces deux facteurs ne sont pas indépendants, et le maximum de leur produit ne coïncide pas avec le maximum de chacun d'eux, compatible avec la bonne conservation du moteur.

L'augmentation de la vitesse, dans certaines limites, comme on sait, est favorable à l'accroissement de puissance, de telle sorte qu'on a pu dire que le secret du moteur léger est dans le moteur rapide. En effet, les pertes par les parois sont d'autant moins sensibles que la vitesse est plus grande. La combustion du mélange tonnant est d'autant plus rapide que la vitesse de détente est plus grande et la paroi plus chaude, de telle sorte que l'utilisation de ce mélange s'améliore avec l'augmentation de vitesse.

Le couple moteur croît d'abord avec la vitesse, puis décroît lentement, de telle sorte que la puissance continue à croître jusqu'à un certain maximum. Au-delà de cette vitesse, le couple moteur décroît rapidement, de telle sorte que la puissance elle-même décroît jusqu'à un minimum qui correspond à la vitesse limite compatible avec la résistance des organes du moteur(6).

Cela tient :

1. - à des conditions d'alimentation ; les cylindres se remplissent de moins en moins complètement, par suite de la durée d'ouverture de plus en plus courte des soupapes, de la résistance croissante des tuyauteries au passage des gaz et de l'inertie de ceux-ci, de la densité décroissante de ces gaz avec la dépression produite dans le cylindre, d'une évacuation de moins en moins complète des gaz brûlés ;

(6) La détermination complète des courbes de puissance d'un moteur aux différentes allures et sous différentes charges est très complexe et très délicate, car elle est connexe des types et des dimensions des carburateurs employés. De telle sorte que, en pratique, on n'utilise pour ainsi dire jamais la puissance maxima maximorum. À titre d'indication, on donne les résultats obtenus sur un moteur Panhard et Levassor, sans soupapes, 4 cylindres (100 mm d'alésage, 140 mm de course) et un moteur Renault à huit cylindres, type 60 HP d'aviation (graphique de la fig. 6).

MOTEUR PANHARD ET LEVASSOR

Nombre de tours	Couple moteur	Puissance en chevaux	Consommation d'essence par cheval-heure
—	—	—	—
	kgm		kg
828	21,5	24,8	0,218
988	21,5	29,6	0,190
1134	17,6	33,4	0,189
1326	17,2	37.4	0,200
1428	16,9	39,5	0,202
1740	15,6	43,8	0,207

2. - à des conditions mécaniques (augmentation de frottement, d'échauffement, des efforts d'inertie).

Nous allons rappeler séparément les conditions favorables à l'accroissement de chacun de ces facteurs. (I. Couple moteur, et II. Vitesse). Elles sont les mêmes, bien entendu, que pour tous les moteurs à explosion.

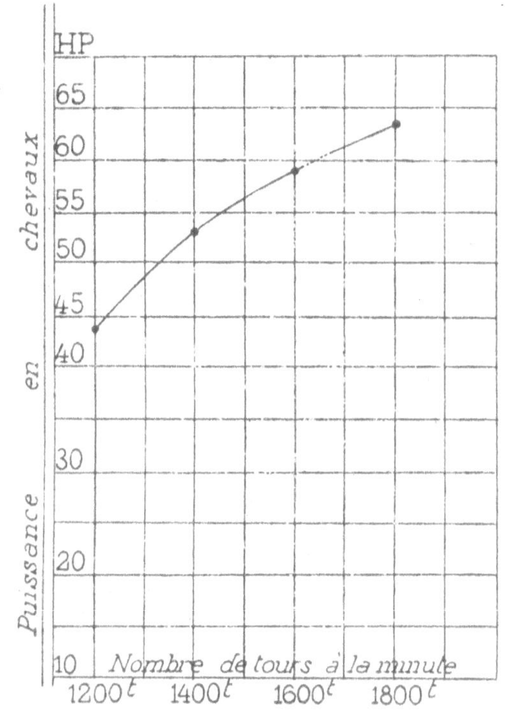

Fig. – 6. Représentation graphique des essais d'un moteur Renault huit cylindres aviation. Type 60 HP.

1 – Couple moteur

Les causes susceptibles d'accroître le couple moteur sont les suivantes :

1° Alimentation

Il est indispensable de réaliser une bonne alimentation pour les cylindres, grâce à une carburation régulière, à des canalisations et des soupapes appropriées, permettant d'obtenir le remplissage le plus parfait possible de la cylindrée.

Cette réalisation d'une carburation régulière présente de très grandes difficultés en aviation par suite des conditions d'installation du moteur sur l'avion. Alors que sur les automobiles le carburateur est placé sous le capot, sensiblement à l'abri, une fois en marche normale, non seulement des variations de la température extérieure, entouré qu'il est d'une atmosphère tiédie par le voisinage du moteur et du radiateur, mais aussi des remous produits par le déplacement de la voiture, sur l'avion au contraire le carburateur est normalement exposé à l'air libre ; tout au moins par suite de la nécessité, pour éviter les dangers d'incendie par retour de flammes, il doit avoir ses prises d'air à l'extérieur. Il est donc soumis continuellement à toutes les variations de température et d'état hygrométrique de l'atmosphère dans laquelle l'avion se meut ; enfin les variations d'altitude et, par suite, de densité de l'air ambiant sont très rapides et très importantes.

En outre, la multiplicité des cylindres crée une très grande difficulté pour l'établissement des tuyauteries d'admission[(7)], car celles-ci doivent présenter aux gaz la même résistance minimum à leur écoulement, quelle que soit leur vitesse, et permettre l'alimentation égale de tous les cylindres. Dans ce but, la veine gazeuse doit changer de sens le moins souvent possible, ne pas être brisée par des coudes. L'égalité de la valeur de toutes les cylindrées est essentielle en effet pour réaliser la régularité du couple moteur ; sans cela le moteur produit des trépidations analogues à celles que causent des ratés d'allumage.

Il est vrai que, dans un multicylindrique tournant à une vitesse angulaire élevée, la valeur du couple moteur par cylindre est relativement peu importante. Mais la faible masse du fuselage l'empêche d'amortir les vibrations qui, en s'amplifiant, peuvent devenir dangereuses. En outre, ces trépidations accentuent les mauvaises conditions de l'alimentation, par leur action sur l'appareil à niveau constant du carburateur, ou la soupape d'air additionnel, s'il en existe.

Les principaux facteurs agissant sur la *carburation* sont, outre la distribution et les canalisations :

- Les *vibrations* ;
- L'*inclinaison* et la *vitesse de l'appareil* ;
- La *charge d'essence* au-dessus du niveau constant ;
- La *densité du combustible* ;
- La *vitesse angulaire du moteur* ;
- La *température extérieure* et celle du moteur ;
- L'*état hygrométrique* de l'air ;
- La *pression atmosphérique*.

Nous rappelons ici les effets de ces divers facteurs.

La puissance d'un moteur est, pour la même vitesse de rotation et la même section d'admission des gaz, avec un carburateur donné, proportionnelle à la densité de la cylindrée, c'est-à-dire sensiblement à celle de l'air ambiant.

(7) Lumet. *Essais des moteurs.*

Lorsque la *pression atmosphérique* diminue dans un rapport K, la densité de l'air et par suite celle du mélange tonnant admis diminue dans le même rapport ; il en est de même pour la puissance du moteur. C'est ainsi qu'un moteur, passant de l'altitude 0 à l'altitude 800 m, ce qui correspond à une diminution de la pression atmosphérique d'environ 10 %, perd 10 % de sa puissance. On peut ainsi calculer l'altitude maximum que peut atteindre un avion déterminé.

La résistance éprouvée par l'hélice dans un air moins dense décroît dans la même proportion, de telle sorte que le rendement reste constant. Il en résulte qu'avec un ballon dirigeable, la vitesse d'avancement reste constante, quelle que soit l'altitude ; avec un aéroplane, au contraire, dont le poids varie d'une façon insensible avec l'altitude, la force tractive et sustentatrice diminuant, il faut, pour maintenir la sustentation, augmenter l'admission des gaz et la vitesse du moteur si l'hélice est de dimensions rigides, le couple moteur si on peut faire varier le pas de l'hélice, d'où l'utilité d'avoir un moteur souple ayant à terre un excès de puissance.

Lorsque l'*état hygrométrique* de l'air devient voisin de l'unité, la vapeur d'eau aspirée avec l'air dilue les gaz et rend la carburation plus difficile ; en outre, elle absorbe une grande quantité de chaleur, ce qui rend également plus difficile la propagation de l'explosion ; il se produit des phénomènes nuisibles de dissociation et de diffusion qui abaissent le rendement. Le mélange gazeux, pour conserver ses propriétés explosives, doit devenir plus riche en essence.

En conséquence, quand on traverse en aéroplane une couche d'air humide, il faut diminuer un peu l'arrivée d'air ; si on n'utilisait pas tout le débit d'essence on augmenterait l'arrivée de celle-ci, dans la mesure possible.

La valeur de la *température* extérieure a une grande importance.

D'une part il est nécessaire, pour avoir la meilleure carburation, que le mélange arrive au cylindre à une température voisine de 15°. Comme la vaporisation de l'essence abaisse la température de l'air ambiant d'une vingtaine de degrés, et que la chaleur transmise par les cylindres par conductibilité à la tuyauterie d'admission et au carburateur est relativement faible, il est indispensable, dès que la température s'abaisse au-dessous de 20° C, de réaliser le réchauffage du carburateur ; ce réchauffage peut être réalisé soit par de l'air chaud aspiré autour de la tuyauterie d'échappement (moteurs Renault, R. E. P., Salmson), soit au moyen d'une circulation d'eau chaude (Clément-Bayard et tous les moteurs à refroidissement par eau), soit par circulation des gaz de l'échappement (de Dion-Bouton), soit par le passage des gaz carburés dans le carter ou au contact de celui-ci (R. E. P., Anzani, moteurs rotatifs).

Par les basses températures, le carburateur peut arriver à s'obstruer d'un dépôt de glace provenant de la congélation de la vapeur d'eau contenue dans l'air aspiré, ce qui amène l'arrêt du moteur pendant un temps assez long.

Il y a, par contre, des inconvénients à admettre un mélange trop chaud et, par suite, moins dense, ce qui diminue la valeur des cylindrées et amène un abaissement de la puissance. C'est un des inconvénients des soupapes concentriques.

Le réchauffage doit donc être exactement réglé suivant la température extérieure. Mais quand celle-ci dépasse une vingtaine de degrés, comme il n'existe pas, à l'heure actuelle du moins, de dispositif de refroidissement, la densité des cylindres diminue de 1/273e par degré d'élévation de température, et la puissance décroît sensiblement dans les mêmes proportions.

L'*augmentation de vitesse angulaire* du moteur, faisant varier la dépression qui produit l'aspiration du mélange gazeux, amène des troubles dans la carburation en produisant l'entrée d'un excès d'essence dont il faut corriger l'influence par une augmentation correspondante d'air.

Le carburateur automatique a pour but d'assurer la constance du mélange tonnant sous volume variable suivant les besoins, soit par freinage de l'essence, soit par admission d'air supplémentaire (cette admission étant réglée, soit par la dépression même de l'aspiration, soit par une liaison mécanique avec la valve d'admission des gaz), soit par une combinaison des deux systèmes.

On sait qu'un tel carburateur ne constitue jamais qu'une solution approchée, parfaite seulement pour des conditions extérieures et des conditions de marche déterminées. En aviation où les moteurs travaillent normalement à pleine puissance, du moins jusqu'à présent, où les conditions extérieures varient rapidement, on néglige souvent l'automaticité, afin de permettre à chaque instant d'effectuer le meilleur réglage d'air, d'essence et la bonne valeur de l'ouverture d'admission des gaz ; on détermine le carburateur pour que l'arrivée maximum d'essence et l'ouverture en grand de toutes les entrées d'air correspondent à la puissance maxima du moteur (Gnome). Aussi ces moteurs marchent assez irrégulièrement aux allures lentes et la conduite en est plus difficile. Mais il ne faut pas oublier qu'il n'est jamais bon de faire marcher trop longtemps un moteur à l'extrême ralenti, car la carburation, le graissage, le refroidissement, l'allumage ne fonctionnent bien que pendant la marche normale.

Les dimensions du gicleur, du flotteur et des entrées d'air doivent être proportionnées à la *densité* du combustible employé.

La *charge d'essence* au-dessus du gicleur doit être aussi constante que possible et suffisante, quelle que soit l'inclinaison de l'appareil, pour assurer un écoulement normal du liquide. L'expérience prouve que cette charge doit être d'environ 50 cm dans le cas d'un carburateur avec niveau constant. On voit l'avantage qu'il y a à avoir des carburateurs placés aussi bas que possible, permettant de descendre les réservoirs près du fuselage.

Quand la hauteur de charge est inférieure aux limites ci-dessus, il faut employer un dispositif de mise sous pression d'air par pompe à main ou automatique et commandée par le moteur ou une petite hélice aérienne (Clerget), ce qui augmente les chances de panne pour défaut d'essence et, si le réservoir est placé sous l'appareil, les chances d'incendie par explosion dans un atterrissage brusque.

Dans le cas de carburateurs placés bas, les canalisations de gaz sont alors longues, et il faut prendre les plus grandes précautions pour éviter toute entrée d'air par les joints situés sur leur parcours et toute condensation.

Aussi la véritable solution consistera peut-être à séparer le carburateur en deux parties, une partie inférieure placée aussi bas qu'il est nécessaire pour avoir une charge d'essence suffisante, et constituée par le niveau constant, le gicleur, et une très faible ouverture d'air destinée à former seulement une émulsion d'essence ; il se produit ainsi près du gicleur un très faible abaissement de température ; cette émulsion serait conduite dans un vase d'expansion situé à hauteur des soupapes, où se ferait l'addition d'air nécessaire, et qui, par des canalisations courtes et directes, alimenterait les cylindres.

Pour éviter les complications du niveau constant, qui entraîne ainsi souvent des dispositifs spéciaux en vue d'obtenir une charge d'essence suffisante, et pour supprimer en même temps les condensations d'eau susceptibles de se produire dans le vase du niveau constant refroidi par conductibilité, on remplace souvent le carburateur par une simple injection d'essence, l'arrivée de celle-ci se faisant sous l'effet de la simple gravité (Gnome), ou par une pompe (Antoinette).

Avec le carburateur Gnome, la charge minimum du réservoir d'essence peut être diminuée jusqu'à 20 cm ; la régularité du débit est obtenue au moyen d'un robinet pointeau réglé par le pilote.

Les vibrations doivent être évitées pour le niveau constant, car elles peuvent diminuer la régularité de son débit.

2° Compression

On augmente le couple moteur par l'accroissement de la compression volumétrique. On est limité dans cette voie par l'autoallumage ; en outre, l'accroissement correspondant de la pression d'explosion augmente la fatigue du cylindre, d'où augmentation d'épaisseur et de poids ; enfin, l'accroissement de chaleur de l'explosion augmente les difficultés de refroidissement et amène une détérioration rapide des bougies. On ne doit pas dépasser 4,5 comme valeur de la compression volumétrique, dans les moteurs tournant à plus de 1200 tours à la minute environ[(8)].

3° Formes de culasse et de piston

On recherche les formes de culasse qui diminuent les pertes de chaleur par les parois au moment de l'explosion, c'est-à-dire les formes hémisphériques ou plates sans chapelle latérale pour les soupapes.

Dans la détermination de la forme de la surface supérieure des pistons, on cherche surtout à réaliser le maximum de résistance et de facilité de refroidissement.

4° Distribution

Les soupapes d'admission seront commandées toutes les fois qu'il n'en résultera pas trop de complication pour le mécanisme.

(8) La compression réelle, thermique, croît en effet rapidement avec la vitesse et atteint vite la pression d'autoallumage qui est de 7 kg environ.

Le *calage des soupapes*, en particulier l'avance à l'échappement et le retard à la fermeture de l'admission, l'avance à l'allumage, doivent être proportionnés à la vitesse du moteur qui, d'après les essais, correspondra sensiblement à celle de la puissance maxima. La perte de puissance provenant d'un mauvais réglage peut atteindre 10 %.

Les prises d'air extérieures du carburateur doivent être placées de telle sorte que la pression ou la dépression produite par le déplacement rapide de l'aéroplane ne modifie pas l'effet de l'aspiration du moteur.

5° Évacuation des gaz

L'évacuation des gaz bridés doit être rendue le plus facile possible pour favoriser le refroidissement, éviter les contre-pressions nuisibles et les cylindrées incomplètes. Il y a avantage à employer de larges soupapes et à diriger les gaz brûlés de telle sorte que le mouvement de l'appareil favorise leur évacuation ; le pot d'échappement est en général supprimé (il absorbe jusqu'à 5 et 6 % de la puissance).

Cependant, des tuyauteries permettant un refroidissement rapide des gaz dès leur sortie du moteur pourraient donner un accroissement de la puissance obtenue avec échappement libre, et auraient l'avantage de diminuer le bruit et les projections d'huile. Certains dispositifs, montés sur les moteurs fixes de Dion-Bouton et Renault, constituent une ébauche de la solution définitive.

6° Dimensions des cylindres

Si on considère un cylindre donnant une puissance déterminée, le cylindre à grand alésage a le meilleur rendement au point de rue thermique, parce qu'il n'entraîne qu'une faible perte de chaleur par les parois ; (la surface des parois est minimum quand la course est égale au diamètre) ; en même temps une petite course permet une plus grande vitesse de rotation, ce qui diminue à égalité de vitesse linéaire du piston la durée des phases de compression, d'explosion, de détente et, par suite, les perles de chaleur par les parois. Mais, en pratique, l'importance de ces pertes est faible, et la chaleur non dissipée par les parois est perdue en majeure partie par l'échappement.

Pour les moteurs à refroidissement par air, il y a au contraire avantage à augmenter cette perte de chaleur par les parois et à accroître la surface de celles-ci exposée au courant d'air refroidissant ; il y a ainsi intérêt à utiliser pour eux des courses relativement longues. On est en outre limité vite dans les dimensions maxima de l'alésage, 100 à 110 mm pour les moteurs fixes, 125 à 130 pour les rotatifs.

L'augmentation de la course donne plus de souplesse au moteur et utilise, à égalité de vitesse linéaire du piston, une détente plus longue(9). En outre, l'effort total $P \times s$ produit par l'explosion, sous la pression P, sur le piston de section s étant moins grand, la fatigue des pièces est diminuée ainsi que les frottements ; ainsi, deux cylindres de même cylindrée(10) égale à 1,5 l et de même puissance, l'un de 124 mm d'alésage et de 124 mm de course, l'autre de 108 mm d'alésage et de 163 mm de course produisent un effort maximum sur le piston (avec la même pression explosive), le premier de 3025 kg, le deuxième de 2300 kg ; un effort maximum tangentiel, le premier de 1570 kg, le deuxième de 1200 kg seulement. Il y a donc avantage pour réduire les efforts à employer de longues courses.

Si on se place au point de vue de l'allumage, on sait qu'il y a lieu de chercher à diminuer le plus possible la distance des bougies aux points extrêmes du mélange à enflammer quand le piston est à fond de course ; il y a donc intérêt également à employer de faibles alésages et de longues courses. Mais on est limité dans cette voie par la nécessité d'avoir en même temps une bonne compression et une bonne alimentation au moyen de soupapes aussi larges que possible.

Par suite, on ne peut descendre au-dessous d'un certain alésage minimum pour une puissance donnée de cylindre.

On est limité, en outre, dans la course, par le passage de la bielle dans le cylindre à ses positions latérales extrêmes ; on peut, il est vrai, dans ce but, tailler dans le cylindre des échancrures comme dans le Labor.

(9) La valeur totale de la détente volumétrique dépend de la valeur de la compression. Pour une même valeur du déplacement du piston, la détente est d'autant plus faible que l'alésage est plus faible ; pour une même cylindrée et une même compression, à égalité de vitesse angulaire, la durée de la détente est, bien entendu, la même.

La cylindrée est le volume engendré par le piston dans une course ; si d est l'alésage en mm, C la course en mm, la cylindrée est, en litres, égale à $V = (\pi d^2 C) / (4 \times 100000)$. Si n est le nombre des cylindres, la cylindrée totale est la somme des cylindrées élémentaires :

$$V = n\,[(\pi d^2 C) / (4 \times 100000)].$$

Si e est l'espace mort restant au-dessus du cylindre à fond de course, la compression est égale à $(V + e) / e$.

(10) Ces chiffres sont donnés par M. H. André, *Moteurs d'aviation, et de dirigeables*. Nous empruntons d'ailleurs à cet intéressant ouvrage édité par la maison Geisler et à la *Revue de l'Aérophile* si bien informée, de nombreux clichés qui nous ont été obligeamment prêtés.

Enfin, pour ne pas avoir de cylindres trop hauts, ce qui augmente l'encombrement et le poids, et en outre dans les moteurs rotatifs les effets de la force centrifuge, on est obligé de réduire la longueur de la bielle à quatre ou cinq fois au maximum la longueur de la manivelle dans les moteurs fixes, à trois fois environ dans les rotatifs.

En fait, le rapport de la course à l'alésage ne dépasse pas beaucoup 1,8 dans les moteurs fixes ; cependant il atteint 2,1 dans certains moteurs, comme le Grégoire et le Labor, qui ont des cylindres désaxés ; dans les rotatifs ce rapport varie de 1,1 à 1,6.

7° Nature du combustible et du comburant

a. *Combustible.* — L'essence, ayant un pouvoir calorifique supérieur à l'alcool, est préférée à celui-ci. On peut se demander s'il ne serait pas intéressant d'employer des explosifs produisant des pressions plus considérables.

Malheureusement, des élévations trop brusques et trop considérables de température et de pression ne sont pas sans danger pour les organes d'un moteur.

Par exemple, le rapport de la longueur de la bielle à la longueur du rayon de manivelle doit être judicieusement déterminé : une bielle trop longue diminue les efforts latéraux, mais risque elle-même de fléchir ; elle devrait, par suite, être renforcée ; il devrait en être de même pour la plupart des autres organes du moteur.

Il en résulterait donc des augmentations de poids considérables.

En outre, l'emploi des explosifs entraîne le transport d'un poids considérable de comburant ; la plupart des explosifs contiennent en effet en eux la quantité d'oxygène nécessaire à la combustion de leurs éléments ; or, cet oxygène représente, comme on sait, un poids trois fois supérieur à celui de l'essence utilisée. Comme on le trouve tout naturellement dans l'air, il serait donc très désavantageux d'être obligé de l'enlever avec soi. L'avantage d'avoir des explosions ayant la même valeur quelle que soit l'altitude n'est pas suffisant.

L'explosif ne semblerait devoir intervenir qu'à l'instar de la capsule de fulminate de mercure par rapport à la poudre pour suppléer à l'insuffisance d'allumage(11).

(11) Lumet.

b. *Comburant.* — On pourrait songer à employer l'oxygène pur au lieu de l'air ; il faudrait alors un débit d'essence plus considérable ; on aurait des températures et des pressions plus élevées, ce qui présenterait des inconvénients pour la bonne conservation du moteur, des soupapes d'échappement en particulier. Il faudrait installer un dispositif de refroidissement spécial, un dispositif de transport d'oxygène, un carburateur particulier, et tout cela permettrait seulement de donner un coup de collier pendant quelques instants. À cause de ces complications, il ne semble donc pas qu'on puisse prévoir à l'heure actuelle l'emploi de l'oxygène avec les moteurs d'aéroplanes.

2 - Vitesse

La vitesse du moteur doit naturellement être appropriée à celle de l'hélice que celui-ci est destiné à commander sur l'avion. Or l'expérience a montré que les hélices des types actuellement employés ont un bon rendement dans l'intervalle des vitesses comprises entre 900 et 1100 tours, et qu'au-delà de 1300 tours les forces d'inertie centrifuge atteignaient des valeurs incompatibles avec la sécurité. Le diamètre de l'hélice et par suite son encombrement, pour une puissance donnée, croissent lorsque la vitesse de rotation diminue. Cet encombrement est limité par la hauteur de l'avion au-dessus du sol.

Un moteur ayant une vitesse de rotation comprise entre ces deux chiffres permet de monter directement l'hélice sur son arbre ; si la vitesse de rotation est différente, il est indispensable d'employer un démultiplicateur.

Le démultiplicateur présente les inconvénients d'une complication mécanique, d'une augmentation de poids et d'une perte de puissance par suite de son rendement qui est inférieur à l'unité (on peut atteindre 95 %). Pour permettre sa bonne utilisation, la vitesse de rotation d'un moteur devra donc être, soit égale aux chiffres ci-dessus, soit alors beaucoup plus grande, le tiers au minimum en plus, et mieux, le double, de façon à augmenter la puissance massique.

Une vitesse seulement peu supérieure donne un moins bon rendement final, car, ou bien on monte directement l'hélice sur l'arbre, et celle-ci a un rendement inférieur, ou, si on réduit la vitesse, on n'utilise pas la puissance totale, ou bien on emploie un démultiplicateur : cela permet de faire tourner le moteur à son régime, mais comme on augmente ainsi le poids du groupe moto-propulseur, ce dispositif ne présente d'intérêt que si l'accroissement du rendement de l'hélice compense la perte de rendement de la transmission. Or, aux vitesses d'emploi, les variations de rendement de l'hélice sont de l'ordre de grandeur de 5 à 10 % au maximum, c'est-à-dire de l'ordre même de grandeur des pertes de rendement provenant des organes de démultiplication.

Les vitesses de rotation les plus intéressantes pour les moteurs sont donc soit de 1100 à 1300 tours (au-dessous de ces chiffres, on a des moteurs trop lourds), soit de 1500 à 2000 tours.

La limite de la vitesse du moteur provient d'abord de la difficulté de son alimentation. On recule cette limite en donnant aux soupapes et aux canalisations des sections de passage les plus grandes possible, en augmentant le retard à la fermeture de la soupape d'admission, et l'avance à l'ouverture de la soupape d'échappement, en augmentant l'avance à l'allumage, en augmentant la compression volumétrique, ce qui permet d'avoir une pression suffisante avec une cylindrée incomplète.

Le nombre de tours est également limité par des considérations *mécaniques* relatives à la résistance des pièces aux *forces d'inertie* et de *frottements*, et à l'*échauffement*.

Forces d'inertie.

a. *Moteurs fixes.* — La force d'inertie centrifuge due au mouvement de rotation d'une masse M à la distance r de l'axe, avec une vitesse angulaire ω est $M\omega^2 r$ ($M = P/g'$, P étant le poids en kilogs, g l'accélération de la pesanteur = 9,81 m, à Paris).

Cette force a beau être équilibrée dans un volant ou un vilebrequin par une force égale et de sens contraire et n'avoir aucune résultante extérieure, chacun des rayons du volant ou des manivelles du vilebrequin n'en est pas moins soumis à la force centrifuge de la masse de la jante qui l'intéresse.

La vitesse circonférentielle maxima à admettre à la périphérie du volant varie avec la résistance du métal qui le constitue et peut atteindre 25 m par seconde pour la fonte, 40 m pour l'acier. Ainsi, avec un volant d'acier de 450 mm de diamètre, la vitesse angulaire maxima $\omega = (N/60) \times 2\pi$ correspond à un nombre de tours N = 1800 à la minute.

Les *forces d'inertie* alternatives sont encore plus importantes. Elles proviennent, comme on sait, des variations de vitesse rapides que subissent le piston et la bielle. Ces variations de vitesse dépendent de la vitesse angulaire de rotation, du rayon de manivelle et du rapport r / l de ce rayon à la longueur de la bielle l.

Comme ci-dessus, on a beau annuler leur résultante extérieure par l'emploi de cylindres convenablement disposés, les forces développées dans chaque piston agissent sur chaque bielle, sur chaque maneton, sur chaque palier, avant d'être neutralisées par les forces opposées.

Or, on diminue ces forces d'inertie alternatives en diminuant le rayon de manivelle et la masse des pistons, ce qui entraîne la diminution de l'alésage et, par suite, l'augmentation du nombre des cylindres. On est limité dans l'allégement du piston par le fait que ses dimensions doivent lui permettre de résister aux efforts de l'explosion (ce qui exclut l'emploi de métaux légers comme l'aluminium) et d'assurer un bon guidage, et que, pour des raisons de frottement et de facilité de construction, on emploie en général la fonte.

Grâce à l'emploi de métaux spéciaux pour les bielles et le vilebrequin, on est arrivé à augmenter la vitesse linéaire moyenne du piston dans de fortes proportions : de 4 m il y a dix ans à 6 et 7 m aujourd'hui.

Le moteur d'aviation fixe sera donc polycylindrique. Cependant, les pertes de chaleur par les parois augmentent très rapidement avec le nombre de cylindres ; on ne descend pas pour chaque cylindre à une puissance inférieure à 6 ou 8 chevaux.

b. *Moteurs rotatifs*. — La force d'inertie qui intervient est surtout la force centrifuge appliquée à toutes les pièces animées d'un mouvement de rotation ; dans les moteurs actuels les efforts qui en résultent limitent la vitesse de rotation vers 1500 tours à la minute. On verra plus loin les complications que produisent ces effets au point de vue mécanique (commande des soupapes, par exemple), et au point de vue du graissage. En pratique on ne dépasse guère la vitesse de 1200 tours à la minute.

La force d'inertie alternative des moteurs fixes est remplacée par la force centrifuge composée qui prend naissance par suite des variations de vitesse angulaire de l'ensemble des pistons tournant autour d'un axe excentré par rapport à celui du moteur. Les efforts qui en résultent sont très importants.

Il y a intérêt à augmenter le nombre des cylindres dans les limites d'encombrement, de complication mécanique et de refroidissement admissibles, de façon à obtenir un couple moteur aussi régulier que possible.

En outre, la puissance absorbée par la résistance de l'air à la rotation du moteur, dépend de la section droite du moteur et est à peu près indépendante du nombre des cylindres. La fraction de la puissance utile totale perdue de ce fait est ainsi d'autant plus faible pour une dimension donnée des cylindres que leur nombre est plus élevé.

FROTTEMENTS, GRAISSAGE.

Les forces d'inertie étant proportionnelles au carré de la vitesse, le chemin parcouru étant lui-même proportionnel à la vitesse elle-même, il en résulte que le travail de frottement, même en supposant constant le coefficient de frottement, croît comme le cube de cette vitesse, c'est-à-dire pour un même moteur, toutes choses égales d'ailleurs, comme le cube du nombre de tours à la seconde.

Ainsi, pour un moteur à un cylindre de 10 HP de 76 mm d'alésage[12] et 140 mm de course, avec une tête de bielle pesant 360 gr, un diamètre de maneton de 28 mm, le travail de frottement créé par la force centrifuge qui est de 0,4 HP, à 1500 tours, serait de 1,2 HP à 3600 tours, et cela en supposant que le graissage s'effectue d'une façon parfaite. L'augmentation de perte de puissance est donc rapide ; en même temps, il en résulte des usures prématurées entraînant au bout d'une durée de marche relativement courte, soit le rebut du moteur, soit le remplacement de certains organes, soit des réparations importantes telles que des rattrapages de jeu, ou des rectifications d'axes et de portées.

On doit donc chercher à obtenir d'un moteur une vitesse aussi rapprochée que possible de celle qui correspond à la puissance maximum et qui est compatible avec la bonne conservation de ses organes et de son bâti.

GRAISSAGE.

Le graissage est une fonction essentielle du moteur d'aviation : elle est très importante pour les autres applications du moteur à explosion mais dans celles-ci, en général, les dégâts peuvent être limités parce qu'on peut arrêter le moteur dès que se manifeste une baisse de puissance. En avion, au contraire, il est souvent des cas où il faut coûte que coûte continuer à

(12) LACOIN.

marcher, même dans de mauvaises conditions, pour atteindre un terrain d'atterrissage favorable.

Le graissage dépend, comme on sait, des pressions exercées, de la nature, de la forme et de la grandeur des surfaces en contact, de la vitesse de glissement, de la température, de la viscosité de l'huile. On l'améliore en donnant de grandes dimensions à toutes les portées et en augmentant la longueur des pistons, mais il en résulte une augmentation de poids et, par suite, des forces d'inertie et du travail total de frottement ; la lubrification est meilleure avec des vitesses et des compressions moyennes, mais il en résulte une nouvelle diminution de la puissance massique. D'un autre côté, l'augmentation de la vitesse de rotation du moteur permet, pour obtenir une même puissance, de diminuer le volume des cylindrées et, par suite, la grandeur des efforts maxima, les dimensions des pièces en mouvement et, comme conséquence, les forces d'inertie.

La solution la meilleure consiste en un juste milieu que, seule, une longue expérimentation permet d'obtenir ; c'est dire que l'établissement et la mise au point d'un moteur d'aviation sont toujours des opérations longues et délicates.

Les points dont la lubrification présente de réelles difficultés par suite des efforts considérables dont ils sont le siège, sont les têtes de bielles, les portées et les manetons du vilebrequin d'une part, les pistons et les cylindres d'autre part.

Ces efforts, pour chacun de ces points, suivent des lois différentes dans les moteurs fixes et dans les moteurs rotatifs. Dans les raisonnements qui suivent, on supposera la vitesse de rotation ω constante.

Efforts sur les manetons.

a. Dans les moteurs fixes, la partie de maneton correspondant à chaque cylindre est soumise, du fait de ce cylindre, aux effets de l'explosion, des forces d'inertie provenant du mouvement de rotation de la tête de la bielle et d'une certaine fraction du corps de bielle, et aux forces d'inertie produites par le mouvement alternatif du piston et de l'autre partie de la bielle.

Cette dernière est maximum à fond de course du piston.

Si P est la pression d'explosion, S la section du piston, la force provenant de l'explosion est PS.

Si m est la masse de la tête de bielle, la force centrifuge d'inertie due à sa rotation est constante et égale à $m\omega^2 r$, et dirigée à chaque instant suivant l'axe du bras de la manivelle correspondante.

Les forces d'inertie dues au mouvement alternatif du piston sont alternatives et ont pour valeur :

$$M\omega^2 r \cos\Theta + M\omega^2 (r^2 / l) \cos 2\Theta$$

M étant la masse totale en mouvement alternatif, θ l'angle de la bielle avec l'axe du piston, r le rayon de manivelle, l la longueur de la bielle, la valeur maximum de cet effort est pour $\theta = 0$:

$$M\omega^2 r + M\omega^2 (r^2 / l)$$

L'effort total maximum est ainsi représenté par l'expression :

$$P \times S - [(m + M)\, \omega^2 r + M\omega^2 (r^2 / l)]$$

et se produit au moment de l'explosion. Pour une vitesse de 1200 tours à la minute, les forces d'inertie atteignent près de la moitié de la valeur de la force d'explosion P × S.

b. Dans le moteur rotatif ordinaire (fig. 1), le maneton est soumis à la force d'inertie centrifuge de la masse M et à la force d'explosion, ces deux forces étant également de sens contraire. La force d'explosion est égale comme ci-dessus à P × S. La force d'inertie centrifuge agit toujours dans le même sens sur la bielle, le long de l'axe de celle-ci, et passe par un maximum, au moment du point mort supérieur et de l'explosion, égal à

$$M\omega^2 ((r + l)^2 / l) = M\omega^2 ((r^2 / l) + 2r + l)$$

$$= 2\, M\omega^2 r + M\omega^2 (r^2 / l) + M\omega^2 l$$

(on suppose que le point B est le centre de gravité de l'ensemble piston, corps et pied de bielle).

Cet effort est supérieur à celui produit dans le moteur fixe de la quantité :

$$(M - m)\, \omega^2 r + M\omega^2 l$$

Il faudrait ajouter à ces forces, pour suivre exactement les variations de l'effort total, la composante due aux forces d'inertie produites par la tête de bielle ; celle-ci est très faible, étant donné le très faible diamètre du maneton.

L'effort dû aux forces d'inertie est donc plus considérable dans le moteur rotatif que dans le moteur fixe ; mais ses variations sont plus faibles.

Pour une valeur de $r = 0{,}07$, $l = 0{,}21$ et une vitesse de rotation de 1200 tours à la minute, soit :

$$\omega = 2\pi\,(N / 60) = 2\pi \times 20 \qquad M = P / g \text{ avec } g = 9^{m}81$$

$$(1 / g)\ \omega^2\ [(r + l)^2 / l] = 630$$

L'effort maximum dû à la force centrifuge d'un piston est ainsi égal à 630 fois le poids de celui-ci.

Pression latérale du piston sur le cylindre

La poussée du piston sur le cylindre, ou la réaction de celui-ci sur le piston, est due à l'obliquité de la bielle ; la poussée ou la traction que subit la bielle est la résultante des efforts de l'explosion et de l'inertie appliqués au piston et de la réaction normale de la paroi du cylindre.

1° Moteur fixe

a. Explosion. — Soit β (fig. 7) l'obliquité de la bielle, c'est-à-dire l'angle que fait la bielle B A avec l'axe OB du piston, dans le triangle rectangle PB*f*. BP représente l'effort P d'explosion, parallèle à l'axe du piston. B*f* = F la compression de la bielle, BN l'action horizontale N du piston sur le cylindre ; on a :

$$P = F \cos \beta,$$
$$N = F \sin \beta$$

d'où :

$$N = P \operatorname{tg} \beta$$

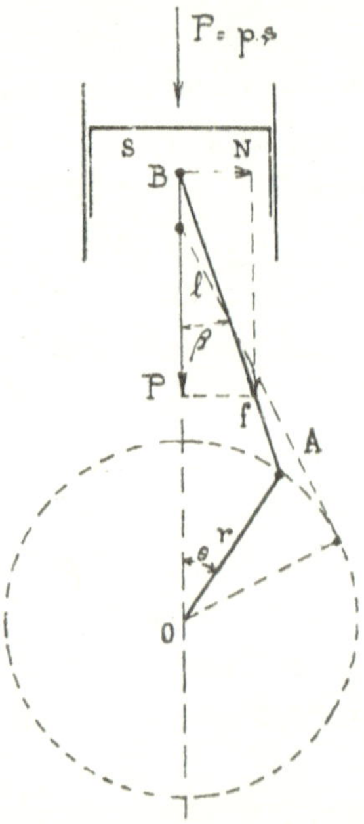

Fig. 7. — Pression N du piston sur le cylindre dans un moteur fixe.
AB bielle, OA maneton.

P est à chaque instant égal à la pression totale de la détente, qui se fait sensiblement suivant une courbe adiabatique de la forme d'une hyperbole, et décroît depuis le moment de l'explosion jusqu'au commencement de l'échappement. Dans le même temps, tg β varie de 0 au maximum r / l correspondant à la position de la bielle tangente au cercle décrit par le maneton, puis décroît pour revenir à 0 au point mort suivant.

Le produit P tg β, qui est la réaction latérale, varie suivant une loi que le calcul permet de déterminer exactement ; il part ainsi de la valeur 0 au point mort supérieur, passe par un maximum, lorsque l'angle du maneton et de l'axe du cylindre est compris comme il a déjà été indiqué plus haut entre 30 et 45° (suivant le rapport des longueurs r / l, longueur de maneton à longueur de bielle), puis décroît jusqu'à 0 en même temps que tg β au moment du point mort suivant.

Le calcul montre que pour les valeurs courantes de l'obliquité et de la compression, le maximum de cette réaction latérale est d'un dixième environ de l'effort d'explosion, soit 200 kg pour un cylindre de 100 mm d'alésage et 120 mm de course.

b. Forces d'inertie. — Les forces d'inertie de valeur égale à $M \omega^2 r \cos \Theta + M \omega^2 r^2 / l \cos 2 \Theta$ sont les forces d'inertie alternatives dirigées également suivant l'axe du piston ; elles donnent naissance pour le piston à des actions latérales qui se déterminent de la même façon que ci-dessus, pour l'effort d'explosion ; ces réactions changent de sens à chaque demi-tour ; elles se retranchent de celles dues à l'explosion, à la compression et à l'échappement et s'ajoutent à celles dues à l'aspiration ; elles appliquent le piston sur le cylindre, alternativement suivant la génératrice placée dans le sens du mouvement de rotation du vilebrequin, et la génératrice diamétralement opposée.

2° Moteur rotatif

a. Explosion. — La pression latérale du piston sur le cylindre, produite par l'explosion, du fait de l'obliquité de la bielle, suit la même loi que dans un moteur fixe (fig. 7), toutefois elle est dirigée en sens inverse, en supposant le même sens de rotation pour le vilebrequin du moteur fixe et l'ensemble des cylindres et du carter porte hélice dans le moteur rotatif ; celte pression applique le piston dans le sens du mouvement.

b. Forces d'inertie (fig. 8). — Les cylindres ont un mouvement de rotation uniforme ; mais les pistons sont animés d'un mouvement accéléré par suite des variations du rayon vecteur OB. Un piston dont la masse est supposée concentrée en B est ainsi soumis à une

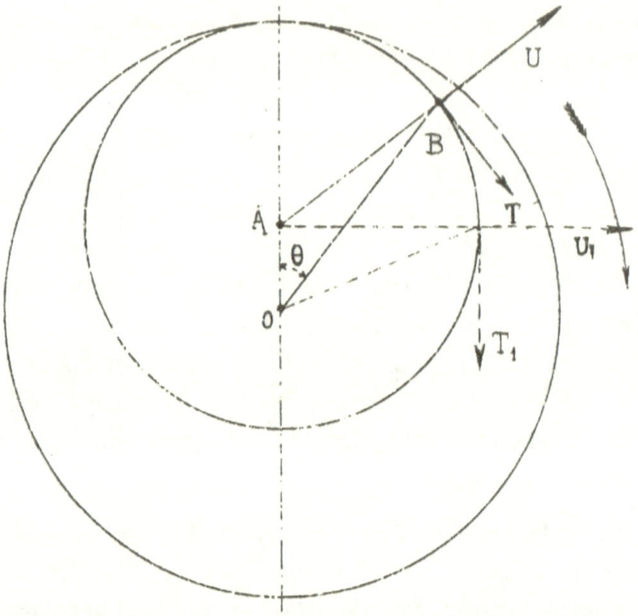

Fig. 8. – Forces d'inertie agissant sur le piston d'un moteur rotatif.
U, force centrifuge ; T, force tangentielle ; O, axe du moteur ; A, axe du maneton

force d'inertie centrifuge U dirigée suivant l'axe de la bielle BA et qui n'intervient pas ici, et à une force d'inertie complémentaire tangentielle T qui dépend de la variation de vitesse du piston.

Cette force d'inertie est nulle quand celte variation de vitesse est minimum, c'est-à-dire quand le cylindre, est vertical, maximum quand cette variation de vitesse est maximum, c'est-à-dire quand le cylindre est horizontal.

Elle a alors pour valeur $T_1 = 2\ M\ \omega^2\ r$ et est dirigée vers le bas, c'est-à-dire dans le sens du mouvement de rotation. Elle s'ajoute à la pression produite par l'explosion.

Pour un moteur rotatif tournant à 1200 tours avec $r = 0{,}07$, le facteur $2\ \omega^2\ r$ est égal à 2200 environ ; en prenant pour valeur de l'accélération de la pesanteur la valeur $g = 9{,}81$ m, soit 10 environ, on voit que la force d'inertie tangentielle appuie le piston avec une force égale à environ 220 fois son poids. Cet effort est de l'ordre de grandeur de celui qui est dû à l'explosion par suite de l'obliquité de la bielle et s'ajoute à lui.

La pression maximum du piston sur un cylindre 100 × 120 dans un moteur rotatif serait ainsi, pendant la course de détente, de 300 à 400 kg environ, alors que pour un moteur fixe elle serait, dans les mêmes conditions, comprise entre 150 et 200 kg.

La lubrification des moteurs rotatifs présente donc plus de difficultés que celle des moteurs fixes, du fait de l'augmentation des pressions ; d'autre part, il faut tenir compte des effets de la force centrifuge qui tend à projeter l'huile à l'extérieur.

Pour limiter cette tendance à l'expulsion prématurée, on doit employer des huiles très visqueuses, même à haute température, et à grand pouvoir adhérent.

En même temps que la lubrification, l'étanchéité de la chambre d'explosion est plus difficile à réaliser ; il faut employer des segments spéciaux très élastiques, très souples, à coefficient de frottement aussi réduit que possible.

II — Robustesse

Un moteur d'aviation doit être solide, c'est-à-dire que toutes les pièces doivent être établies avec un coefficient de sécurité suffisant, vérifié par de longs essais au banc et sur l'avion.

En particulier, dans les moteurs rotatifs, il faut tenir compte des efforts considérables dus :

- à la force d'inertie centrifuge ;
- aux efforts de traction sur les bielles, diminué périodiquement par l'explosion qui agit en sens inverse (du moins dans les rotatifs de type normal) ;
- effort de traction des cylindres sur le carter, augmenté dans de notables proportions par l'effort de l'explosion.

Avec un moteur de type courant, tournant à 1200 tours à la minute, avec 7 cylindres en étoile de 100 mm d'alésage et 140 mm de course, comportant des pistons d'un poids de 2 kg, des cylindres d'un poids de 5 kg, on a un effort maximum d'explosion de 2000 kg environ ; l'effort de traction sur les bielles dû à la force centrifuge est de 1250 kg, l'effort de traction des cylindres sur le carter est de 2000 kg environ.

Un moteur d'aviation doit être endurant et ne pas avoir de pannes.

a. *Rien ne doit se dérégler* ; les boulons, vis, clavettes ne doivent pas se desserrer, les ressorts se détremper ; les organes doivent être simples ; toutes les pièces doivent avoir une résistance suffisante, en tenant compte des influences des vibrations qui modifient peu à peu la structure du métal ; ne présenter aucun angle vif rentrant, aucune variation brusque de section constituant une amorce de rupture ; les canalisations extérieures seront réduites au minimum, et soutenues de façon à éviter les vibrations anormales, et comprendront, s'il y a lieu, sur leur parcours des parties élastiques. Les portées doivent être largement calculées. Des butées doivent être solidement installées sur le vilebrequin pour tenir compte des efforts de traction ou de poussée de l'hélice.

Toutes les pièces doivent être estampées, forgées ou prises dans la masse, le carter seul, quand il est en aluminium, peut être coulé ; toutes les parties frottantes en acier doivent être cémentées et rectifiées. Les cylindres doivent être autant que possible tournés intérieurement et extérieurement pour avoir des épaisseurs de paroi régulières assurant des dilatations uniformes et des capacités égales donnant dans tous les cylindres la même compression. Le piston doit porter un nombre de segments suffisant pour assurer l'étanchéité.

La surveillance des divers organes doit être facile, les démontages simples et rapides, les pièces interchangeables. La mise en route à froid ou à chaud doit être rapide, ne pas exiger d'effort violent ou de manœuvre dangereuse et pouvoir se faire autant que possible par le pilote assis sur son siège. À ce point de vue, le départ au contact ou par manivelle ou par air comprimé est intéressant.

L'arrêt doit pouvoir être obtenu sûrement et rapidement, par action sur l'alimentation et l'allumage.

b. La *carburation* doit être aussi régulière que possible, et facilement réglable. L'automatisme n'est pas indispensable, si on n'exige pas la souplesse du moteur à toutes les allures.

c. L'*allumage* doit être sûr, sans ratés. Pour cela, il faut employer des magnétos éprouvées, donnant des étincelles suffisantes à toutes les vitesses, même aux faibles, pour faciliter les mises en marche ; les contacts doivent être à l'abri de l'huile et de l'eau et, d'une façon générale, de toute souillure, et facilement visitables ; les fils doivent être bien isolés, maintenus de façon à éviter les vibrations et les efforts de traction sur leurs bornes d'attache, les bougies doivent être résistantes, appropriées au moteur, des dispositions particulières doivent les mettre à l'abri de l'encrassage, des projections d'huile et d'un échauffement exagéré.

d. Le *graissage* doit être rationnel pour éviter toute chance de grippage, c'est-à-dire de préférence être produit sous pression par une pompe non désamorçable, d'un fonctionnement absolument sûr, ne comportant que des organes mécaniques robustes et indéréglables avec des arrivées d'huile spéciales pour chacun des points à lubrifier au moyen de canalisations à larges sections et facilement visitables ; dans le cas de circulation d'huile, un filtre doit empêcher les saletés ou corps durs, tels que des parcelles métalliques provenant d'un commencement de grippage, ou des poussières de charbon, résidus de la combustion, d'être entraînés jusqu'aux portées ou de détériorer la pompe ; les orifices de graissage ne doivent pas pouvoir se boucher ; un organe spécial, viseur, manomètre, cloche à air, etc., devra permettre de vérifier constamment le bon fonctionnement du graissage ; la qualité de l'huile employée devra être surveillée de très près.

e. Le refroidissement doit être efficace et sûr ; dans le cas de l'emploi d'eau de circulation, le radiateur, et, dans le cas de refroidissement par ailettes, chaque cylindre doit être bien baigné dans le courant d'air ; les tuyaux de circulation d'eau doivent avoir un gros diamètre ; les joints ne doivent ni fuir ni se desserrer, des poches d'air ne doivent pas pouvoir se produire, quelle que soit l'inclinaison de l'aéroplane ; la pompe doit être robuste, ne jamais se désamorcer et être entraînée par engrenages, le radiateur doit être robuste de façon à ne pas se détériorer par suite des trépidations ; des précautions doivent être prises pour éviter les dangers de gelée (adjonction à l'eau de 30 % d'alcool ou de glycérine neutralisée par du carbonate de soude).

III — Équilibrage des forces d'inertie

I — Moteurs fixes

Pour réaliser l'équilibrage, il faut, comme on sait, disposer les coudes du vilebrequin et les cylindres de façon que les résultantes des forces d'inertie centrifuges et alternatives et des couples qu'elles font naître soient respectivement milles :

Les forces d'inertie centrifuge peuvent être exactement équilibrées au moyen de masses additionnelles.

On sait que la force d'inertie F, à laquelle est soumise la masse M d'un piston et de la partie de la bielle correspondante est donnée par la relation :

$$F = M \omega^2 r \; (\cos \Theta \; + \; ((r / l) \cos 2 \Theta))$$

où r est le rayon de la manivelle, l la longueur de la bielle, Θ l'angle que fait à chaque instant la manivelle avec l'axe du cylindre correspondant (fig. 7).

Le premier terme de cette formule constitue les forces d'inertie du premier ordre et correspond au cas d'une bielle infinie $r / l = 0$; c'est le plus important. Mais le deuxième n'est cependant pas négligeable, surtout aux grandes vitesses.

a. Si on emploie des *cylindres verticaux* et de même sens, l'équilibrage s'améliore au fur et à mesure qu'on augmente le nombre des cylindres, mais n'est jamais parfait. On ne doit pas, dans ce cas, descendre au-dessous de quatre et mieux de 6 cylindres.

Les forces d'inertie centrifuge peuvent être exactement équilibrées au moyen de masses additionnelles, comme il a été indiqué dans l'ouvrage : *Moteur à explosion*.

Reprenons l'expression de la force d'inertie alternative F, à laquelle est soumise la masse M d'un piston et de la partie de bielle correspondante.

$$F = M\,\omega^2\,r\,.\,(\cos\Theta + ((r/l)\cos 2\,\Theta))$$

Dans le *quatre-cylindres ordinaire* (fig. 9) la résultante des forces d'inertie du premier ordre et des couples formés est nulle. (La somme des forces d'inertie du 2e ordre ne l'est pas.)

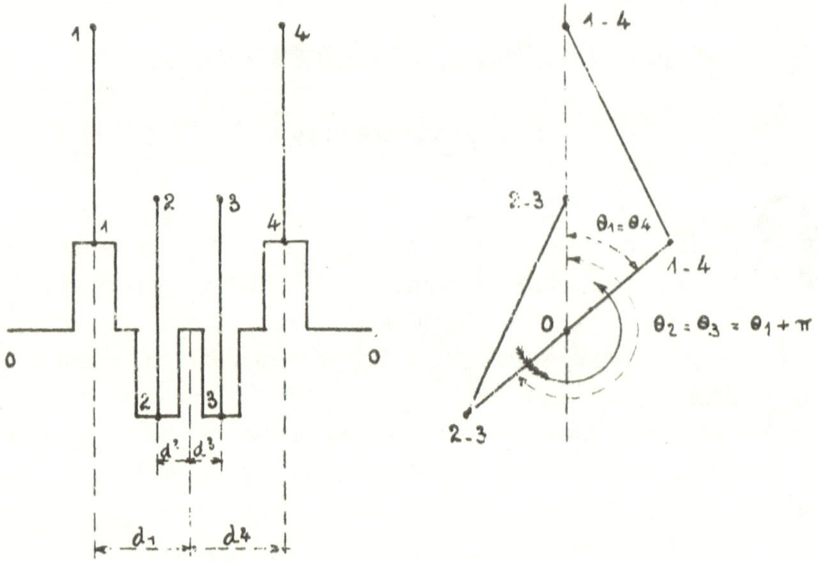

Fig. 9. – Vilebrequin d'un moteur à quatre cylindres ordinaire.
a) Vilebrequin dans une position verticale , b) Vilebrequin dans une position inclinée.

Si Θ_1, Θ_2, Θ_3, Θ_4 sont les angles relatifs aux cylindres 1, 2, 3, 4, on a :

$$\Theta_1 = \Theta_4 \qquad \Theta_2 = \Theta_3$$

$$\Theta_2 = \Theta_1 + \pi \quad \text{et } \cos(\pi + \Theta) = -\cos\Theta$$

1° – Force d'inertie du premier ordre. Leur somme est donnée par la relation :

$$= M\,\omega^2\,r\;[2\cos\Theta + 2\cos(\pi + \Theta)] = 0$$

2° Couples ; si on prend les moments par rapport au centre du vilebrequin, si $d1$, $d2$, $d3$, $d4$ sont les distances des cylindres à ce point, on a :

$$d1 = - d4 \qquad d2 = - d3$$

d'autre part, la trigonométrie donne :

$$\cos \Theta = - \cos (\pi + \Theta)$$

La somme des moments par rapport à ce point est, pour les forces d'inertie du premier ordre, égale à :

$$M \omega^2 r \; [d_1 \cos \Theta + d_2 \cos (\pi + \Theta) + d_3 \cos (\pi + \Theta) + d_4 \cos \Theta] = 0$$

Pour les forces d'inertie du deuxième ordre, la somme des moments est égale à :

$$M \omega^2 r\,(r / l)\; [d_1 \cos 2\Theta + d_2 \cos (2\pi + 2\Theta) + d_3 \cos (2\pi + 2\Theta) + d_4 \cos 2\Theta]$$

comme

$$\cos (2\pi + 2\Theta) = \cos 2\Theta$$

cette somme est également nulle.

Au-delà de six cylindres, la construction du vilebrequin et celle du carter sont difficiles, l'alimentation égale de tous les cylindres est très délicate à réaliser ; des précautions sont à prendre avec le six-cylindres parallèles qui possède à une certaine vitesse un régime critique d'équilibrage ;

b. On peut améliorer l'équilibrage au moyen, soit de *cylindres parallèles* (fig. 10) et opposés deux à deux, que l'on place

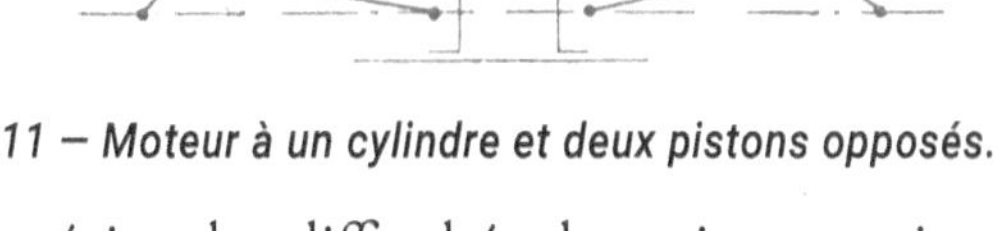

Fig. 10 – Moteur à deux cylindres horizontaux opposés.

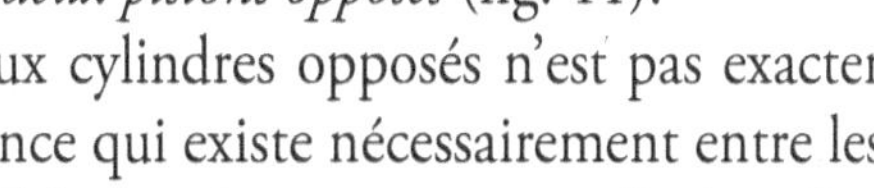

Fig. 11 – Moteur à un cylindre et deux pistons opposés.

horizontaux pour éviter les difficultés de graissage, soit au moyen de cylindres munis de *deux pistons opposés* (fig. 11).

Le moteur à deux cylindres opposés n'est pas exactement équilibré par suite de la distance qui existe nécessairement entre les axes des deux cylindres (fig. 12) ; il faut arriver aux quatre cylindres disposés comme il

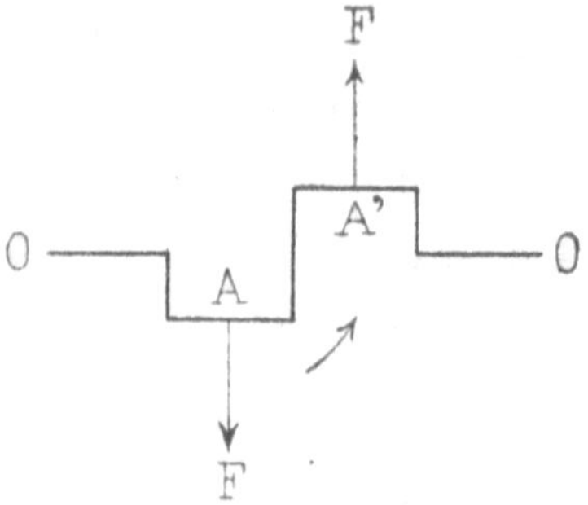

Fig. 12 – Moteur à deux cylindres.

est indiqué sur la figure 13 pour obtenir l'équilibrage parfait, mais c'est au prix d'une complication de construction peu admissible ;

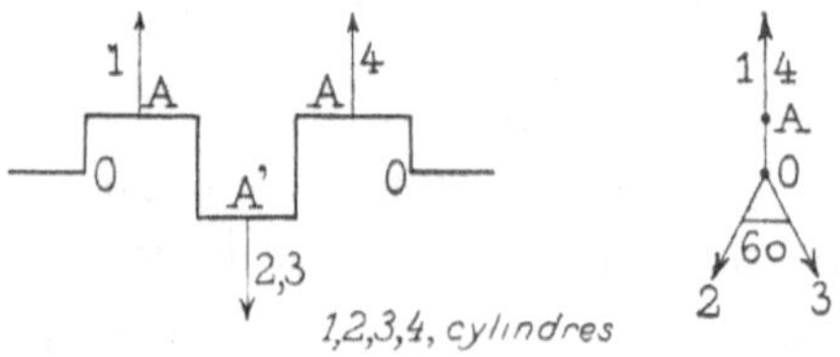

Fig. 13 – Quatre cylindres équilibrés.

c. Un moteur en V à deux cylindres à 90° peut avoir les forces d'inertie du premier ordre équilibrées exactement au moyen d'un contrepoids. En effet, la résultante des deux forces d'inertie dirigées respectivement suivant les axes des cylindres est constante et dirigée suivant la direction du maneton, mais en sens opposé (fig. 14).

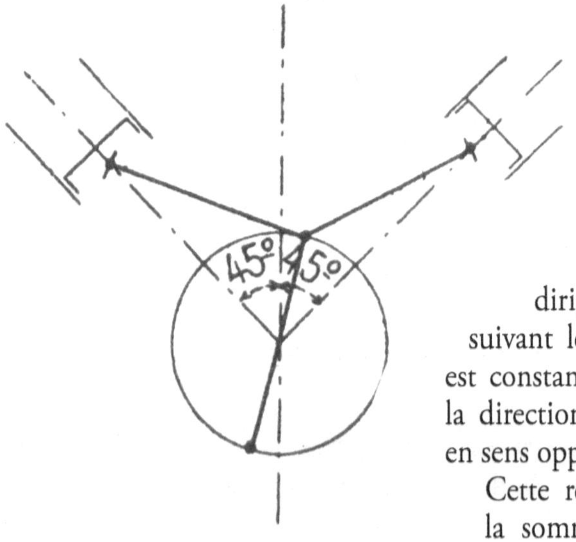

Fig. 14. – Moteur en V à deux cylindres.

Cette résultante est égale à la somme géométrique des forces :

$$M\,\omega^2\,r\,\cos\Theta$$

$$M\,\omega^2\,r\,\cos((\pi / 2) - \Theta) = M\,\omega^2\,r\,\sin\Theta$$

dirigées respectivement suivant les axes des cylindres. La résultante est constante en grandeur

$$R = M\,\omega^2\,r\,\sqrt{\cos^2\Theta + \sin^2\Theta} = M\,\omega^2\,r$$

Un contrepoids de masse M, symétrique du maneton, réalise donc l'équilibrage.

Dans le cas d'un moteur à huit cylindres en V à 90° dont quatre sur chaque rangée, l'équilibrage complet est presque réalisé (fig. 15) :

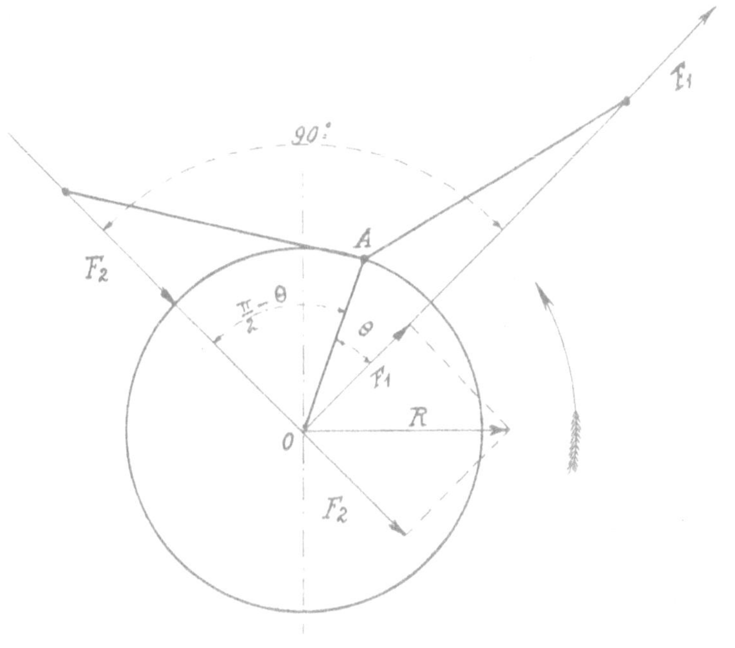

Fig. 15 – Efforts d'inertie alternatifs dans un moteur en V à huit cylindres.
R, résultante horizontale.

1° – Forces d'inertie du premier ordre. — Les forces d'inertie du premier ordre et les couples correspondants aux forces d'inertie du premier ordre et du deuxième ordre pour chaque rangée de quatre cylindres, ont une résultante nulle, d'après ce qu'on a vu plus haut, si les cylindres sont répartis symétriquement dans chaque rangée.

2° – Forces d'inertie du deuxième ordre. — Pour une des rangées (paire), la somme des forces d'inertie est égale à :

$$M \omega^2 r\ (r / l)\ (\cos 2\Theta_1 + \cos 2\Theta_2 + \cos 2\Theta_3 + \cos 2\Theta_4)$$

comme :

$$\cos 2\ \Theta_1 = \cos 2\ \Theta_2 = \cos 2\ \Theta_3 = \cos 2\ \Theta_4$$

la somme est égale constamment à :

$$4\ M \omega^2 r\ (r / l)\ (\cos 2\Theta)$$

Pour la rangée impaire, l'angle Θ est changé en

$$(\pi / 2) - \Theta$$

et l'angle $2\ \Theta$ en

$$\pi - 2\ \Theta$$

et

$$\cos (\pi - 2\ \Theta) = - \cos 2\ \Theta$$

La somme est par suite égale à :

$$- 4\ M \omega^2 (r^2 / l)\ (\cos 2\Theta)$$

Ces deux forces sont égales et de sens contraire et dirigées suivant les axes des cylindres à 90°. Leur résultante est donc dirigée toujours suivant une direction fixe qui est la bissectrice de ces axes, donc suivant l'horizontale.

Sa valeur est égale à la racine carrée de la somme de leurs carrés, soit à :

$$4 \sqrt{2\ M \omega^2 (r^2 / l)\ (\cos 2\Theta)}$$

Elle suit donc une loi sinusoïdale, et est inférieure à la somme algébrique des forces d'inertie du premier ordre dû à chacun des groupes de cylindres, dans la proportion de $\sqrt{2} = 1{,}41$ à 2.

d. Moteurs en étoile

Les cylindres (fig. 16) au nombre de n, sont dans le même plan et font entre eux des angles égaux :

$$2\pi / n = \alpha$$

La force d'*inertie centrifuge* due à la pièce centrale a laquelle sont fixées toutes les têtes de bielle, et qui tourillonne autour du maneton unique peut être considérée comme constante, et par suite être exactement équilibrée par un contrepoids.

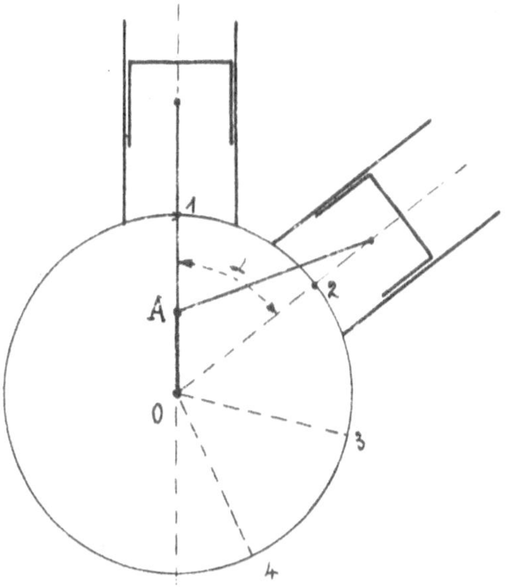

a)Maneton vertical

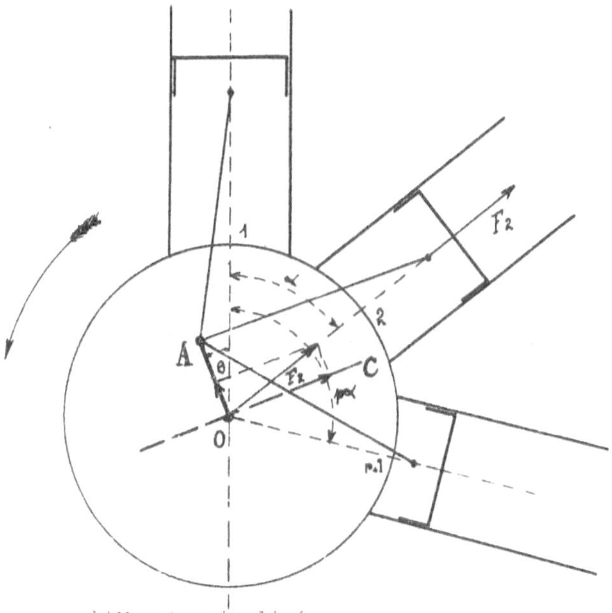

b)Maneton incliné

Fig. 16. – Moteur fixe à cylindres en étoile.
(2 positions du maneton OA)
b) Composantes de la force d'inertie alternative, relative au piston n° 2 suivant le maneton OA et la direction perpendiculaire OC.

Les forces d'inertie alternatives sont les plus importantes.

Pour chaque cylindre, la quantité M ω^2 r est une constante C. Pour le premier cylindre, la force d'inertie alternative a pour valeur :

$$F_1 = C\,(\cos\Theta + ((r/l)\cos 2\,\Theta))$$

et est dirigée suivant l'axe du cylindre n° 1.

Pour le cylindre d'ordre $p + 1$, elle a pour valeur :

$$F\,p + 1 = C\,(\cos(\Theta + \mathrm{p})) \;+\; ((r/l)\cos 2\,(\Theta + p))$$

et est dirigée suivant l'axe du cylindre $p + 1$.

Pour avoir la résultante de ces forces, déterminons ses deux composantes suivant l'axe OA de la manivelle, puis suivant la direction perpendiculaire. Ces deux composâmes sont respectivement la somme des projections de toutes les forces sur ces directions.

1° – Forces d'inertie du premier ordre. — Elles sont relatives au terme C cos $(\Theta + p\,\alpha)$.

a) La projection sur l'axe de la manivelle OA est, pour le premier cylindre :

$$C\cos\Theta \times \cos\Theta \;=\; C\cos^2\Theta$$

Pour le cylindre d'ordre $p + 1$:

$$C\,.\,\cos(\Theta + p\,\alpha) \times \cos(\Theta + p\,\alpha) = C\cos^2(\Theta + p\,\alpha)$$

La projection résultante est ainsi la somme des quantités :

$$C\,[\cos^2\Theta + \cos^2(\Theta + \alpha) + \ldots + \cos^2(\Theta + p\,\alpha) + \ldots + \cos^2[\Theta + (n - 1)\,\alpha]]$$

Or cette somme de cosinus au carré peut s'exprimer en fonction d'une somme de cosinus à la première puissance.

On a d'une façon générale, d'après les formules de trigonométrie :

$$\cos^2 i = \tfrac{1}{2}\,(1 + \cos 2\,i)$$

En appliquant cette formule, on trouve que la projection résultante est égale à :

$$n/2\,C + C\,[\cos 2\,\Theta + \cos 2\,(\Theta + \alpha) + \ldots + \cos 2\,(\Theta + p\,\alpha) + \ldots + \cos 2[\Theta + (n - 1)\,\alpha]]$$

Les termes qui suivent le premier $n/2$ C constituent une somme de cosinus en progression arithmétique de raison égale à 2 α.

Or on sait qu'on a la formule générale trigonométrique :

Somme de

$$\cos i + \cos (i + b) + \ldots \cos [i + (n - 1) b] = \frac{\sin n \frac{b}{2} \cos \left[i + (n - 1) \frac{b}{2} \right]}{\sin \frac{b}{2}}$$

Or dans le cas actuel :

$$\begin{cases} i = 2\Theta \\ \frac{b}{2} = \alpha \end{cases} \qquad \alpha = \frac{2\pi}{n}$$

$$n \frac{b}{2} = n \frac{2\pi}{n} = 2\pi \qquad \sin n \frac{b}{2} = 0,$$

donc la somme ci-dessus est nulle. La projection résultante se réduit ainsi au premier terme :

(1) $$n/2\,\mathrm{C} = n/2\ \mathrm{M}\,\omega^2 r$$

b) La projection sur la direction *oc* perpendiculaire au maneton est égale pour le cylindre 1, à :

$$\mathrm{C} \cos \Theta \cos \left(\frac{\pi}{2} - \Theta \right) = \mathrm{C} \cos \Theta \sin \Theta = \frac{1}{2} \mathrm{C} \sin 2\Theta,$$

Pour le cylindre p + 1, la projection est égale à :

$$\mathrm{C} \cos (\Theta + p\alpha) \times \sin (\Theta + p\alpha) = \frac{1}{2} \mathrm{C} \sin 2 (\Theta + p\alpha)$$

La somme des projections est ainsi égale à

$$\frac{1}{2} \mathrm{C} \left[\sin 2\Theta + \sin 2 (\Theta + \alpha) + \ldots + \sin 2 (\Theta + p\alpha) + \ldots + \sin 2 [\Theta + (n - 1) \alpha] \right]$$

La partie entre parenthèses est une somme de sinus en progression arithmétique de raison égale à 2 α.

Or on sait que l'on a la formule générale de trigonométrie somme de :

$$\sin i + \sin (i + b) + \ldots + \sin [i + (n - 1) b] = \frac{\sin n \frac{b}{2} \sin \left[i + (n - 1) \frac{b}{2} \right]}{\sin \frac{b}{2}}$$

Dans celte formule, sin *b* / 2 est nul comme ci-dessus, donc la projection résultante sur la perpendiculaire au maneton est constamment nulle.

2° – Forces du deuxième ordre. — Elles sont relatives au terme :

$$C\ r / l\ \cos 2\,(\Theta + p\,\alpha)$$

Procédons comme ci-dessus pour les forces du premier ordre :

a) Projection sur la manivelle OA ; cette projection est pour le cylindre d'ordre $p + 1$:

$$C\,\frac{r}{l}\cos 2\,(\Theta + p\,\alpha)\,.\,\cos\,(\Theta + p\,\alpha)$$

$\Theta \times p\,\alpha$ étant l'angle de la manivelle commune à tous les cylindres, avec le cylindre d'ordre p.

Or, d'après les formules de trigonométrie, ce produit de cosinus peut s'exprimer en fonction linéaire de cos Θ et cos 3 Θ.

En effet, on a d'une façon générale :

(1) $\cos 2\,i = 2\cos^2 i - 1$

(2) $\cos i \cos 2\,i = 2\cos^3 i - \cos i$

Or

(3) $\cos 3\,i = \cos^3 i - 3\cos i\ \sin^2 i$

$= \cos^3 i - 3\cos i\,(1 - \cos^2 i)$

$\cos 3\,i = 4\cos^3 i - 3\cos i$

d'où

(4) $\cos^3 i = \frac{1}{4}(\cos 3\,i + 3\cos i)$

Donc, en remplaçant cette valeur de cos 3 i dans la relation (2), on a :

$$\cos i\cos 2\,i = \frac{1}{2}(\cos 3\,i + 3\cos i) - \cos i = \frac{1}{2}\cos 3\,i + \frac{1}{2}\cos i$$

la somme des termes

$$C\,\frac{R}{l}\cos^2\,(\Theta + p\,\alpha)\,.\,\cos\,(\Theta + p\,\alpha)$$

devient donc, quand p prend les valeurs de 0 à n - 1, correspondant aux cylindres d'ordre 1 à n, une somme de cosinus de la forme cos 3 Θ et cos Θ en progression arithmétique.

Une telle somme est nulle, car il entre dans l'expression de son premier terme

$$\sin n\,\frac{3\,\alpha}{2} = \sin n\,.\,\frac{3}{2}\cdot\frac{2\,\pi}{n} = \sin 3\,\pi = 0$$

et dans celle du deuxième terme

$$\sin n \,.\, \pi/n = \sin \pi = 0$$

donc la composante suivant la manivelle est nulle.

b) Projection sur la perpendiculaire à la manivelle. Cette projection est pour le cylindre d'ordre $p + 1$:

(1) $C\, r / l \;\text{co}^3\, 2\, (\Theta + p\, \alpha) \,.\, \sin (\Theta + p\, \alpha)$

Le produit d'un $\cos^2 i$ par un $\sin i$ peut s'exprimer en fonction linéaire de $\sin 3\, i$ et de $\sin i$.

On a en effet les formules générales

(2) $\cos 2\, i = \cos^2 i - \sin^2 i$

$\cos 2\, i \sin i = \cos^2 i \sin i - \sin^3 i$

en remplaçant :

$$\cos^2 i \qquad \text{par} \qquad 1 - \sin^2 i$$

on a

(3) $\cos 2\, i \sin i = \sin i - 2 \sin^3 i$

Or on a aussi, d'après les formules générales :

(4) $\sin 3\, i = 3 \cos^2 i \sin i - \sin 3\, i$

En remplaçant

$$\cos^2 i \qquad \text{par} \qquad 1 - \sin^2 i$$

On a

$$\sin 3\, i = 3 \sin i - 4 \sin^3 i$$

d'où :

$$\sin 3\, i = ¼\, (3 \sin i - \sin 3\, i)$$

En remplaçant $\sin^3$ i par cette expression dans la formule (3), celle-ci devient :

$$\cos 2\, i \sin i = ½ \sin 3\, i - ½ \sin i$$

La somme des projections des forces d'inertie comprend donc deux sommes de sinus, en progression arithmétique, qui sont nulles comme la somme des cosinus précédents et pour la même raison.

En résumé, dans les moteurs en étoile (fig. 17), dont toutes les bielles sont montées sur le même maneton, et ont le même poids et dont les cylindres sont à des distances angulaires égales à $2\pi/n$, n étant le nombre des cylindres ; si on fait la somme géométrique des forces d'inertie F pour tous les cylindres, on trouve qu'elles ont une résultante centrifuge constante dirigée à chaque instant suivant le rayon de la manivelle, et ayant pour valeur $n/2$ M ω^2 r.

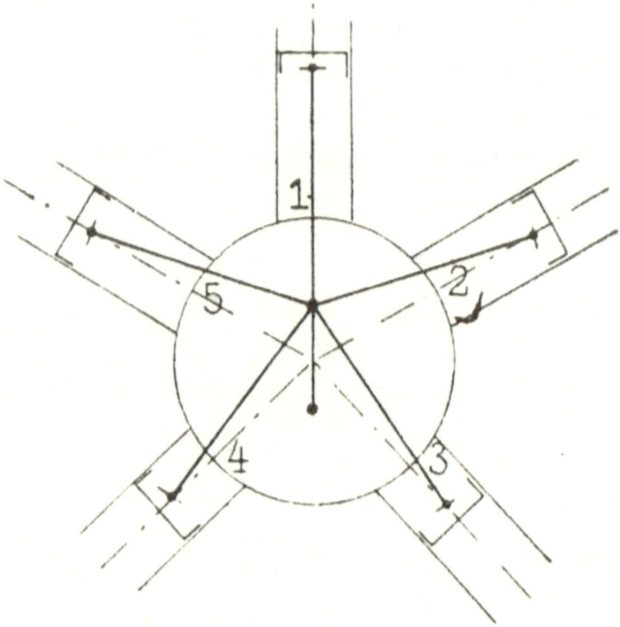

Fig. 17. – Moteur à cinq cylindres fixés en étoile.

On peut donc l'équilibrer par une masse égale à $n/2$ M située sur le diamètre de la manivelle en sens inverse de celle-ci et à la distance r de l'axe de rotation. (Le cinq-cylindres Anzani, les moteurs Salmson-Canton-Unné sont basés sur ce principe.)

On peut supprimer ce contrepoids en employant un nombre pair de cylindres multiple d'un nombre impair (exemple 6) montés par moitiés (par groupe de trois dans ce cas) sur deux manetons à 180° (fig. 31^{b}). Mais alors on donne naissance à un couple et on se trouve dans le cas d'un des deux cylindres, avec la différence que le couple des forces d'inertie qui en résulte est constant et peut être équilibré exactement au moyen de deux masses additionnelles (moins lourdes que le contrepoids unique du cinq-cylindres).

e. Moteurs en éventail.

Pour éviter tous les inconvénients possibles provenant d'une accumulation d'huile de graissage dans les cylindres situés au-dessous de la verticale, certains constructeurs ont eu recours aux *cylindres en éventail* (fig. 18).

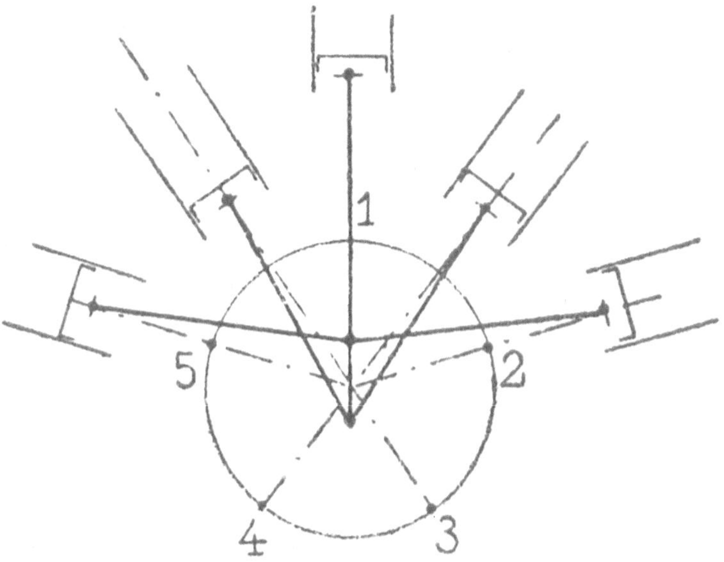

Fig. 18 – Moteur en éventail à cinq cylindres à deux manetons.

Les premiers employés ont été les moteurs de motocyclettes à trois cylindres avec les bielles montées sur le même maneton, analogues aux moteurs Anzani.

Mais ces moteurs sont d'autant plus mal équilibrés que les angles des cylindres sont plus différents de 120°. Les angles maxima réalisés étant de 72°, le défaut d'équilibrage est comparable à celui des monocylindres ; on y pallie au moyen d'un lourd contrepoids et d'un volant intérieur.

Une solution vraiment ingénieuse est réalisée dans le moteur R. E. P., dérivé du cinq-cylindres en étoile. M. R. Esnault-Pelterie a imaginé de faire tourner les deux cylindres inférieurs 3 et 4 et leur maneton de 180° autour de l'axe du vilebrequin. On a ainsi un vilebrequin à deux manetons correspondant l'un à trois cylindres, l'autre à deux. Si on fait le calcul, on trouve que les forces d'inertie des pièces animées d'un mouvement alternatif se composent :

1. - Pour le maneton à trois cylindres d'une force centrifuge constante égale à $\frac{3}{2}$ M ω^2 r et pour l'autre à $\frac{2}{2}$ M ω^2 r, ces forces étant respectivement dirigées suivant les rayons de manivelle correspondants. On équilibre ces deux forces au moyen d'un contrepoids (fig. 19) ;

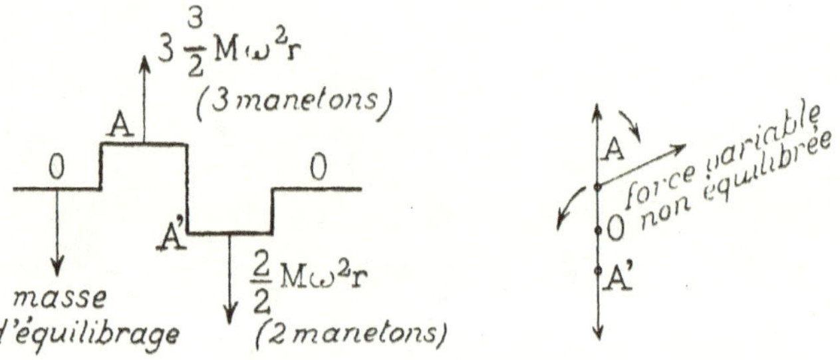

Fig. 19 – Équilibrage du R. E. P.

2. - D'une force centrifuge constante égale à 0,3 M ω^2 r, mais faisant un angle variable avec la manivelle à trois manetons. Si on prend les composantes de cette force d'inertie non équilibrée suivant la manivelle et suivant la tangente, on trouve que la composante radiale est maximum et égale à 0,3 M ω^2 r, quand le maneton passe devant le cylindre n° 1 et que la composante tangentielle passe par le même maximum lorsque la manivelle fait un angle de 45° avec le précédent.
   Cette force d'inertie pourrait être équilibrée à la rigueur au moyen d'une masse auxiliaire commandée par des engrenages. Pour éviter de trop grandes complications mécaniques on n'a pas réalisé ce dispositif. L'expérience a montré que les vibrations qui en résultent, bien que de faible importance, ne sont cependant pas négligeables sur un avion.

II — Moteurs rotatifs

f. Enfin, une des solutions les plus rationnelles du moteur en étoile est le moteur *rotatif* (fig. 20). Dans ce dispositif, aucune pièce n'est animée d'un mouvement alternatif, sauf les soupapes et leurs tiges de commande ; il en résulte que les forces d'inertie alternatives variables et si difficiles à équilibrer sont supprimées. Toutes les pièces sont

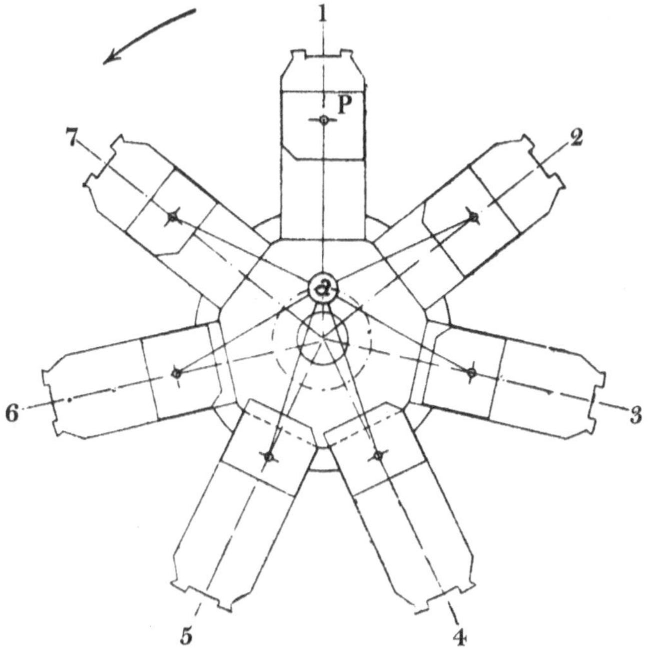

Fig. 20 – Moteur rotatif.

animées d'un mouvement de rotation ; les cylindres et le carter tournent autour de l'axe du vilebrequin, qui contient leur centre de gravité ; comme ils sont situés dans le même plan, qu'ils sont identiques et par suite de poids égaux et équilibrés à l'état statique, l'arbre ne supporte aucun effort du fait de leur rotation. Le mouvement alternatif de chaque piston par rapport à son cylindre, qui produit les variations de volume de la cylindrée nécessaire au fonctionnement des quatre temps du cycle, est un mouvement relatif qui ne met en action aucune force d'inertie.

La rotation des pistons s'effectue autour d'un maneton fixe excentré par rapport au centre de rotation des cylindres ; les bielles ayant toutes la même longueur, les pistons sont constamment sur le même cercle, mais de l'excentrage du maneton résulte que les bielles font entre elles des angles inégaux, et que les pistons se trouvant irrégulièrement répartis sur le cercle, leur centre de gravité n'est pas placé sur leur axe de rotation, constitué par l'axe du maneton.

Il résulte donc de ce fait des efforts sur le maneton. Comme la vitesse de rotation du moteur est sensiblement constante, elle tend à l'être par suite de la présence du volant considérable qui est constitué par les cylindres et le carter qui représentent plus de la moitié du poids du moteur, la vitesse de rotation de chaque piston est donc à chaque instant variable, et il en résulte, comme il a été indiqué plus haut, qu'il est soumis à des forces d'inertie tantôt croissantes, tantôt décroissantes, qui ont une composante centrifuge, la plus importante dirigée suivant la bielle, et une composante tangentielle tendant à appuyer le piston sur le cylindre.

Il est facile d'évaluer ces forces.

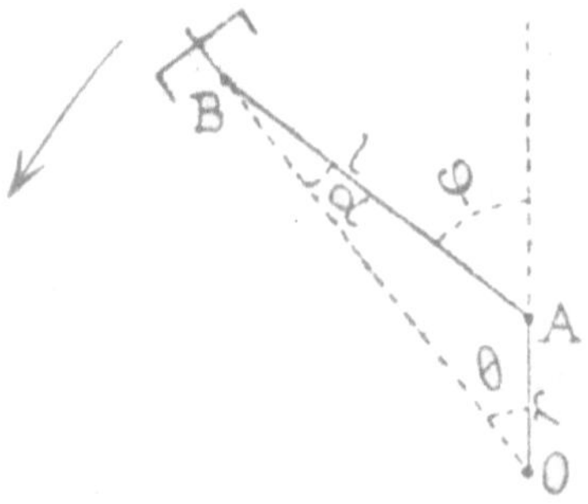

Fig. 21– Moteur rotatif. Relation entre les angles

Dans un moteur rotatif OA est la manivelle fixe (fig. 21). Une explosion en B entraîne le mouvement de rotation du cylindre et, par suite, du carter, dans le sens de la flèche. (Le mouvement de rotation du cylindre ne change pas le travail des forces intérieures qui ne dépend que du déplacement relatif du piston et du cylindre.)

Le rayon x de relation instantané du piston autour du point O est à chaque instant lié à la longueur r du rayon de manivelle, à la longueur l de la bielle, aux angles Θ et φ du triangle AOB par la relation :

$$x = r \cos \Theta + l \cos \alpha = r \cos \Theta + l \cos (\varphi - \Theta)$$

car :

$$\alpha = \varphi - \Theta$$

Et Θ et φ sont liés par l'équation :

$$\mathrm{tg}\, \Theta = (l \sin \varphi) \,/\, (l \cos \varphi + r)$$

Prenons pour e une valeur moyenne

$$e = r / l = r / l = 0{,}3$$

(0,285 dans le moteur Gnome 50 HP), on a :

$$\mathrm{tg}\, \Theta = \sin \varphi \,/\, \cos \varphi + e$$

Le maximum de x est $r + l$. Le minimum $r - l$.

La vitesse circonférentielle du point B peut être ainsi représentée par l'expression OB × = $d\Theta / dt$ = OB × ω, ω étant la vitesse angulaire et OB étant variable, en considérant la rotation instantanée autour du point O.

Il est plus commode, pour les calculs ultérieurs, de représenter la vitesse par l'expression $l \times d\varphi / dt$, $d\varphi / dt$ étant la vitesse angulaire variable de la bielle AB, et l étant la longueur constante de la bielle.

Chaque piston décrit en effet un cercle de centre A et de rayon AB = l avec une vitesse variable v. On sait que les forces d'inertie auxquelles son mouvement donne naissance ont une composante tangentielle dirigée suivant la tangente au cercle AB en B et égale à - M (dv / dt) qui appuie le piston sur le cylindre, et une composante suivant la normale au cercle, c'est-à-dire suivant le rayon AB et égale à M (v^2 / l), et qui est contrebalancée par la liaison due à la bielle.

Pour déterminer v, remarquons que l'on a :

$$v = (d\varphi / dt) \times l$$

Pour avoir $d\varphi / dt$, considérons le triangle OAB ;

On a :

$$l \sin \alpha = r \sin \Theta \text{ (évaluation de la hauteur issue de A) ;}$$

$$\alpha = \varphi - \Theta \ldots$$

Comme on a posé :

$$e = r / l$$

on a :

$$\sin (\varphi - \Theta) = e \sin \Theta$$

Comme α est faible, on peut le confondre, le sinus avec son arc, et écrire avec une approximation suffisante :

$$\varphi - \Theta = e \sin \Theta$$

En prenant les dérivées des deux nombres par rapport au temps, on a les vitesses angulaires :

$$d\varphi / dt = (d\Theta / dt)(1 + e \cos \Theta)$$

$d\varphi / dt$ est constant et égal à la vitesse angulaire supposée constante :

$$\omega = 2\pi \, (N / 60)$$

N étant le nombre de tours à la minute.

On a ainsi :

$$d\varphi / dt = 2\pi \, (N / 60) \, (1 + e \cos \Theta) = \omega \, (1 + e \cos \Theta)$$

ou :

(1) $$v = \omega l \, (1 + e \cos \Theta)$$

La vitesse est maximum quand $\Theta = 0$ et égale à

$$(2\pi \, (N / 60) \, l) \, (1 + e)$$

elle est minimum pour $\Theta = 180°$ et égale à

$$(2\pi \, (N / 60) \, l) \, (1 - e)$$

pour $\Theta = 90°$, elle est égale à

$$2\pi \, (N / 60) \, l$$

Nota. — L'expression de la vitesse peut être obtenue d'une façon rigoureuse.

L'espace *e* parcouru par le piston suivant la circonférence qu'il décrit, à partir de la verticale au point B, est égal à

$$e = l \, (\Theta + \alpha)$$

La vitesse est obtenue en prenant la dérivée de l'espace par rapport au temps :

$$v = \frac{de}{dt} = l \left(\frac{d\Theta}{dt} + \frac{d\alpha}{dt} \right) \qquad \frac{d\Theta}{dt} = \omega = 2\pi \frac{N}{60}$$

vitesse angulaire constante ; on peut écrire en mettant $d\Theta / dt$ en facteur commun :

$$v = l \omega \left(1 + \frac{d\alpha}{d\Theta} \right)$$

Or, on a vu qu'on avait :

$$l \sin \alpha = r \sin \Theta$$

D'où, en différenciant :

$$l \cos \alpha \, d\alpha = r \cos \Theta \, d\Theta$$

d'où on tire :

$$l \cos \alpha \, (d\alpha / d\Theta) = r \cos \Theta$$

d'où :

$$d\alpha / d\Theta = e \, (\cos \Theta / \cos \alpha)$$

L'expression de la vitesse devient donc :

(1') $v = l\,2\pi\ (N/60)\ (1 + e(\cos\Theta / \cos\alpha))$

a. *Force d'inertie centrifuge.* — Cette force est égale, pour chacun des pistons et de la bielle correspondante de masse totale égale à M, à $M\,(v^2 / \rho)$ et dirigée suivant l'axe de la bielle. Dans cette expression le rayon de courbure ρ est constant, c'est la longueur l de la bielle ; v est donné par la relation (1) ou (1').

$$M\,(v^2 / \rho) = M\,\omega^2\,l\,(1 + e\cos\Theta)^2 \quad \text{(formule approchée)}$$

$$M\,(v^2 / \rho) = M\,\omega^2\,l\,(1 + e(\cos\Theta / \cos\alpha))^2 \quad \text{(formule exacte)}$$

Pour chaque piston cette force, qui suit une loi sinusoïdale, est contrebalancée par la résistance de la bielle qui subit de ce fait un effort de traction ; on a la valeur de la force centrifuge relative aux autres bielles, pour une position donnée du moteur, c'est-à-dire une valeur initiale de l'angle Θ du cylindre n° 1 par exemple, en donnant à Θ les valeurs :

$$\Theta + 2\pi / n, \quad \Theta + 2\,(2\pi / n)\ \ldots\ldots\ \Theta + n - 1\,(2\pi / n)$$

si n est le nombre des cylindres de l'étoile ;

(pour $n = 7$, on a $2\pi / n = 52°$ environ.)

Ces forces ont une résultante unique passant par l'axe du maneton, et qui n'est pas nulle. Par suite de la symétrie, si on suppose, comme il est normalement réalisé, que le maneton du vilebrequin est placé suivant la verticale, et dirigé vers le haut, la composante horizontale de cette résultante est nulle lorsqu'un des cylindres se trouve placé suivant la verticale du maneton.

La résultante prend la même valeur lorsque le moteur a tourné d'un angle égal à $2\pi / n$, c'est-à-dire lorsqu'un cylindre s'est substitué à un autre.

La variation de celte résultante suit donc une loi périodique, dont la période est précisément $2\pi / n$. Lorsqu'un cylindre prend une position symétrique de celle occupée précédemment par un autre, par rapport à la verticale, la résultante reprend la même valeur, mais agit suivant une direction symétrique. Il suffit donc d'étudier les variations de cette résultante pour des valeurs de Θ comprises entre 0 et $\frac{1}{2}\,2\pi / n$ pour pouvoir déterminer la courbe complète.

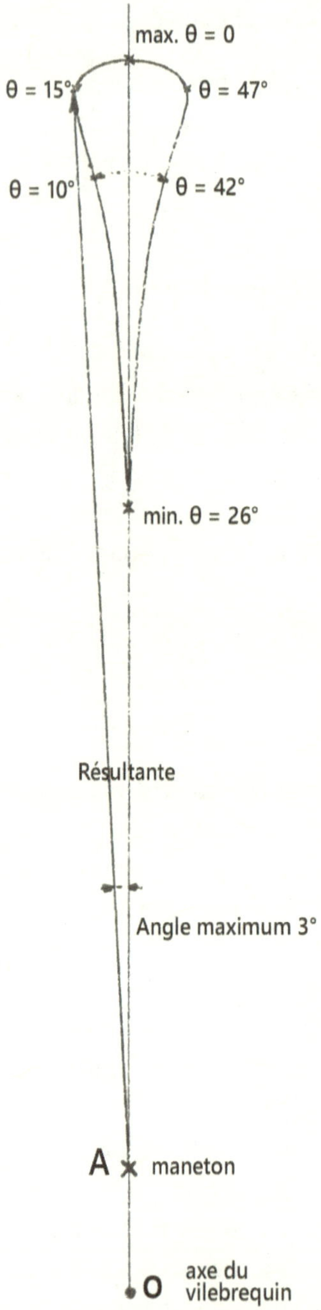

Si on fait les calculs dans un cas moyen en prenant :

r = 0,07 m l = 0,21   M = P/g = 2

ce qui correspond à

P = 1,960 kg n = 7 v = 1200 t/mn

on trouve que la résultante des forces d'inertie centrifuges est toujours dirigée vers le haut ; sa valeur maximum est atteinte lorsqu'un cylindre se trouve placé vers le haut suivant l'axe du maneton, et égale à environ 750 kg, ce qui représente la fatigue maximum du maneton ; sa valeur minimum est réalisée quand un cylindre se trouve placé suivant la verticale, mais dirigé vers le bas, et est égale à 450 kg environ ; la résultante fait un angle maximum de 3° environ avec la verticale, quand un cylindre fait avec la même verticale un angle voisin de 15°. On a figuré ci-contre (fig. 22), en coordonnées polaires, la courbe de variation de la résultante, dont la valeur est ainsi représentée à chaque instant en grandeur et en direction par un rayon vecteur.

b. Force d'inertie tangentielle. — La force d'inertie tangentielle T relative à un piston et à sa bielle est égale, d'après la formule donnée plus haut, à :

Fig. – 22– Variations de la résultante des forces centrifuges dûes aux pistons, et appliquées au maneton d'un moteur rotatif.
(cas d'un sept-cylindres ; r/l = 1/3)
Θ a la signification habituelle et mesure l'angle d'un cylindre avec la verticale OA.

$$T = -M\, dv/dt = M \cdot \omega^2 \cdot l \cdot e \sin \Theta$$

Cette force, dirigée suivant la perpendiculaire à la bielle, agit toujours vers le bas et applique le piston sur le cylindre avec sa composante égale à T cos α ; comme on a vu à propos du graissage, elle s'ajoute à la composante de la pression de détente des gaz pendant la course motrice ; si on suppose que le moteur tourne en sens inverse des aiguilles d'une montre, sa valeur est maximum quand :

$$\Theta = 90° \qquad \sin \Theta = 1$$

et égale à :

$$M \cdot \omega^2 \cdot l \cdot e$$

Les lois de symétrie, indiquées au sujet des variations de la force centrifuge, s'appliquent également ici.

Le calcul et la construction graphique montrent que la résultante de ces forces d'inertie tangentielle est une force toujours dirigée vers le bas, atteignant sa valeur maximum quand un cylindre est vertical et placé vers le haut, minimum quand un cylindre est vertical, la culasse en bas.

Sa valeur varie très peu, de 680 à 700 kg dans le cas considéré ; l'angle maximum qu'elle fait avec la verticale pour $\Theta = 15°$ environ est de 3° environ, et sa distance à l'axe du maneton est de quelques centimètres seulement, de sorte que le couple variable auquel elle donne naissance, dans le plan des cylindres, est très faible.

Les résultantes R_1 des forces centrifuges et R_2 des forces d'inertie tangentielle ont ainsi constamment des directions sensiblement symétriques, par rapport à l'horizontale, et des valeurs tout à fait comparables. Leur résultante totale est par suite très faible et présente des variations à peu près négligeables en grandeur et en direction. L'équilibrage des forces d'inertie est donc presque parfait.

Mais la résultante des forces tangentielles agissant sur les cylindres est transmise en réalité par ceux-ci à la partie du vilebrequin qui supporte le carter, tandis que la résultante des forces centrifuges est appliquée à l'axe du maneton. Ces deux résultantes forment ainsi un couple.

La rigidité du vilebrequin doit être suffisante pour résister à ce couple ainsi produit, dont le bras est défini par la distance entre l'axe des roulements supports de vilebrequin et l'axe des cylindres, et la force, dans le cas considéré, égale à 500 kg environ.

L'effort d'encastrement exercé par le vilebrequin sur son support arrière, support unique, correspond à la différence des moments de ces deux résultantes par rapport à l'axe du support ; il faut y ajouter reflet de la pesanteur (fig. 23) et des efforts dus aux explosions.

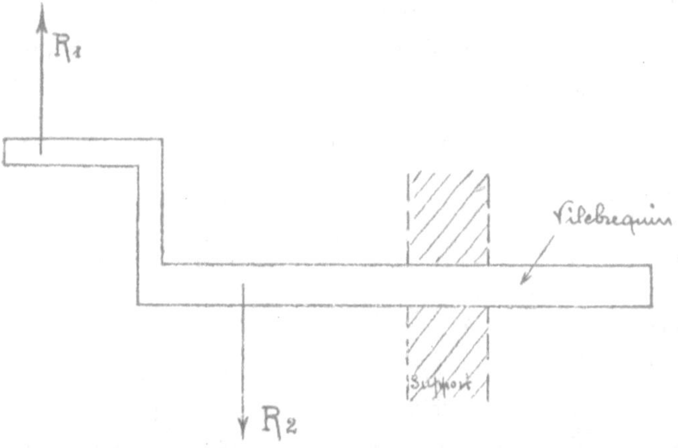

Fig. 23 – Efforts sur le vilebrequin d'un moteur rotatif dus aux forces d'inertie.
(R1 résultante des forces centrifuges, R2 résultante des forces tangentielles
transmises au vilebrequin par les cylindres et le carter.)

Cela suppose bien entendu que les cylindres et le carter, animés d'un mouvement de rotation, sont parfaitement équilibrés, au point de vue statique et dynamique, c'est-à-dire que leur centre de gravité se trouve sur l'axe du moteur, que cet axe du moteur est un axe principal d'inertie de l'ensemble qu'ils forment. Si ces conditions ne sont pas réalisées (à une vingtaine de grammes près environ, sur le cercle extérieur décrit par les cylindres), il en résulte des efforts de flexion rapidement croissants sur le vilebrequin et sur le carter, qui se traduisent par des vibrations du bâti support.

IV — Constance du couple moteur

Les causes d'irrégularité du couple moteur tiennent, comme on sait, au cycle à quatre temps, qui comprend une seule course motrice sur quatre, à la forme de la détente, à l'obliquité de la bielle, à la transformation du mouvement alternatif en mouvement circulaire.

Pour le régulariser, on peut employer un volant qui a l'inconvénient

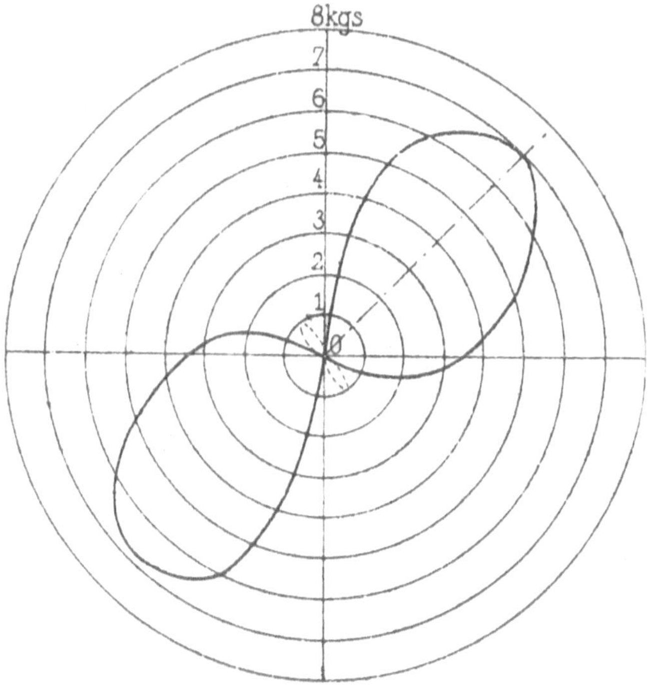

Fig. 24 – Variation du couple moteur dans un moteur à quatre cylindres. La distance de la courbe au centre est égale à la valeur du couple moteur.

de présenter une masse inerte d'autant plus considérable que le nombre de cylindres est plus faible ; ainsi le poids du volant descend de 12 à 1 quand on passe par une même puissance de 1 cylindre à 4 cylindres.

La nécessité de régularité du couple, comme celle de l'équilibrage, font qu'on ne devra pas employer de moteur ayant moins de quatre cylindres, ce qui procure une explosion à chaque demi-tour. Avec tous les moteurs à explosion, la courbe représentative du couple moteur est une courbe en dents de scie.

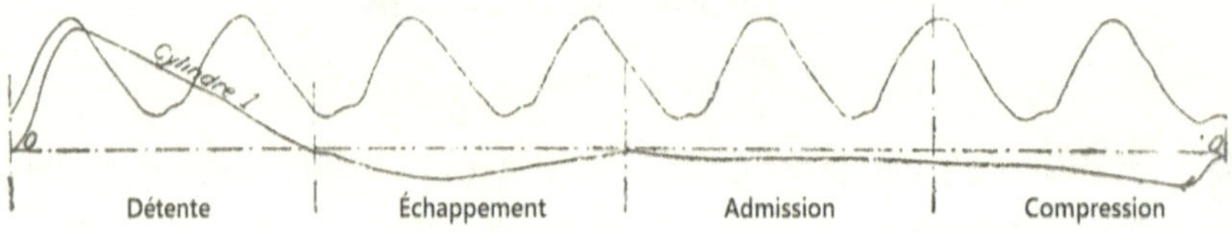

Fig. 25 – Composition des efforts tangentiels dans un sept cylindres en étoile. Les ordonnées représentent les efforts tangentiels.

Dans le quatre-cylindres, cette courbe présente deux maxima positifs et deux maxima négatifs par cycle de deux tours : en coordonnées polaires (fig. 24) on a une courbe à double boucle passant par l'origine. À partir de cinq cylindres, les minima ne sont plus négatifs.

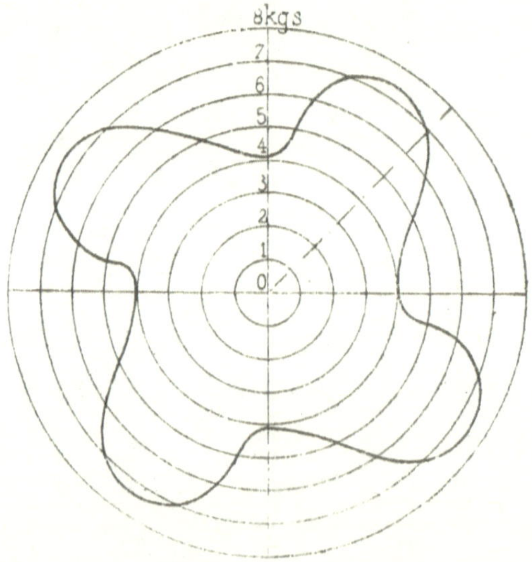

Fig. – 26 – Variation du couple moteur dans un moteur à huit cylindres. La distance de la courbe au centre est égale à la valeur du couple moteur.

On a représenté (fig. 25) la courbe relative à un sept-cylindres en étoile et figure 26 celle d'un huit-cylindres en V.

Si l'arbre du moteur à quatre cylindres est accouplé directement à l'hélice, ce qui nécessite qu'il tourne à une vitesse relativement faible, de 1200 tours à la minute, au maximum, on se dispense quelquefois, par économie de poids, d'employer un volant spécial et on confie ce rôle de volant à l'hélice.

Celle-ci constitue un volant assez imparfait à inertie variable ou plutôt un régulateur et un frein. Elle est soumise, en effet, à la résistance de l'air qui est variable avec sa vitesse de rotation, de telle sorte que lorsque le centre de gravité de chacune de ses ailes passe de la vitesse périphérique V_0 à la vitesse V_1 ; une partie seulement de la variation de sa force vive totale

$$\frac{1}{2} M (V^2_1 - V^2_0)$$

est transformée en couple moteur, l'autre partie, notable, étant absorbée par des efforts de traction et de flexion de ses bras, et les trépidations du fuselage.

Enfin, elle est plus fragile qu'un volant, et la rupture d'une pale produit un déséquilibre considérable qui peut amener la rupture du vilebrequin. Aussi avec un moteur à quatre cylindres, il serait utile toutes les fois qu'on le peut d'employer un volant léger à grand rayon de giration ; en tout cas, il est indispensable d'en avoir un si l'hélice n'est pas commandée directement, c'est-à-dire comporte un démultiplicateur.

Dans ce cas, le volant doit être placé par rapport au moteur du côté opposé à celui de l'hélice.

La régularité du couple moteur dépend non seulement du nombre, mais de la disposition des cylindres.

Pour un nombre de cylindres donné, le couple moteur est d'autant plus régulier que les explosions se succèdent à intervalles plus uniformes, c'est-à-dire sont plus exactement réparties sur le cycle.

Pour diminuer en même temps la longueur du vilebrequin, on emploie les cylindres en V disposés par groupe de 2 à 90°. Les phases de chaque cylindre sont alors décalées de 90° sur celles du cylindre symétrique ; on a une explosion à chaque quart de tour.

D'une façon générale le cycle correspondant à deux tours soit 720°, si N est le nombre de cylindres, la régularité la meilleure correspondra à des explosions espacées de 720°/N . Pour obtenir cette condition, le meilleur procédé consiste à réaliser la disposition en étoile qui permet, en outre, comme on l'a vu plus haut, la meilleure utilisation de la matière du vilebrequin ; les cylindres répartis sur une même circonférence, c'est-à-dire de 360° font entre eux des angles égaux (fig. 27).

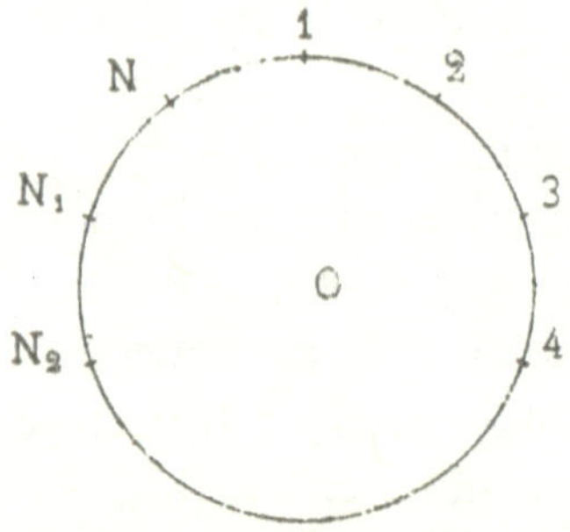

Fig. 27.

Pour obtenir leur allumage sur tous les deux tours, on ne peut les allumer successivement dans leur ordre naturel 1,2, 3... N, pendant le premier tour, car le second tour se ferait à vide ; on est ainsi conduit à allumer les cylindres de deux en deux en évitant qu'au deuxième tour l'allumage se répète dans les mêmes cylindres qu'au premier tour.

Si on commence par le n° 1 au premier tour, on devra commencer par le n° 2 au second tour ; le dernier cylindre allumé au premier tour doit précéder de deux rangs, c'est donc le n° N - 1.

Les cylindres sont ainsi allumés : pendant le premier tour, dans l'ordre 1,3,5..., N - 2, N ; pendant le deuxième tour, dans l'ordre 2, 4, 6..., N -3, N - 1. Donc N doit être impair (comme l'a indiqué M. R. Esnault-Pelterie) dans son mémoire.

On arrive au même résultat par la considération des polygones réguliers. Seuls les polygones ayant un nombre impair de côtés égal au minimum à 5 comportent au moins un polygone concave se fermant au bout de deux tours (fig. 28).

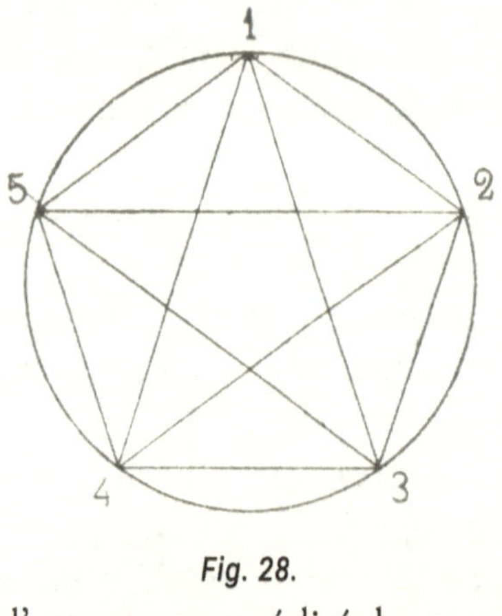

Fig. 28.

La plupart des moteurs en étoile, rotatifs ou non, ont un nombre impair de cylindres, 5 ou 7 en général ; on arrive maintenant aux chiffres de 9 et même de 11. Cependant certains d'entre eux ont réalisé des moteurs en étoile et comportent un nombre pair de cylindres, mais alors les bielles de ceux-ci n'actionnent pas directement le vilebrequin.

Dans le moteur rotatif Filtz (fig. 29) à six cylindres par exemple, chaque bielle est montée sur un vilebrequin spécial à un seul maneton muni d'une roue dentée qui engrène sur une roue de diamètre double, calée sur l'arbre du moteur.

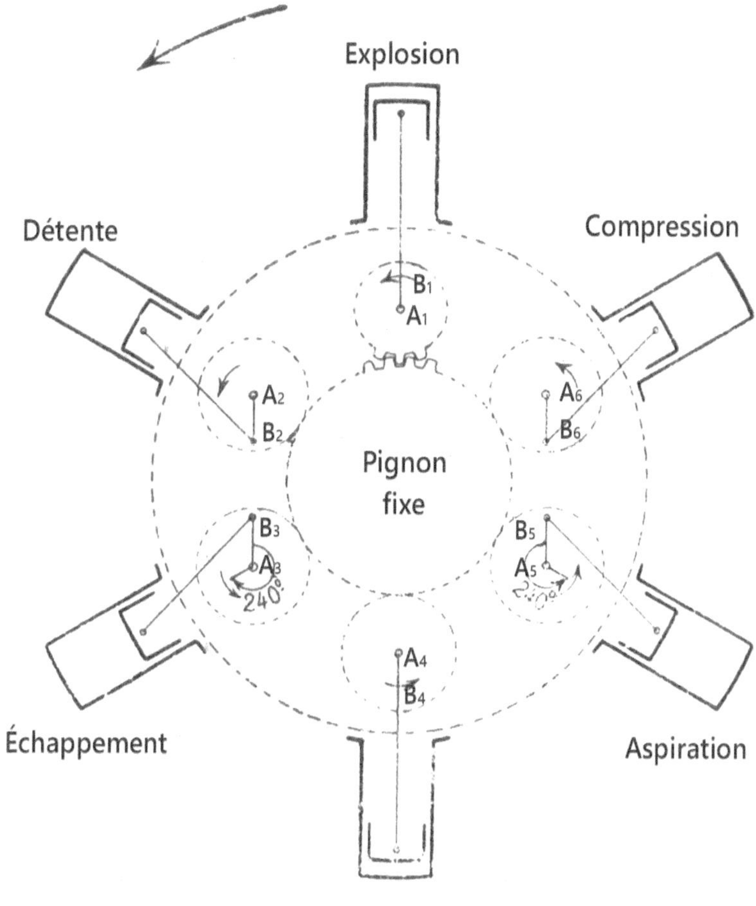

Fig. 29 – Coupe schématique du moteur Filtz.

Chaque tour de l'arbre moteur correspond ainsi à deux tours du vilebrequin élémentaire de chaque cylindre, c'est-à-dire à un cycle complet des cylindres. On a ainsi par tour de l'arbre moteur une explosion dans chaque cylindre, dans l'ordre où ceux-ci sont implantés dans le carter. Le nombre des cylindres importe peu alors. Mais l'inconvénient de ce dispositif c'est que les pistons ont un mouvement alternatif donnant naissance à des forces d'inertie non équilibrées.

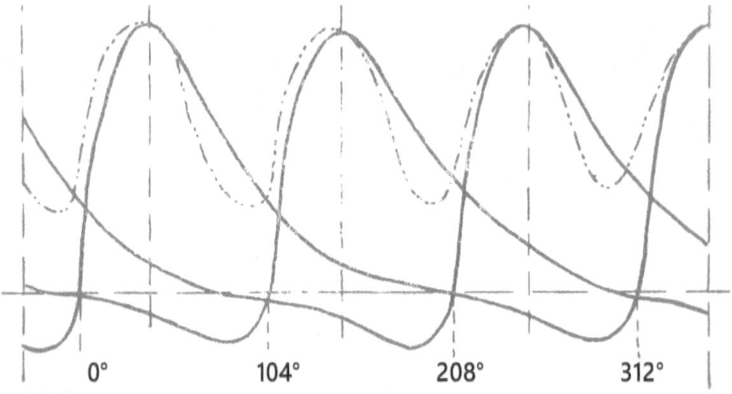

Fig. 30 – Courbe de variation (traits mixtes) du couple moteur résultant dans un rotatif à sept cylindres.
L'entre-axe de deux cylindres est de 360/7 soit 52° environ (courbes en traits pleins) de variation du couple moteur dû à chaque cylindre.

En dehors de cette solution qui n'a pas fait encore ses preuves, l'emploi d'un nombre pair de cylindres donnant la régularité des explosions, ne permet pas leur répartition en une étoile unique.

Si le nombre pair est double d'un nombre impair, on peut partager les cylindres en deux groupes d'un nombre impair de cylindres, les seconds placés dans les créneaux des premiers et montés sur des manetons à 180° (fig. 31[b]) ; le raisonnement ci-dessus s'applique, c'est comme si l'on avait affaire à deux moteurs à nombre impair de cylindres accolés.

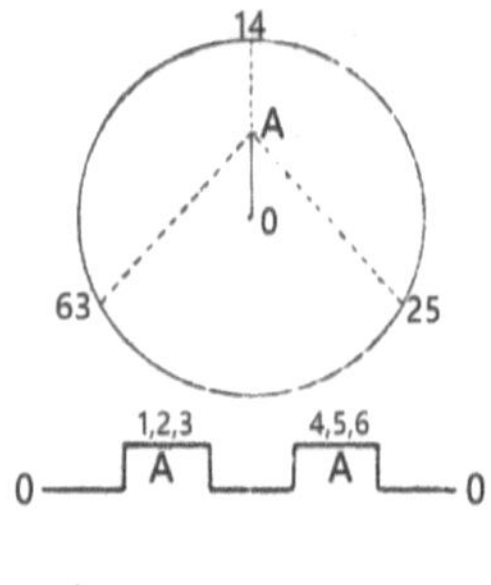

Fig. 31[a]

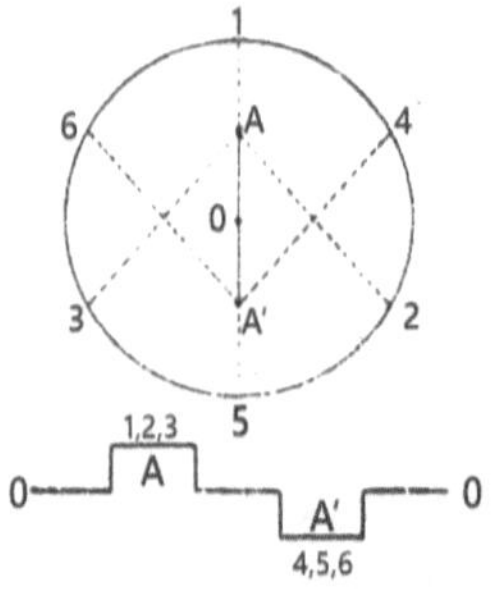

Fig. 31[b]

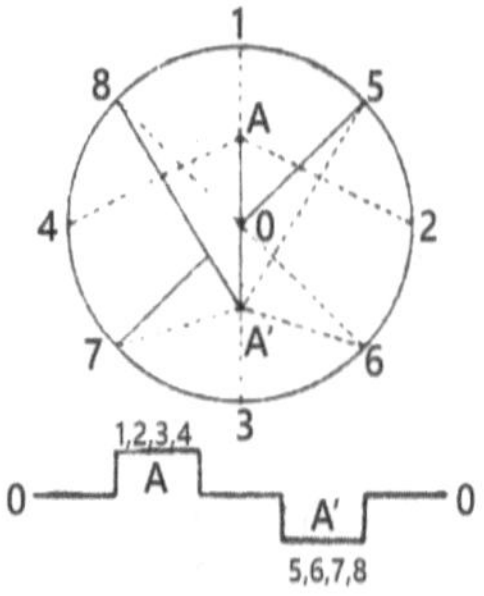

Fig. 31[c]

On peut encore, si on admet les mêmes angles de calage pour deux cylindres, ce qui diminue la régularité du couple, constituer le moteur à 2 *p* cylindres de deux groupes de *p* cylindres en étoile, un cylindre de chaque groupe étant parallèle (et de même sens) à un cylindre de l'autre ; si p est impair, les deux manetons peuvent être parallèles et séparément équilibrés (fig. 31[a]), si p est pair, les deux manetons sont placés à 180° et le couple des forces d'inertie peut être équilibré comme on sait par deux masses (fig. 31[c]).

Dans les moteurs en étoile, les explosions se produisent dans les cylindres de deux en deux cylindres, dans un sens inverse de celui de rotation du vilebrequin. Les directions des efforts dus aux explosions sont ainsi disposées suivant les branches successives d'une étoile. Dans le moteur rotatif, les explosions se produisent pour tous les cylindres au même point de l'espace : les efforts maxima transmis au vilebrequin ont donc une direction constante, toujours voisine de la verticale et dont la période correspond à l'entre-axe des deux cylindres non consécutifs. Cette période est celle du couple moteur. Dans les moteurs en étoile ou rotatifs, le couple moteur a une forme sinusoïdale dont la période est égale à l'entre-axe des cylindres.

Dès que le nombre des cylindres dépasse 5, le couple moteur ne passe plus par O.

Au point de vue de l'équilibrage général des forces d'inertie et d'explosion, les moteurs en étoile ou rotatifs sont dans de meilleures conditions que les cylindres à moteurs à cylindres parallèles et du même nombre de cylindres.

Les moteurs rotatifs, à égalité de poids et de nombre de cylindres, grâce à la présence du volant considérable qu'ils comportent, réalisent le couple moteur le plus régulier possible, surtout aux moyennes vitesses ; aux vitesses de régime, l'inertie des pistons, des bielles et du vilebrequin, dans les moteurs fixes en étoile, devient comparable à celle de l'ensemble des masses en rotation dans le rotatif et coopère à la régularité du couple.

Nous allons indiquer dans un calcul approché l'influence du volant au point de vue de la régularité de la vitesse de rotation.

La figure 30 représente le diagramme schématique de l'effort tangentiel résultant, dû aux explosions, dans un moteur à sept cylindres rotatif. Le schéma relatif à un moteur fixe du même nombre de cylindres est tout à fait semblable. Toutefois, dans le rotatif, on peut admettre que, par suite de l'effet de la force centrifuge, le travail résistant pendant la course d'échappement est diminué au point qu'on puisse le considérer comme nul.

L'effort tangentiel dû aux explosions est une fonction sinusoïdale qui reprend la même valeur toutes les fois que l'angle d'un cylindre, pris pour origine avec le maneton, varie, dans le cas actuel, de 104° environ (deux fois l'intervalle angulaire de deux cylindres).

La relation qui donne la puissance T d'un moteur en kilogrammètres-seconde, en fonction du couple moteur C et de la vitesse angulaire de rotation ω est :

$$T = C\omega$$

On sait que C et ω sont liés, pour un moteur, par une relation de forme parabolique.

Considérons un moteur rotatif donnant 78 chevaux utiles à 1200 tours, ce qui correspond à 90 chevaux effectivement produits (12 chevaux sont absorbés par la résistance de l'air sur les cylindres), soit à 90 × 75 = 6750 kilogrammètres-seconde. La vitesse étant de 20 tours à la seconde,

$$\omega = 2\pi \times 20 = 126$$

Le couple moteur moyen dû aux forces d'explosion est donc égal à

$$6750 / 126 = 53{,}6$$

Le couple minimum serait ainsi de 26,8 et le couple maximum de 80,4.

Le travail moyen par tour est de 6750 / 20 = 337 kgm ; le travail moyen correspondant à une explosion est compris entre ⅓ et ¼ de la valeur précédente puisque l'on a alternativement 3 et 4 explosions par tour, soit 100 kg environ.

Soit v_1 et v_0 les vitesses instantanées maximum et minimum de rotation du moteur pendant l'intervalle de 104° comprenant une explosion ; l'énergie maximum restituée par le volant de poids P en passant de la vitesse v_1 à la vitesse v_0 (g étant l'accélération de la pesanteur), est égale à la variation de sa force vive, soit à

$$\tfrac{1}{2} P/g \; (v^2_1 - v^2_0)$$

Cette énergie est toujours inférieure, étant donné la forme du diagramme, au quart du travail correspondant à une explosion, soit à 25 kgm.

Dans le cas d'un rotatif, le volant proprement dit est constitué par le groupe des cylindres et du carter ; l'ensemble des bielles et des pistons tourne autour d'un axe excentré. Dans un calcul approché on peut admettre, pour les types de moteurs actuels de la puissance indiquée ci-dessus, que l'ensemble des organes en mouvement de rotation correspond à un volant d'un poids approximatif de 58,4 kg (de masse $M = P/g = 58{,}4 / 9{,}81 = 6$) et d'un rayon de giration égal à 0,25 m. Si ω_1 est la vitesse angulaire correspondant à v_1, ω_2 la vitesse correspondant à v_2, on a la relation ($v = \omega \times$ rayon de giration)

$$\tfrac{1}{2} \,.\, 6 \,.\, \overline{0{,}25}^2 \, (\omega^2_1 - \omega^2_2) = 25$$

d'où

$$(1) \qquad \omega^2_1 - \omega^2_2 = 135 \text{ (en nombres ronds).}$$

Supposons, ce qui est vraisemblable d'après la forme du diagramme, que $(\omega_1 + \omega_2) / 2 = \omega = 126$, on déduit de $(\omega_1 - \omega_2)\, 2.126 = 136$

$$\omega_1 - \omega_2 = 0{,}54$$

différence qui est très faible.

Dans le moteur rotatif précédent, la force vive totale du volant à 1200 tours est égale à 2950 kgm, ce qui représente près de la moitié du travail produit par les explosions pendant une seconde.

Dans un moteur fixe en étoile du même nombre de cylindres à la même vitesse, la force vive relative à l'ensemble pistons, bielle, vilebrequin et contrepoids correspond sensiblement au tiers du même travail. La différence avec la valeur précédente est donc d'un sixième de ce travail. La variation de vitesse est donc du même ordre.

Supposons maintenant que le moteur entraîne une hélice ; le moment résistant de celle-ci est proportionnel au carré de la vitesse angulaire l ω^2, l étant un coefficient dépendant de la nature de l'hélice et qu'on peut supposer constant pour les variations normales de la vitesse. Si on appelle r le coefficient de régularité du moteur, c'est-à-dire le rapport

$$[(\omega_1 + \omega_2) / 2\,] \;/\; \omega_1 - \omega_2$$

si p est le nombre des cylindres, M le moment moteur, Δ M sa variation, A le moment d'inertie des masses en mouvement, on a, lorsque le moteur a atteint une vitesse de régime, la relation suivante établie par M. Lecornu :

$$(2) \qquad A = \frac{4\,l}{p} \sqrt{\frac{r^2}{4} \left(\frac{\Delta M}{M}\right)^2 - 1}$$

Dans les rotatifs actuels visés plus haut, l'hélice employée a une inertie A, sensiblement égale à celle du moteur lui-même ; l'inertie totale de l'ensemble hélice et moteur rotatif peut ainsi être représentée par 2 A_1 ; pour un moteur fixe de même nombre de cylindres, de même vitesse et de même puissance, d'après ce qui précède, elle est seulement de A_1 + $\frac{5}{6}$ A, soit $\frac{11}{12}$ A_1.

Si on applique la formule 2 successivement au moteur rotatif et au moteur fixe définis ci-dessus, r_1 étant le coefficient de régularité du moteur rotatif, r_2 celui du moteur fixe, le rapport ΔM / M ayant la même valeur $\frac{2}{3}$, et si on fait le rapport des deux valeurs obtenues, on obtient la relation :

$$\frac{12}{11} = \frac{\sqrt{r_1^2 \cdot \frac{4}{9} - 1}}{\sqrt{r_2^2 \cdot \frac{4}{9} - 1}}$$

d'où l'on tire, en tenant compte de la valeur de r_1 trouvée égale à 126/0,5 = 252, et en négligeant les termes secondaires

$$r_2 = 0{,}9 \,.\, r_1$$

La régularité est donc comparable.

La valeur du ralenti minimum que l'on peut obtenir avec un moteur tient non seulement au volant, mais aussi à la carburation et au mode de distribution. Les conditions de la carburation, surtout aux faibles vitesses, sont moins favorables dans un moteur rotatif que dans un moteur fixe, de sorte qu'en fait, malgré la diminution de l'importance du volant quand on passe des rotatifs aux fixes, la vitesse minimum du ralenti est sensiblement la même dans les deux cas.

Vibrations dues aux explosions. — Les moteurs fixes et les moteurs rotatifs, supposés composés du même nombre de cylindres, se comportent d'une façon différente au point de vue des vibrations.

Le fonctionnement de tout moteur, en effet, est produit par les réactions l'une sur l'autre, sous l'effet des explosions du mélange tonnant, d'une part, de l'ensemble pistons, bielles, vilebrequin de masse M_1 ; d'autre part, du système cylindres et carter de masse M_2, jouant le rôle que jouent respectivement dans une arme à feu le projectile et le canon. Or on sait que dans ce cas (forces intérieures) les quantités de mouvement communiquées à chacun des systèmes en présence sont les mêmes, mais de sens inverse ; si V_1 et V_2 sont les vitesses communiquées, on a :

$$M_1 V_1 = M_2 V_2$$

Les vitesses V_1 et V_2 sont donc inversement proportionnelles aux masses M_1 et M_2. Le système qui reçoit l'impulsion la plus forte, c'est-à-dire qui est soumis aux vibrations les plus importantes, est le plus léger, c'est-à-dire ici l'ensemble pistons, bielles, vilebrequin ; celui qui vibrera le moins sera le plus lourd, c'est-à-dire l'ensemble cylindres et carter.

Donc, dans un moteur fixe, c'est l'hélice montée sur le vilebrequin qui recevra le plus de vibrations, le fuselage qui supporte le carter fixe en recevant très peu ; dans le moteur rotatif, au contraire, la répartition des masses est différente, l'hélice vibrera très peu, les vibrations principales étant transmises par le vilebrequin au support du moteur et au fuselage.

L'expérience pratique, au banc d'essai, permet de vérifier ces faits.

Par contre, la présence du volant considérable, constitué par les cylindres et le carter dans le moteur rotatif fait que, d'une part, les légers déséquilibres de l'hélice sont relativement moins importants que pour les moteurs fixes, et d'autre part l'arbre du vilebrequin tend à se centrer de lui-même dans son support, grâce à son élasticité qui contribue en outre, à n'en pas douter, à amortir les vibrations transmises à son maneton.

En fait, les supports pour moteurs rotatifs peuvent être relativement aussi légers que les supports de moteurs fixes.

V — Économie et souplesse

Il n'y a pas de secret spécial pour rendre économiques les moteurs d'aviation ; le maximum du rendement est limité par la nature même du cycle employé.

Il suffit d'appliquer à ces moteurs les principes établis pour les moteurs à essence ordinaires, c'est-à-dire une bonne carburation, un allumage régulier, une compression, une distribution en rapport avec la vitesse correspondant à leur maximum de puissance, une chambre d'explosion bien étudiée.

Certains constructeurs ont adopté le cycle à deux temps, plus simple théoriquement, donnant une explosion par tour, ce qui augmente la régularité du couple moteur, diminue l'importance du volant et contribue à accroître la souplesse du moteur.

Pour réaliser le cycle à deux temps, on comprime légèrement, en dehors de la chambre d'explosion, une masse de mélange tonnant, et, au moment où le piston a achevé sa course motrice de détente (2e temps) et va commencer l'expulsion des gaz brûlés, on envoie cette masse de mélange comprimé dans le cylindre ; elle chasse les gaz brûlés et remplit le cylindre, de telle sorte que la fin de la course de retour du piston sert à comprimer le mélange. On a ainsi :

- *Premier temps* : fin d'échappement, admission, compression (première course ascendante du piston) ;
- *Deuxième temps* : explosion et détente, commencement d'échappement (deuxième course descendante du piston).

Malheureusement, pendant le balayage des gaz brûlés, il se produit toujours un certain mélange de ceux-ci avec les gaz frais, ce qui augmente la consommation d'essence.

La consommation horaire moyenne, par cheval utile, des moteurs actuels d'aviation varie de 210 à 360 gr d'essence ; les moteurs rapides et à longue course, à refroidissement par eau, à forte compression, à carburateur complet sont, au point de vue de la consommation, les plus avantageux.

La consommation horaire moyenne d'huile par cheval varie de 0,040 kg à 0,140 kg suivant la perfection du refroidissement et le mode de fonctionnement ; les moteurs rotatifs consomment naturellement plus de lubrifiant à cause des difficultés du graissage dues à la force centrifuge, pertes d'huile, pressions plus grandes aux têtes de bielle et entre les pistons et les cylindres.

Si l'on considère des vols de longue durée, la consommation horaire en combustible et en huile intervient d'une façon sensible ; le poids moteur et approvisionnements par cheval utile devient, pour n heures de marche consécutives, égal à :

$$A + B\,n$$

A étant le poids par cheval de la partie mécanique et de tous les accessoires du moteur, B la consommation horaire.

Un moteur relativement lourd (A_1 plus grand) mais à consommation réduite (B_1 faible) arrive, au bout d'un nombre d'heures n relativement faible, à être équivalent à un moteur plus léger (A_2 faible), mais peu économique (B_2 grand).

n est donné par la relation simple :

$$A_1 + B_1\,n \;=\; A_2\,B_2\,n$$

d'où :

$$n \;=\; A_1 - A_2 \;/\; B_2 - B_1$$

Ex. : Si

$$A_1 = 3 \text{ kg} \qquad B_1 = 250 \text{ gr}$$
$$A_2 = 1{,}5 \text{ kg} \qquad B_2 = 500 \text{ gr}$$

on a

$$n \;=\; 1{,}500 \;/\; 0{,}250 \;=\; 6 \text{ heures}$$

Des précautions spéciales doivent être prises pour éviter les pertes d'huile par les extrémités des arbres, les guides de commande de soupape, etc., qui peuvent augmenter du simple au double la consommation et ont en outre l'inconvénient de donner lieu à des projections gênantes pour le pilote.

Il est intéressant que le moteur soit souple, c'est-à-dire puisse marcher à des allures variables avec un bon rendement, avoir des reprises rapides et sûres, et cependant sans brutalité. La souplesse tient à la constitution des moteurs, mais surtout à la carburation. Et, à ce point de vue, le carburateur automatique muni d'un organe de réglage est plus avantageux.

Le champ utile de cette souplesse dépend de l'utilisation normale du moteur sur l'avion. On sait que la courbe de la puissance d'un moteur en fonction de la vitesse angulaire présente une forme sensiblement parabolique, et que les vitesses normales d'emploi du moteur doivent être comprises entre celle la plus basse correspondant au couple maximum du moteur, c'est-à-dire au meilleur rendement, et celle pour laquelle le moteur donne la puissance maximum.

Entre ces deux limites de vitesse, le couple varie relativement peu, et décroît très lentement quand la vitesse croît. La courbe de puissance varie de forme avec chaque type de moteur ; on peut admettre en moyenne que la vitesse à partir de laquelle le couple moteur a une valeur très voisine du couple maximum est de un tiers environ inférieure à la vitesse correspondant à la puissance maximum.

La puissance utilisable sur un avion varie entre deux limites : la puissance minimum nécessaire pour accomplir le vol horizontal ; la puissance maximum dont dépendent la rapidité de montée et l'altitude la plus haute qu'il est possible d'atteindre.

Il est utile que les vitesses nécessaires correspondantes pour l'hélice soient comprises entre les vitesses indiquées ci-dessus pour le moteur, ce qui nécessite une véritable adaptation au moteur de l'hélice employée.

Il faut tenir compte, dans l'évaluation de la vitesse de rotation maximum, de l'augmentation de vitesse du moteur lorsque l'avion passe du repos à la vitesse de vol, augmentation provenant de la diminution du couple résistant de l'hélice ; cette augmentation de 60 à 80 tours environ pour les moteurs fixes est un peu plus faible, de 50 tours environ, pour les moteurs rotatifs ; cela tient en grande partie à la résistance de l'air à la rotation des cylindres, qui est rapidement croissante dans les rotatifs.

Un moteur devra donc pouvoir prendre toutes les allures entre les deux vitesses ci-dessus. Il serait évidemment utile qu'il puisse prendre des vitesses inférieures, afin de permettre la descente sur une trajectoire faiblement inclinée. Mais cette condition est souvent difficile à réaliser, et quelquefois contradictoire avec la condition primordiale d'une bonne marche à la puissance maximum, nécessaire pour la montée rapide, et à la puissance correspondant au vol horizontal normal.

Enfin, il est avantageux que le moteur puisse marcher à un ralenti suffisant pour que l'effort de traction de l'hélice soit inférieur à la résistance au roulement de l'avion ; cela en vue de faciliter les mises en route et les départs des vols.

VI — Résistance à l'avancement - Position du centre de gravité - Facilité d'installation à bord

On obtient une faible résistance à l'avancement en donnant au moteur une section droite minima ; les moteurs à cylindres parallèles sont avantageux à ce point de vue, mais nous avons vu que ce dispositif nécessite en général avec les moteurs à ailettes l'emploi d'un ventilateur spécial. Par contre, la résistance d'un radiateur supprime le gain obtenu avec le moteur.

Le moteur rotatif offre à l'avancement une résistance assez grande, qui correspond non seulement à l'aire totale qu'il balaie, mais encore à l'entraînement d'une partie de l'air violemment brassé.

À la résistance à l'avancement, on peut rattacher pour le moteur rotatif la force d'inertie opposée aux changements de direction, c'est-à-dire l'effet gyroscopique que possède tout volant.

Lorsqu'un corps est animé d'un mouvement de rotation rapide, si on exerce sur son axe de rotation un effort destiné à le faire tourner dans un sens déterminé, la force d'inertie gyroscopique tend à le déplacer dans une direction perpendiculaire au plan défini par l'axe de rotation et la direction de l'effort extérieur. Le sens du couple gyroscopique dépend ainsi du sens de rotation du corps et du sens de l'effort extérieur.

Ainsi sous l'influence du couple gyroscopique, le moteur Gnome tournant de gauche à droite, dans le sens inverse des aiguilles d'une montre, un avion entamant un tourner-à-gauche, tend à cabrer ; quand il entame un tourner-à-droite, il tend à piquer du nez ; quand on met le gouvernail de profondeur à la montée, l'avion tend à tourner à gauche, quand on le met à la descente, l'avion tend à tourner à droite. Mais la valeur du couple C ainsi dû aux forces gyroscopiques dépend de la vitesse avec laquelle on produit le déplacement de l'axe de rotation. Si I est le moment d'inertie du moteur par rapport à son axe de rotation, *a* la vitesse de rotation du moteur, *b* la vitesse de rotation de l'avion, c'est-à-dire du déplacement de l'axe du moteur, on trouve, par le calcul, la formule :

$$C = I\,.\,a.\,b.$$

Étant donné le diamètre des orbites décrites par les aéroplanes, la variation angulaire de la direction de l'axe est très faible ; il en est de même de l'effort gyroscopique dû au moteur, qui est d'ailleurs toujours du même ordre de grandeur que celui dû à l'hélice de masse plus faible mais dont le rayon de giration est plus considérable.

Il résulte des expériences faites à l'usine de la Société des moteurs Gnome, et contrôlées par M. Lumet (*Essai et Réglage des moteurs*) sur une plate-forme constituée spécialement à cet effet, que la formule précédente est sensiblement vérifiée et que le moteur tournant normalement à 1200 tours, pour des vitesses angulaires de rotation de l'axe du moteur variant de 7° 6 à 15° 1 et à 30°, le couple gyroscopique prend des valeurs respectivement égales, en kilogrammètres, à 5,3, 10,6, 21,2.

La position *abaissée du centre de gravité* du moteur est à rechercher pour la stabilité de l'appareil. Les cylindres horizontaux ou renversés ont un certain intérêt à ce point de vue[13]. On est d'ailleurs ici en face de desiderata contradictoires consistant à avoir d'une part une hélice placée haut près du centre de poussée et, d'autre part, une masse placée bas.

La facilité de l'installation du moteur à bord dépend de son poids, de son équilibrage, de l'emplacement de ses organes accessoires, carburateur, canalisation, etc., de sa vitesse suivant qu'on peut commander l'hélice directement ou par l'intermédiaire d'un démultiplicateur. Les moteurs en étoile, rotatifs ou non, présentent l'avantage de laisser disponible pour les réservoirs et les passagers une place plus grande dans le fuselage, mais exigent en général une charpente un peu plus compliquée si on ne veut pas les monter en porte-à-faux.

(13) Ils dégagent en même temps le champ d'observation.

Principaux types de moteurs d'aviation

On peut classer les moteurs d'aviation existants, soit d'après leur mode de refroidissement, air ou eau, soit d'après la disposition de leurs cylindres, en distinguant les moteurs fixes et les moteurs rotatifs. C'est ce dernier mode de classification, qui a l'avantage de suivre l'ordre historique, que nous adopterons. Nous insisterons particulièrement sur les moteurs jusqu'à ce jour les plus employés, sans d'ailleurs préjuger de la valeur des autres, les nouveaux venus, qui n'ont pas encore la sanction de longues expériences.

I – Moteurs fixes

1 – Moteurs à quatre cylindres verticaux

Nous commencerons par le moteur à quatre cylindres verticaux, à refroidissement par eau, qui a été le point de départ et qui, d'après certains auteurs, sera l'aboutissement du moteur d'aviation.

Généralités

Le moteur à quatre cylindres parallèles verticaux destiné à l'aviation est un moteur d'automobile perfectionné : pour répondre aux conditions exigées, il doit être étudié dans tous ses détails de façon à réaliser tout d'abord le maximum de sécurité en marche, puis le meilleur rendement mécanique, et enfin le maximum de légèreté, compatible avec la robustesse indispensable.

La masse du moteur est diminuée par l'emploi d'aciers spéciaux au chrome, au nickel, au tungstène, etc..., à très grande résistance, pour le vilebrequin, les arbres à cames, les bielles, c'est-à-dire toutes les pièces en mouvement, de façon à diminuer les effets de l'inertie, pour les soupapes, afin de diminuer les détériorations dues aux hautes températures.

Les cylindres et les pistons sont en acier ou en fonte spéciale (les pistons quelquefois même en duraluminium), les chemises d'eau en tôle d'acier, de cuivre ou de duraluminium ; les carters sont en aluminium, ou mieux, en duraluminium, métal de même dureté que l'aluminium et de résistance analogue à celle du fer (40 kg environ).

Le nombre et la surface des paliers sont largement calculés ; les coussinets sont en bronze phosphoreux, garni ou non de métal antifriction présentant une grande résistance à l'écrasement, ou en bronze au plomb.

Les cylindres sont désaxés.

Les soupapes, souvent placées à la partie supérieure des cylindres, sont commandées par culbuteurs.

Cela permet d'augmenter le rendement thermique en réalisant des chambres d'explosion sans « chapelles » se rapprochant le plus possible de la forme théorique, hémisphérique consacrée par le moteur Knight[14] ; cela diminue l'encombrement et facilite la circulation des gaz.

Un petit inconvénient de ce dispositif réside dans l'augmentation de hauteur des cylindres et le risque, en cas de rupture de la tige de soupape, de la chute de celle-ci sur le piston, dans la chambre d'explosion. En outre, il faut assurer le graissage des axes de culbuteurs et adapter aux tiges des systèmes de réglage indéblocables.

Les commandes des organes extérieurs, pompes, magnétos, sont groupées et faites par pignons d'angle et vis hélicoïdales, afin de réduire au minimum le nombre d'arbres supplémentaires et l'encombrement.

Le refroidissement par eau, normalement admis, présente comme on sait l'avantage de la régularité de la température de marche et des dilatations, mais demande des dispositifs spéciaux pour assurer l'étanchéité des joints malgré les pressions intérieures et surtout les trépidations et les vibrations.

Dans la plupart des moteurs on emploie des joints tubulaires en toile caoutchoutée ; dans certains on réduit au minimum les tuyauteries entre les cylindres en munissant chacun de ceux-ci d'un ajutage placé en face de celui du cylindre voisin, qui presse une rondelle spéciale en caoutchouc.

La majorité des pompes à eau employées sont à force centrifuge, quelques-unes cependant sont à engrenages.

Le nombre de cylindres est de 4, jusqu'à 60 ou 80 chevaux, de 6 ou 8 au-delà, jusqu'à 150 chevaux.

Les carburateurs et les tuyauteries d'admission sont étudiés spécialement pour assurer une égale alimentation de tous les cylindres, et aussi pour éviter les condensations si gênantes pour la régularité de la marche, et cela sans renoncer aux avantages de l'emploi du niveau constant. Ils comportent dans ce but des dispositifs de réchauffage par

(14) Voir *Le moteur Knight*, A. Contet, rééd. Decoopman 2023.

prise d'air chaud dans le carter, ou autour des tuyaux d'échappement, par réchauffage au moyen de l'huile chaude du carter, par circulation d'eau ou des gaz d'échappement.

Ils se rapprochent tous des carburateurs automatiques à un ou deux gicleurs ; dès que le nombre de cylindres dépasse 4, on emploie deux carburateurs dont les valves d'admission des gaz sont conjuguées, et qui alimentent chacun la moitié des cylindres.

Les tuyauteries d'admission sont en aluminium et, de préférence, en cuivre.

Le souci de la régularité de la marche et d'une certaine amélioration dans le rendement a conduit à employer fréquemment le double allumage, soit par magnéto unique à deux distributeurs, soit mieux par deux magnétos indépendantes, mais synchrones, alimentant deux bougies convenablement placées par cylindre. Ce double allumage paraît indispensable avec des moteurs à cylindres parallèles, par suite imparfaitement équilibrés, montés dans la majorité des cas sans autre volant qu'une hélice, cette dernière n'étant même pas toujours en prise directe. Une suite de ratés cause alors des chocs dont les effets peuvent être très graves et amener même la rupture du vilebrequin.

Certaines magnétos sont munies d'un dispositif d'avance automatique à l'allumage, utilisant la force centrifuge ; elles sont maintenant « blindées », c'est-à-dire protégées par un carter étanche contre les projections d'eau et d'huile.

Le graissage particulièrement soigné est réalisé sous pression, par circulation, au moyen de pompes à engrenages ou à tiroir sans clapet, le carter formant réservoir d'huile. Chaque cylindre est muni d'un graissage par tuyauterie spéciale dès que l'alésage dépasse 100 mm. Le graissage est souvent organisé de façon à ce qu'en cas d'obturation d'une des tuyauteries ou d'avarie de la pompe, il puisse continuer à fonctionner par barbotage avec alimentation directe par un réservoir, pendant un certain temps.

Dans les nouveaux moteurs, les compressions sont modérées, le rapport de l'alésage à la course est en général assez faible et varie dans les moteurs actuels de 1/1,2 à 1/1,4. La vitesse est comprise entre 1000 et 1300 tours de façon à permettre la commande de l'hélice en prise directe.

Ces moteurs arrivent à atteindre des poids de 2 kg à 2,500 kg environ par cheval pour le moteur seul (sans eau ni radiateur, ni approvisionnement d'aucune sorte) ce qui correspond à 3 kg à 3,200 kg pour le moteur en ordre de marche pour une heure de vol.

Moteur Wright. — Le premier en date est le moteur **Wright**, à quatre cylindres en fonte, alésage 100 mm, course 112 mm, à refroidissement par eau, chemises d'eau de refroidissement en aluminium, alimentation par injection d'essence dans une nourrice, soupapes d'admission automatiques ; il donne 35 chevaux à 1400 tours avec un poids de 80 kg.

a) Moteurs français.

Moteur Chenu. — Parmi les moteurs à *chemise d'eau venue de fonte* on peut citer le moteur **Chenu** symétrique à quatre cylindres, alésage 110 mm, course 130 mm, compression 4,5 kg, donnant 52 chevaux à une vitesse moyenne de 1300 tours, ce qui correspond à une vitesse moyenne de piston de 5,65 m à la seconde.

Le carburateur est automatique du type *Solex*, à deux gicleurs, le vilebrequin est muni d'une double butée à billes, le poids du moteur proprement dit est de 120 kg, soit 150 kg avec l'eau de refroidissement et le radiateur, c'est-à-dire 3 kg par cheval. Consommation : 280 gr d'essence par cheval-heure, 2 l d'huile à l'heure.

Nouveaux moteurs Chenu.— À six cylindres verticaux parallèles, à chemise d'eau venue de fonte, de construction analogue à celle du moteur à quatre cylindres ; chaque cylindre a 110 mm d'alésage, 130 mm de course ; à 1000 tours, le moteur donne 60 chevaux ; à 1500 tours, il donne 90 chevaux avec une dépense horaire de 40 l d'essence. Son poids sans eau est de 183 kg.

Le graissage est fait sous pression par l'intérieur du vilebrequin creux. Un décompresseur double facilite la mise en marche. Le carburateur est un « Solex » à trois gicleurs, dont deux pour les deux groupes de trois cylindres, le dernier pour la marche au ralenti du moteur entier. L'allumage est produit au moyen de deux bougies par cylindre, recevant l'énergie d'une magnéto à haute tension Bosch spéciale. La compression est de 5,5 kg.

Un autre type, à six cylindres, établi suivant les mêmes principes, mais de dimensions plus considérables, donne 200 chevaux.

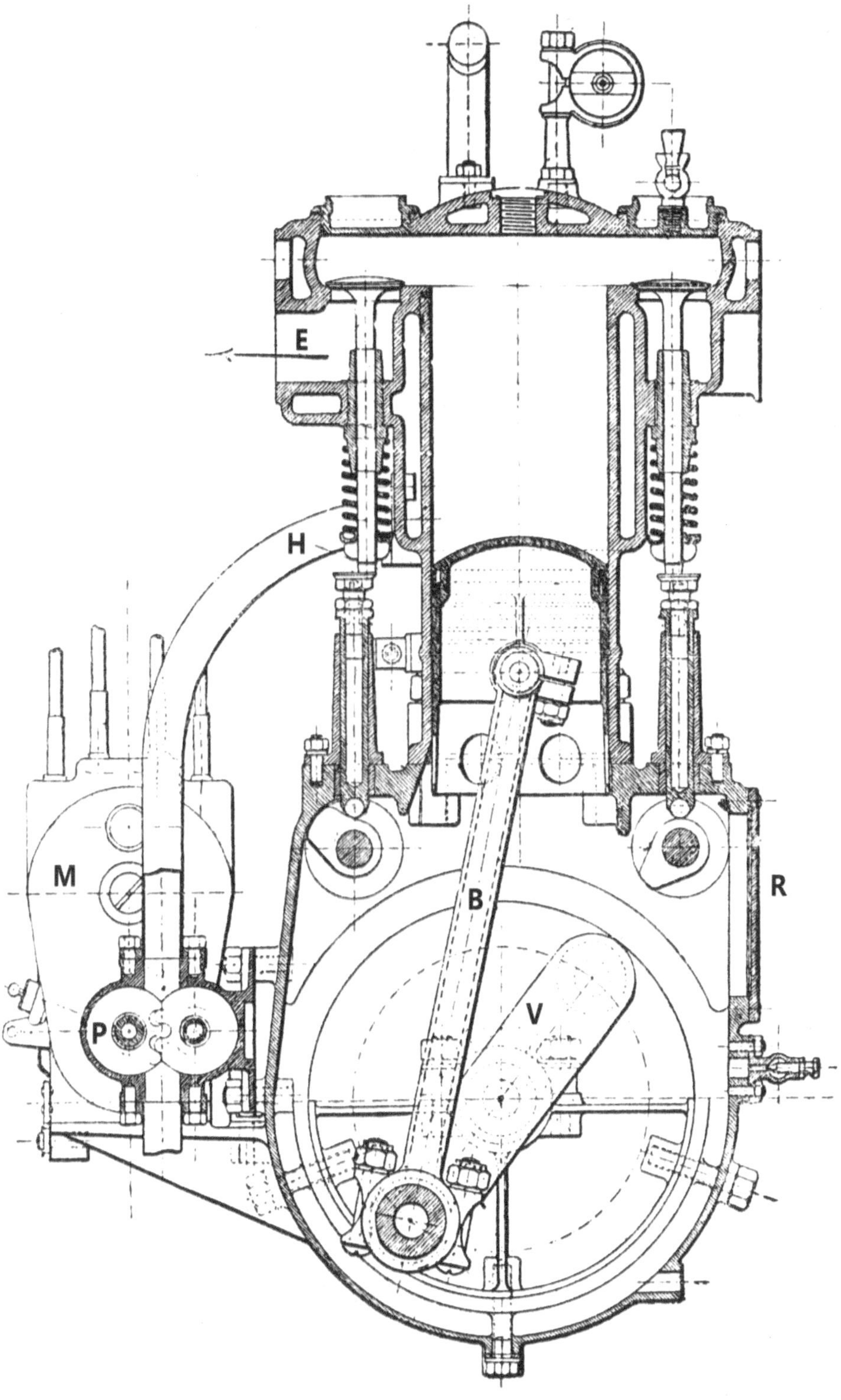

Fig. 32. — Moteur Labor-Aviation. Coupe transversale.
B, bielle creuse ; E, échappement ; H, tuyauterie d'entrée d'eau ; M, magnéto ; V, vilebrequin.

Moteur G. Y. P. — Afin d'abaisser le centre de gravité du moteur, les cylindres sont renversés, le vilebrequin et le carter étant en haut ; alésage 92 mm, course 140 mm, compression 4,8 kg, vitesse 1310 tours, puissance 40 chevaux ; consommation : huile 2 1 à l'heure, essence 260 gr par cheval-heure.

Moteur Labor-Aviation. — Le moteur **Labor-Aviation** (fig. 32), alésage 100 mm, course 210 mm, vitesse 1300 tours, puissance 70 chevaux, poids 140 kg sans eau, 180 kg avec eau et radiateur, carburateur automatique Claudel, consommation horaire faible pour l'essence, soit 250 gr par cheval, un peu forte pour l'huile (3,5 1) (graissage par pompe à pistons.)

La longue course par rapport à l'alésage procure une certaine économie d'essence. Les quatre cylindres sont fondus d'un seul bloc avec leur chambre d'eau ; les cylindres sont désaxés de 20 mm par rapport à l'axe du vilebrequin ; les pistons sont percés de trous pour l'allégement ; les bielles sont désaxées de 10 mm ; le pied de la bielle est serré au moyen d'une sorte de collier avec boulon sur l'axe qui tourillonne dans le piston ; les soupapes placées de part et d'autre de la culasse sont légèrement inclinées par rapport à la verticale de la culasse des cylindres, afin de diminuer l'encombrement.

Moteur Aster – Alésage 120 mm, course 140 mm, vitesse 1200 tours (vitesse du piston 5,6 m), puissance 45 chevaux ; poids du moteur 120 kg ; en tenant compte de l'eau et du radiateur, 150 kg, soit 3,30 kg par cheval.

Moteur Clerget. — Un des premiers moteurs à quatre cylindres, à chemise d'eau rapportée en tôle de cuivre, est le moteur **Clerget** (fig. 33 et 34), alésage 110 mm, course 120 mm, vitesse 1600 tours à la minute, compression volumétrique 4,70, pression moyenne pendant la détente 6 à 7 kg, puissance 50 chevaux. Poids du moteur proprement dit 80 kg. Poids du moteur en ordre de marche avec l'eau de refroidissement 110 kg, soit 2,2 kg par cheval ; consommation 240 gr d'essence par cheval-heure, 3 1 d'huile à l'heure.

Les particularités de ce moteur sont les suivantes :

- les chemises de cuivre sont obtenues par voie électrolytique ; les cylindres sont en acier, les culasses sont à fond sensiblement plat où s'ouvrent les soupapes à grand diamètre ;

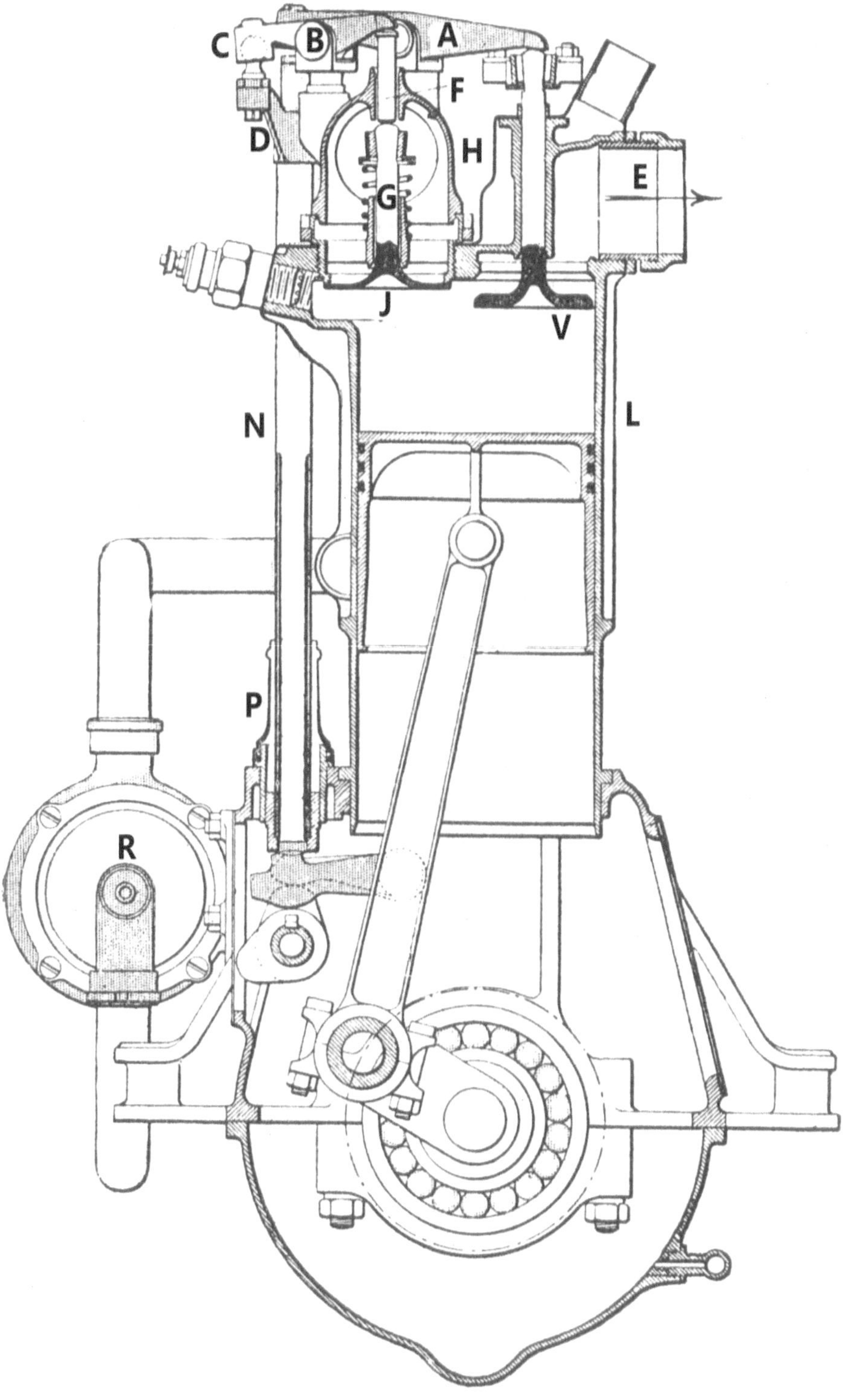

Fig. 33. – Moteur Clerget. Coupe par l'un des cylindres.
A. levier de la soupape d'échappement V. – C, levier de la soupape d'aspiration J. – R, pompe à eau.

- l'ouverture des soupapes se fait par commande télescopique, par des tiges concentriques travaillant à la compression, des culbuteurs et un arbre à cames unique ;
- le vilebrequin est monté sur paliers à billes ;
- le ressort de la soupape d'échappement est en spirale.

Fig. 34. – Moteur Clerget 50 chevaux.

La bougie est placée près de la soupape d'admission dans une petite chapelle qui a permis l'augmentation de diamètre de cette soupape. Le siège de la soupape d'admission est rapporté.

Le carburateur est automatique à entrée d'air additionnel par soupape à ressort, réglable ; le graissage se fait par circulation avec pompe à engrenages, distribution aux paliers et injection sur les têtes de bielles qui portent une ouverture spéciale à cet effet. La vitesse de 1600 tours étant trop considérable pour l'hélice, il est utile, en général, d'adjoindre un volant et des engrenages pesant ensemble 25 kg environ, ce qui donne un poids total de 135 kg, soit 2,7 kg par cheval.

Moteur Clerget de 100 chevaux. — Ce moteur est conçu sur les mêmes principes que le moteur de 50 chevaux ; à cause des efforts plus considérables des explosions, le constructeur a remplacé les paliers à billes par des paliers lisses graissés sous pression pour le vilebrequin. Les cylindres en acier coulé ont 140 mm d'alésage, 160 mm de course, la puissance est de 100 chevaux à 1200 tours (fig. 35).

Fig. 34. – Moteur Clerget 100 chevaux.

Moteur Panhard-Levassor (fig. 36). — Alésage 110 mm, course 140 mm, vitesse 1100 tours, puissance 43 chevaux (vitesse linéaire moyenne du piston 5 m, maxima 15 m), pression moyenne par centimètre carré pendant la détente 6,6 kg.

Poids du moteur proprement dit 95 kg, soit 2,2 kg par cheval ; avec radiateur et eau 129 kg, soit 3 kg par cheval.

Son originalité consiste en l'emploi de soupapes concentriques (placées au sommet et dans l'axe de chaque cylindre, ce qui supprime les chapelles latérales qui sont lourdes et qui gardent des gaz inertes) commandées par un seul arbre à cames et une seule tige de commande par cylindre ; la soupape d'aspiration est à l'intérieur de celle d'échappement et leurs queues sont concentriques.

La tige unique soulevée par la came agit grâce à un culbuteur F directement sur la soupape d'échappement ; lorsque la came continue à tourner, la tige descend au-dessous de sa position moyenne, poussée par le ressort M, le culbuteur F soulève une des extrémités d'un levier H perpendiculaire, dont l'autre extrémité ouvre la soupape d'admission.

Le carburateur automatique Krebs et la canalisation d'admission sont placés au-dessus des cylindres.

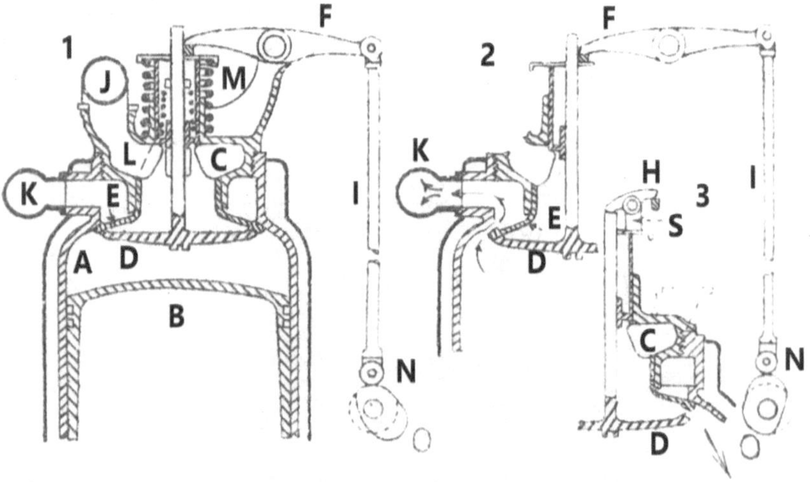

Fig. 36. – Coupes diverses des soupapes centrales du moteur Panhard-Levassor.
A, cylindre ; B, piston ; D, soupape d'aspiration ; E, soupape d'échappement creuse ; K, tubulure d'échappement ; J, tubulure d'aspiration ; F, levier agissant directement sur la soupape d'échappement ; H, petit levier intermédiaire agissant sur la soupape d'aspiration ; O, arbre à cames.

1, les soupapes d'admission et d'échappement sont fermées ; 2, la soupape d'échappement est ouverte ; 3, la soupape d'admission est ouverte.

Un autre moteur, **Panhard-Levassor**, à six cylindres verticaux de mêmes dimensions et disposés de même, donne 53 chevaux et pèse 150 kg ; un nouveau, avec cylindres de 120 × 140 mm, donnera 70 chevaux.

Nous citons pour mémoire les moteurs pour dirigeables à 4 cylindres de 60 et de 100 chevaux, à cylindres en acier, chemise d'eau en tôle de cuivre rapportée, culasses en fonte, soupapes symétriques, construits par la même maison.

Moteur Bayard-Clément.

a) Du type ordinaire de moteur d'automobile monobloc, à circulation d'eau réduite ; une partie de la chemise est en cuivre rapporté. Puissance 45 chevaux à 1400 tours ; poids, avec radiateur et eau, 140 kg.

À citer les moteurs pour dirigeable, construits sur le même type, à quatre cylindres, de 100 et 140 chevaux.

b) A cylindres en acier avec chemise en tôle de cuivre, à soupapes inclinées placées au fond des cylindres, commandées par arbre à cames unique et culbuteur ; puissance 75 chevaux ; poids 250 kg, quatre cylindres.

La maison construit des quatre-cylindres et des six-cylindres de mêmes types, de 100 et 200 chevaux de puissance.

Moteur Dansette-Gilet. — Moteur à quatre cylindres ; alésage 130 mm, course 160 mm, pesant 150 kg sans eau et donnant 60 chevaux à 1050 tours.

Les cylindres sont en acier, les chemises d'eau sont en tôle de cuivre rapportée, les soupapes sont concentriques, analogues à celles du moteur **Panhard**, commandées séparément par deux culbuteurs et deux tiges qui sont soulevées par un arbre à cames unique. Les tuyauteries d'admission et d'échappement sont ainsi du même côté. Le graissage est fait sous pression, au moyen d'une pompe à engrenages ; l'allumage est réalisé par magnéto haute tension *Mea*, à aimant cylindrique ; le carburateur est un *Claudel*.

b) Moteurs étrangers.

Moteur Benz (fig. 37) de 100 chevaux, gagnant du prix de l'empereur d'Allemagne, à refroidissement par eau. Moteur à quatre cylindres verticaux ; alésage 130 mm, course 180 mm, donnant 100 chevaux à 1300 tours, poids 300 kg sans le radiateur. Les cylindres sont en fonte, fondus séparément ; la chemise d'eau est en tôle de cuivre plissée, les ajutages des tuyauteries de circulation d'eau sont venus de fonte avec les cylindres ; ceux-ci sont réunis entre eux par des joints en caoutchouc.

Le vilebrequin comporte huit paliers, il est en acier spécial et creux en vue de l'allègement.

Les soupapes sont parallèles verticales, placées au-dessus des cylindres et commandées chacune par un culbuteur à double branche et une tige verticale, avec articulations à rotule.

Un arbre à cames unique commande toutes les tiges de culbuteurs. Les chambres des soupapes sont rapportées et refroidies par la circulation d'eau.

Les bielles sont à section en forme de double T avec coussinet en bronze phosphoreux garni de métal antifriction.

La pompe à eau de refroidissement à force centrifuge est à axe vertical à l'avant.

L'allumage est obtenu au moyen de deux magnétos blindées indépendantes, placées à l'avant parallèlement à l'axe du vilebrequin,

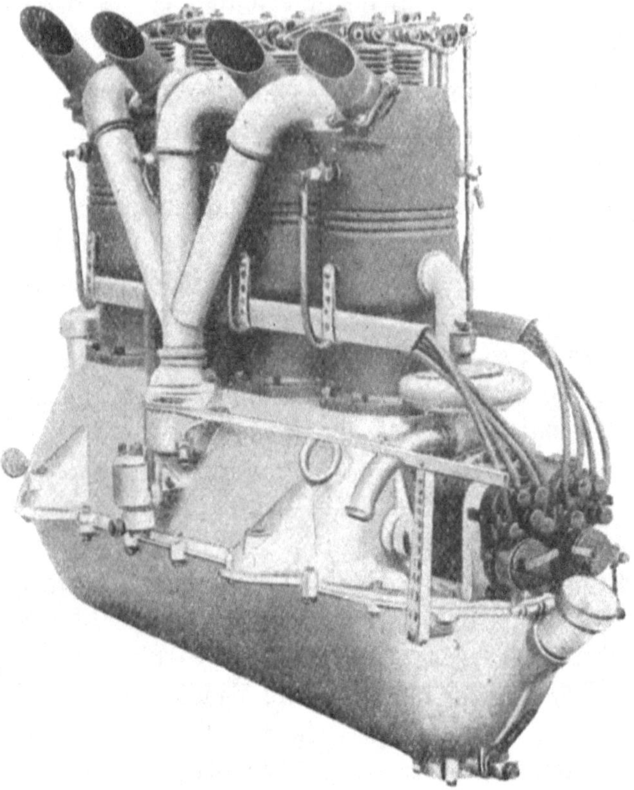

Fig. 37 – Moteur Benz.

et alimentant chacune une bougie par cylindre, placée latéralement de chaque côté du cylindre. Le carburateur est coulé avec le carter, le réchauffage est obtenu par l'eau de circulation et par l'aspiration de l'air au travers d'un canal traversant le carter.

Le graissage est fait sous pression à travers le vilebrequin, au moyen d'une pompe à huile placée au fond et en avant du carter.

Moteurs Austrian-Daimler (fig. 38). — Moteur à quatre cylindres ; 120 mm d'alésage, 140 mm de course, donnant 65 chevaux à 1350 tours, poids 255 kg.

Moteur à six cylindres, 120 X 140, donnant 90 chevaux à 1300 tours.

Moteur à six cylindres, 130 mm d'alésage, 175 mm de course, donnant 120 chevaux à 1200 tours. Refroidissement à eau par pompe centrifuge.

Les cylindres sont en acier, coulés séparément, avec chemise d'eau en cuivre déposée par voie électrolytique ; les pistons sont en acier comprimé ; les soupapes sont placées au-dessus des cylindres, les deux soupapes de chaque cylindre étant commandées par un même culbuteur et un ressort à lames unique ; les tiges verticales de culbuteur sont mues par un seul arbre à cames.

Fig. 38. – Moteur Austrian-Daimler.

Le vilebrequin comporte cinq paliers pour les moteurs à quatre cylindres, sept pour ceux à six cylindres.

Le graissage est assuré par une pompe à huile Bosch, à pistons multiples sans clapet, alimentant les tuyauteries d'amenée d'huile à chaque palier et à chaque cylindre.

Des graisseurs Stauffer à graisse consistante sont disposés aux extrémités des axes des culbuteurs.

Le carburateur est placé à la partie supérieure des cylindres et est analogue au Claudel français automatique, avec deux prises d'air, une d'air froid en dessous, une d'air additionnel chaud sur le côté, réchauffage par l'eau de circulation, vase de niveau constant placé sous le carburateur ; une petite pipe permet de recevoir l'essence nécessaire au départ.

Les moteurs à quatre cylindres comprennent un seul carburateur, ceux à six cylindres en comprennent deux, dont les volets d'admission des gaz sont conjugués.

L'allumage est réalisé au moyen de deux bougies par cylindre placées à la partie supérieure du cylindre, à 45° de part et d'autre de l'axe des soupapes.

Dans les moteurs à quatre cylindres on n'a qu'une magnéto à double distributeur ; dans ceux à six cylindres, deux magnétos blindées synchrones placées à l'avant du moteur perpendiculairement à son axe.

Un dispositif de mise en route par manivelle avec réduction de vitesse de moitié et bobine Bosch est prévu.

Moteurs Daimler-Mercedes. — Moteur à quatre cylindres 120/140 donnant 70 chevaux à 1300 tours.

Moteur à six cylindres 120/140 donnant 100 chevaux à 1200 tours (fig. 39).

Fig. 39. – Moteur Daimler-Mercedes à six cylindres.

Les cylindres sont venus de fonte par paire avec chemise d'eau en tôle, les soupapes placées à la partie supérieure des cylindres sont parallèles et commandées chacune par un culbuteur ; un arbre à cames unique

Fig. 40. – **Moteur Green.**

dans le carter, entraîné par un pignon placé au milieu de sa longueur, actionne toutes les tiges de culbuteur. Chaque culbuteur est muni d'un poussoir de hauteur variable au moyen d'un pas de vis, et d'un graisseur. Le carburateur à niveau constant est placé à la partie supérieure des cylindres ; il est réchauffé par l'eau de la circulation ; en outre, il existe une prise d'air chaud entre les cylindres.

Dans le moteur à six cylindres se trouvent deux carburateurs à volets conjugués alimentant chacun trois cylindres, et deux magnétos également conjuguées, reliées chacune à une bougie par cylindre (fig. 39).

Moteurs Mercedes. — Dans le moteur à quatre cylindres, 140 mm d'alésage, 150 mm de course, donnant 90 chevaux à 1250 tours, les soupapes, placées à la partie supérieure des cylindres et légèrement inclinées sur la verticale, sont commandées par un arbre à cames unique placé lui-même au-dessus des cylindres comme dans le moteur français Clément-Bayard et le Daimler-Mercedes ; les culasses et les chemises d'eau, en tôle, sont réunies aux cylindres par soudure autogène.

L'allumage est obtenu par deux magnétos conjuguées : le carburateur est placé à la partie inférieure du moteur.

Moteur Green (fig. 40). — Moteur à quatre cylindres ; 140 mm d'alésage, 146 mm de course, donnant 68 chevaux à 1200 tours.

Moteurs à six cylindres, 140 mm d'alésage, 152 mm de course, donnant 100 chevaux à 1200 tours.

Chaque cylindre est en acier fondu d'une seule pièce, avec les logements des chambres de soupape indépendants et rapportés ; les chemises d'eau sont en tôle de cuivre emboutie, rapportée ; les soupapes parallèles placées à la partie supérieure des cylindres sont commandées par un arbre à cames supérieur unique, avec culbuteurs, comme dans les moteurs Clément-Bayard et Mercedes. L'échappement se fait en partie à fond de course comme dans les premiers moteurs Anzani.

Le vilebrequin est en acier au chrome-vanadium.

La pompe à eau, à engrenages, est commandée par une vis hélicoïdale.

La pompe à huile est à engrenages ; le graissage est fait sous pression avec arrivée d'huile spéciale sous chaque cylindre.

L'allumage est réalisé par une magnéto simple blindée.

Le carburateur est un Zénith français, avec prise d'air chaud dans le carter ; on a deux carburateurs dans le six-cylindres.

Moteur N. A. G. (fig. 41). — Moteur à quatre cylindres ; alésage 118 mm, course 100 mm, donnant 55 chevaux à 1600 tours.

Moteur à six cylindres ; alésage 135 mm, course 160 mm, donnant 150 chevaux à 1350 tours.

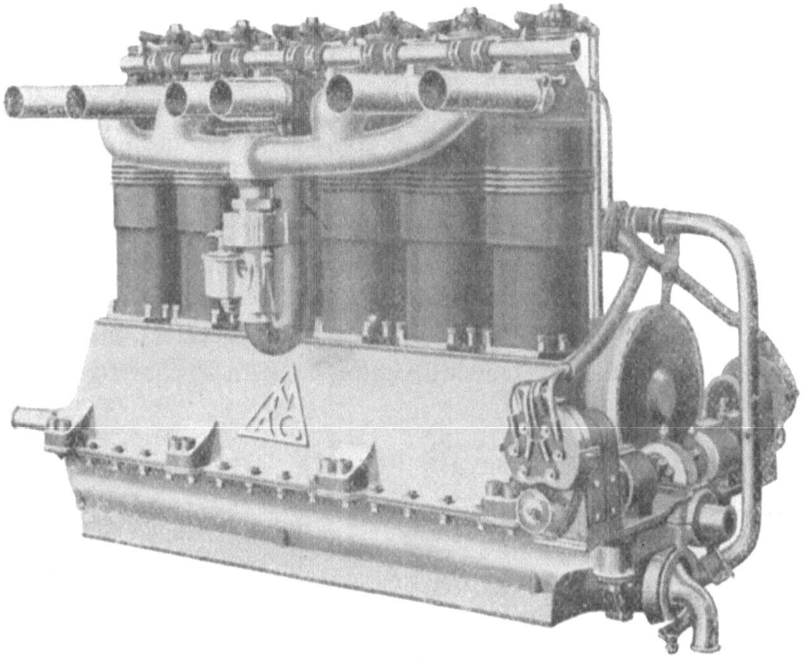

Fig. 41– Moteur N. A. G.

Les cylindres sont fondus séparément, avec chemise d'eau en tôle de cuivre rapportée, soupapes à la partie supérieure commandées par culbuteurs et tiges verticales mues par un arbre à cames unique.

L'allumage est réalisé par une seule magnéto ordinaire blindée pour le quatre-cylindres, par deux magnétos alimentant chacune une bougie par cylindre dans les six-cylindres ; les magnétos sont entraînées par un accouplement élastique à lames et un dispositif de commande d'avance automatique par la force centrifuge ; les bougies sont placées symétriquement en face de chacune des deux soupapes.

Un levier spécial agissant sur les cames permet d'arrêter le moteur en maintenant les soupapes d'échappement ouvertes, comme dans les anciens moteurs Wright.

2 – Moteurs horizontaux
(Deux cylindres horizontaux)

Ce dispositif permet un équilibrage presque rigoureux des forces d'inertie.

a. Moteur Dutheil et Chalmers. — Employé par Santos-Dumont pour son premier vol, en 1907, à cylindres opposés (le vilebrequin entre les deux), à soupapes commandées ; la chemise d'eau est en cuivre rapportée, ou venue de fonte avec le cylindre suivant les types. Alésage 128 mm, course 130 mm, puissance 25 chevaux, poids 70 kg sans eau. L'hélice est montée directement sur l'arbre moteur sans interposition de volant.

La même maison fait des moteurs à deux cylindres horizontaux, à chambre unique d'explosion, contenant chacun deux pistons opposés qui commandent deux vilebrequins et qui donnent 45 chevaux pour un poids de 140 kg sans eau.

b. Clément-Bayard (fig. 42). — A chemise d'eau en cuivre rapportée, à graissage par circulation d'huile ; alésage 120 mm, course 130 mm, puissance 30 chevaux, poids 60 kg, sans eau ni radiateur, c'est-à-dire 80 kg en ordre complet de marche ;

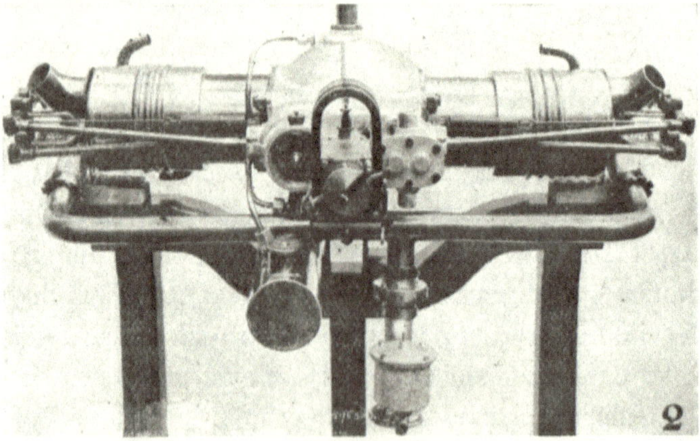

Fig. 42 – Moteur Clément-Bayard.

c. Darracq (fig. 43). — À ailettes ; alésage 120 mm, course 130 mm, vitesse 1200 tours, puissance 20 chevaux, poids 50 kg ; soupapes commandées par culbuteur, échappement à fond de course.

Fig. 43. – Moteur Darracq à ailettes.
A, orifice d'aspiration ; E, échappement ; M, magnéto ; B, réservoir d'huile.

d. Moteur Nieuport. — Alésage 135 min, course 150 mm ; cylindres en fonte à ailettes, soupapes commandées, échappement en fin de course, carburateur automatique type *Grouvelle- Arquembourg*, graissage sous pression et par barbotage. Poids 65 kg, puissance 30 chevaux à 1300 tours ; consommation horaire 300 gr d'essence par cheval, 3 l d'huile ; magnéto Nieuport.

e. Moteur Éole (fig. 44 et 45). — À huit cylindres horizontaux, avec culasse commune deux par deux, et deux vilebrequins. Les mouvements des deux vilebrequins sont rendus solidaires par un

Fig. 44. - Moteur Éole.

Fig. 45.– Coupe schématique du moteur Éole.

arbre parallèle aux cylindres et muni de pignons d'angle à ses deux extrémités.

3 – Moteurs en V

Ces moteurs réalisent un équilibrage meilleur que ceux à quatre cylindres et surtout un couple moteur beaucoup plus régulier.

Ils sont en général à huit cylindres en V ; l'allumage est produit normalement par une magnéto spéciale, à volet tournant, donnant quatre étincelles par tour et, par suite, animée de la même vitesse que le moteur.

Dans ces magnétos, le dispositif de rupture est particulier : les vis platinées sont montées sur une armature fixe ; la came produisant leur écartement, munie de huit bossages, est montée sur le même arbre que le distributeur et tourne à la demi-vitesse de l'induit et du moteur.

L'ordre des explosions, dans chaque rangée de quatre cylindres, est le même que dans les quatre-cylindres ordinaires ; les quatre explosions successives, pour l'ensemble des deux rangées de cylindres, sont réparties de façon à donner une explosion tous les quarts de tour, et à produire des effets symétriques sur le vilebrequin suivant le tableau ci-dessous :

—	5	2	—
—	3	8	—
—	7	4	—
—	1	6	—

Moteur E. N. V. (fig. 46). — À huit cylindres en V à 90°, à refroidissement par eau ; alésage 105 mm, course 110 mm, puissance 60 chevaux, poids 130 kg, sans eau ; à soupapes commandées par le même arbre à cames, à cylindres en acier avec chemise d'eau en cuivre rapportée ; circulation par petite turbine à eau ; paliers de vilebrequin à billes ; graissage rationnel par circulation d'huile à travers le vilebrequin et débit réglé par flotteur.

Fig. 46. – Moteur E. N. V.

Moteur Antoinette (fig. 47 à 49). — C'est un des premiers en date dans l'aviation, après avoir été utilisé sur des canots de course. Moteur à huit cylindres en V ; alésage 110 mm, course 105 mm, poids

***Fig. 47.* – Moteur Antoinette.**
Coupe d'un cylindre et du carter supérieur.

125 kg sans eau, 130 kg avec eau et radiateur, puissance 60 chevaux à 1200 tours, consommation horaire d'environ 360 gr d'essence par cheval, 2 1 d'huile ; soupapes d'admission libres en-dessus, soupapes d'échappement commandées en-dessous ; cylindres en acier avec chemise d'eau rapportée en enivre embouti et frotté.

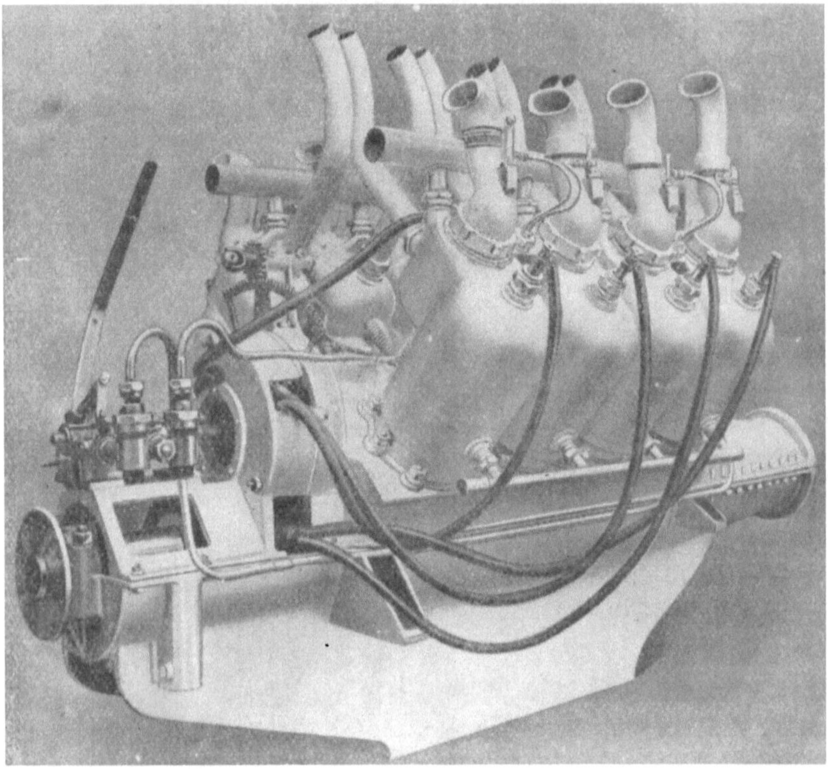

Fig. 48. – Moteur Antoinette à huit cylindres, 50 chevaux.

Alimentation directe d'essence par pompe à piston de course réglable par variation de l'excentricité de sa biellette de commande : l'essence envoyée dans une canalisation à tracé symétrique pour obtenir la même résistance à l'écoulement, est injectée par un ajutage exactement alésé dans le petit réservoir muni d'une pipe d'aspiration qui forme carburateur pour chaque cylindre.

On utilise pour le refroidissement la vaporisation partielle de l'eau ; une première pompe à engrenages fait parcourir à l'eau le circuit fermé comprenant les chemises des cylindres et un réservoir. La vapeur formée, rassemblée au sommet du réservoir, est conduite par une canalisation dans un radiocondenseur à longs tubes d'aluminium placé sur les côtés du fuselage. L'eau condensée dans le radiocondenseur est aspirée par une deuxième pompe et renvoyée au réservoir précédent. Le radiocondenseur est muni à sa partie supérieure d'un ajutage A communiquant à l'air libre, afin de maintenir la pression atmosphérique au-dessus de l'eau. L'excès de vapeur sortant par cet ajutage est insignifiant et atteint à peine un demi-litre à l'heure (fig. 49).

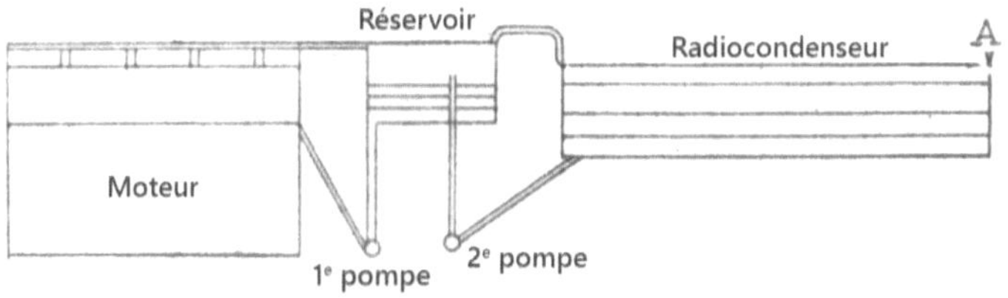

Fig. 49. – Moteur Antoinette.

Le graissage se fait par une pompe à huile à piston aspirante et refoulante, commandée par un excentrique qui refoule l'huile dans une canalisation intérieure au carter place au-dessus de l'arbre de distribution ; cette canalisation est percée de fines ouvertures à hauteur de chaque palier et de chaque tête de bielle. L'huile retombe dans le carter, où elle sert au graissage supplémentaire par barbotage des têtes de bielles et des cylindres. L'excédent revient dans le réservoir en cuivre placé sous le carter ; le débit de l'huile par les ajutages est réglable au moyen d'un robinet de trop-plein placé sur la canalisation précédente.

L'allumage est réalisé par magnéto Bosch à haute tension, à volet tournant donnant quatre étincelles par tour, à grande avance de 60°, commandée mécaniquement par rampe hélicoïdale et munie d'un deuxième rupteur spécial pour permettre le départ au contact, par accus et bobine.

Le vilebrequin est plein, comporte six paliers. Les têtes de bielles, munies d'un chapeau spécial donnant un encombrement minimum, sont accolées deux à deux sur chaque maneton. Le moteur comporte, du côté opposé à l'hélice, un volant de 17 kg (30 cm de diamètre).

Moteur Renault.

a. Moteur de 50 chevaux. Moteur à huit cylindres en V, en fonte, à ailettes (fig. 50 à 52), disposés sur deux rangées de quatre

Fig. 50. – Moteur Renault avec son ventilateur.

cylindres inclinées à 90° l'une sur l'autre ; alésage 90 mm, course 120 mm, puissance 60 chevaux à 1800 tours ; consommation d'essence, à l'heure, 310 gr par cheval ; huile. 2,3 1 ; poids 160 kg en ordre de marche.

Les culasses sont reliées aux cylindres, avec l'intermédiaire d'un joint métalloplastique, par un croisillon et des tirants-colonnettes dont l'autre extrémité est fixée au carter. Ce joint est destiné à assurer l'étanchéité, à répartir la pression et à diminuer les chances de rupture en cas de serrage irrégulier des colonnettes.

Fig. 51.– Moteur Renault (le ventilateur enlevé).

Les pistons sont en acier ; le vilebrequin, en acier spécial, foré en vue de l'allègement, est soutenu par trois paliers intermédiaires lisses et deux paliers extrêmes à billes. Les coussinets sont régulés.

Les clapets d'admission et d'échappement sont placés l'un au-dessus de l'autre et commandés par un arbre à cames unique placé au-dessus du vilebrequin, à l'intérieur du V ; la soupape d'admission en dessous est commandée directement par une tige, la soupape d'échappement au-dessus par une tige et un culbuteur.

L'arbre à cames unique, qui tourne à demi-vitesse, soit à 900 tours à la minute, est l'arbre porte hélice ; ce dispositif permet d'utiliser celle-ci dans une zone de vitesse correspondant au meilleur rendement, et cela sans adjonction d'un arbre spécial ; il a suffi de renforcer les engrenages ordinaires de démultiplication de la distribution.

Le refroidissement est produit au moyen d'un ventilateur centrifuge, calé directement sur le vilebrequin, faisant en même temps office de volant ; l'air aspiré par l'ouïe est refoulé par la volute entre les deux brandies du V formé par les cylindres ; des chemises en tôle canalisent l'air qui ne peut s'échapper qu'après avoir contourné tous les cylindres.

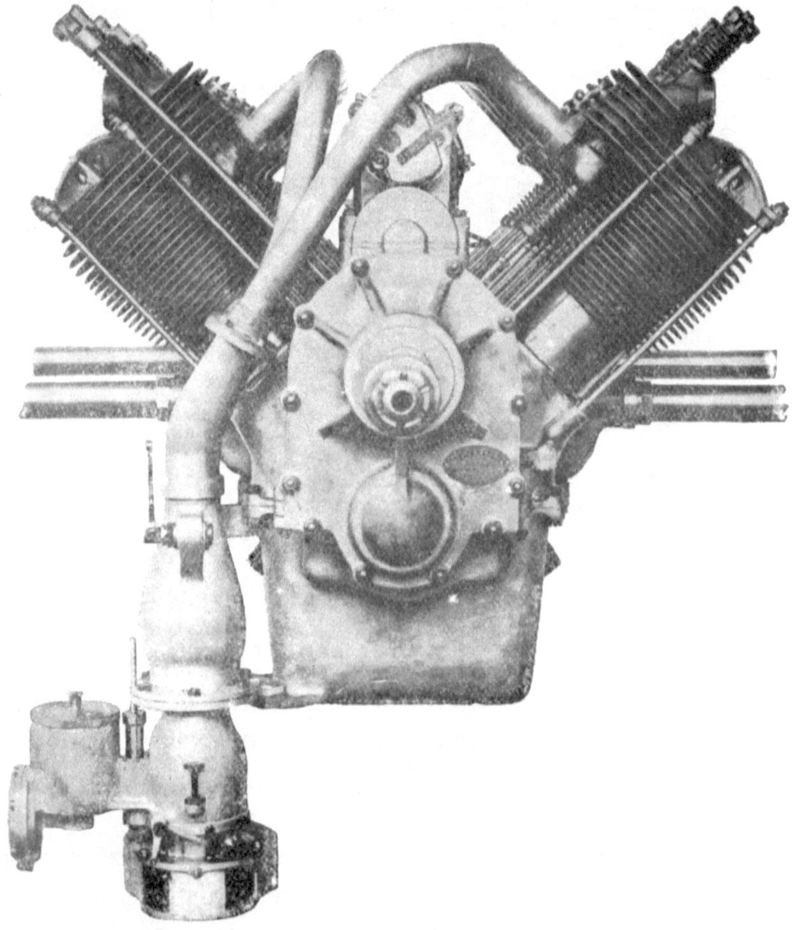

Fig. – 52. – Moteur Renault (vue du côté du carburateur).

L'alimentation est faite par un carburateur automatique, à gicleur, entouré d'un diffuseur tronconique à prise d'air chaud réglable, à entrée d'air additionnel déterminée sous l'effet de la dépression de l'aspiration par le soulèvement d'un piston freiné dans un *dash-pot* à pétrole, à essence ou à air ; le soulèvement maximum de ce piston peut être réglé suivant les conditions extérieures ; deux canalisations sensiblement symétriques partent d'une nourrice surmontant le carburateur et alimentent chaque groupe de quatre cylindres. Un pointeau permet d'arrêter l'arrivée de l'essence entre le niveau constant et le gicleur, afin de provoquer l'arrêt instantané du moteur. Le carburateur est en aluminium, comme le carter.

L'allumage est produit par une magnéto à haute tension, à volet tournant, à avance fixe. (On met en route par l'hélice ou par une manivelle de mise en marche.) Cette magnéto commandée par l'arbre à cames, placée entre les cylindres, du côté de l'hélice, tourne à la vitesse du vilebrequin.

Le graissage est produit par une pompe à tiroir oscillant placée au fond du carter-réservoir d'huile, qui refoule l'huile à chaque palier, et est commandée par un arbre vertical avec vis sans fin. L'huile en excédent est recueillie, par l'effet de la force centrifuge, par deux collerettes en communication avec les deux manetons adjacents, grâce à une canalisation percée dans le vilebrequin ; l'huile projetée lubrifie les cylindres, l'excédent retombe dans le fond du carter, séparé de la partie supérieure par un filtre. Les deux paliers extérieurs du vilebrequin sont à billes. Celui-ci est muni d'une butée à billes et d'une bague à rainures hélicoïdales rejetant l'huile à l'intérieur du carter et empêchant les pertes d'huile par l'arbre.

Par mesure de simplicité, la canalisation d'huile ne comporte aucun clapet réglable, dont le fonctionnement intempestif ou l'ouverture continue, par suite d'un obstacle interposé, pourrait réduire le graissage dans des proportions dangereuses.

Les têtes de bielles, constituées de la façon habituelle, sont accolées deux à deux sur chaque maneton, comme dans le moteur **Antoinette**.

Le moteur est supporté par deux tubes métalliques qui traversent le carter.

b. Moteur Renault, type 70 chevaux. — Moteur a huit cylindres en V à ailettes ; alésage 96 mm, course 120 mm, poids 200 kg, vitesse de rotation normale du vilebrequin 1800 tours, consommation horaire 33 l d'essence et 2,5 l d'huile environ. Sa constitution et son fonctionnement sont les mêmes que ceux du moteur de 60 chevaux décrit ci-dessus.

On peut signaler les perfectionnements suivants :

- toutes les canalisations d'huile sont venues de fonte avec le carter ;
- le carburateur est muni d'un filtre à essence, de très grande surface, placé dans une monture en bronze ;
- la pompe à huile à tiroir oscillant est remplacée par une pompe à engrenages assurant un débit et des efforts pour les organes de commande plus réguliers ;
- le graissage peut être entièrement sous pression ;
- le carburateur, à boisseau cylindrique, est placé en avant du moteur, suivant son axe, de façon à réaliser une canalisation absolument symétrique, les deux branches longitudinales du collecteur étant réunies l'une à l'autre, à une de leurs extrémités, de façon à équilibrer l'alimentation de tous les cylindres.

c. Le **moteur Renault**, type 120 chevaux, à douze cylindres en V, de mêmes dimensions, a un fonctionnement analogue à celui des précédents ; l'allumage est réalisé par deux magnétos. Le poids total est de 300 kg.

d. Le **moteur Renault**, type 40 chevaux, à huit cylindres en V sans ventilateur et destiné aux avions d'école.

Un nouveau moteur $^{105}/_{130}$, à montage de têtes de bielles analogue à celui des moteurs R. E. P. et Clerget, assurant de plus larges portées, d'un même système général que les précédents, donnera 85 chevaux et pèse 225 kg.

e. Un moteur à refroidissement par eau, à huit cylindres en V, donnera 130 à 150 chevaux.

Moteur de Dion-Bouton (fig. 53).

a. Moteur à refroidissement par eau. Huit cylindres en V ; alésage 120 mm, course 130 mm, puissance 80 chevaux, poids 220 kg. Les cylindres sont en fonte, fondus par deux avec leur chemise d'eau. Les axes des bielles des deux pistons, montés sur le même maneton, sont dans le même plan, une des têtes de bielles étant à fourche et comprenant l'autre entre ses deux bras (Voir ci-après).

Fig. 53.– Moteur de Dion-Bouton à huit cylindres à eau.

Un moteur analogue, mais de plus grandes dimensions, donnera 140 chevaux.

b. Moteur à refroidissement par air (fig. 54 *a, b, c, d*). Moteur à huit cylindres en V à 90° ; alésage 104 mm, course 120 mm, donnant 80 chevaux à 1800 tours avec une consommation horaire de 35 l d'essence et 3 l d'huile ; d'aspect extérieur comparable à celui du moteur RENAULT.

Les culasses sont maintenues directement sans joint au-dessus des cylindres par un croisillon et des colonnettes.

Le vilebrequin est supporté par cinq paliers, les extrêmes étant à roulements à billes.

Les bielles ont un montage spécial dit à fourche, la tête de bielle

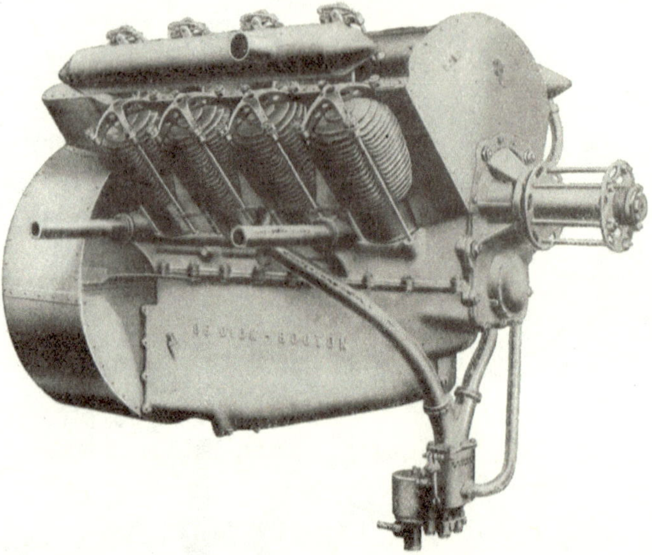

Fig. 54 a. – Moteur de Dion-Bouton à huit cylindres à refroidissement par air.
Vue d'ensemble latérale.

Fig. 54 b.– Moteur de Dion-Bouton à huit cylindres à refroidissement par air.
Vue du côté du ventilateur.

d'un cylindre maintient par ses deux bras en forme de fourche un coussinet ayant, toute la longueur de la soie de manivelle ; la tête de bielle symétrique est étroite, se loge entre les bras de la tête précédente et tourillonne à l'extérieur du coussinet.

Fig. 54 c.– Moteur de Dion-Bouton à huit cylindres à refroidissement par air.
Vue du côté du carburateur et de l'arbre à cames porte hélice.

Pour l'équilibrage, quand on passe d'un groupe de cylindres au suivant, les bielles sont inversées.

Les pistons sont en acier ; les seize clapets sont commandés par un arbre à cames unique entraîné par le vilebrequin au moyen de pignons droits. Les clapets inférieurs d'admission sont commandés directement, les clapets supérieurs d'échappement par l'intermédiaire de bascules ; les supports de bascules sont rapportés sur les culasses.

Fig. 54 d.– Moteur de Dion-Bouton à huit cylindres à refroidissement par air.
Vue d'ensemble de l'intérieur du V des cylindres, le couvercle enlevé ; en haut et en bas le collecteur d'échappement silencieux.

Dans le moteur à refroidissement par eau, le ventilateur du radiateur est commandé par une chaîne avec interposition d'une sorte d'embrayage souple à segments.

Dans le moteur à ailettes, le ventilateur monté directement en bout de l'arbre vilebrequin refoule l'air à l'intérieur du V des cylindres.

Le graissage est le même que dans le moteur à refroidissement par eau, c'est le graissage sous pression avec circulation réalisée par une pompe à engrenages prenant l'huile au fond du carter formant réservoir isolé par une toile métallique. Pour éviter la surélévation de pression, un clapet automatique limitateur est interposé dans la canalisation ; ce clapet doit naturellement être surveillé ; la pompe est commandée par un arbre vertical avec vis sans fin.

L'allumage est produit par une magnéto à haute tension à volet tournant entraîné par un arbre intermédiaire mû par l'arbre à cames, et qui lui est relié par un accouplement réglable.

Le carburateur est automatique, du type Zénith à deux gicleurs complémentaires ; il comprend une boîte à niveau constant accolée à deux corps cylindriques contenant chacun leurs deux gicleurs, leur diffuseur, leur valve de départ des gaz carbures, leur papillon d'admission des gaz de l'échappement, destinés au réchauffage et dont le débit est réglable.

L'arbre de commande de l'hélice est l'arbre à cames placé au-dessus du vilebrequin et démultiplié à ½.

Le moteur est muni d'un silencieux suffisamment effectif.

Le poids total du moteur est de 213 kg, avec un encombrement en longueur de 1,324 m, en hauteur de 0,940 m, en largeur de 0,960 m.

Moteur Clerget (fig. 55). — Type 200 chevaux à cylindres en V ; alésage 140 mm, course 160 mm, résultant de l'accouplement à 90° de deux moteurs de 100 chevaux sur le même carter ; chaque groupe de quatre cylindres a son carburateur et sa magnéto.

Fig. 55.– Moteur Clerget de 200 chevaux.

Sur chaque maneton agit une bielle maîtresse, embrassant la soie, et une biellette articulée sur la tête de la bielle principale. Le moteur sans eau pèse 250 kg et donne 180 chevaux, en tournant à 1200 tours.

Moteur Dansette et Gillet (fig. 56). — À huit cylindres en V, à refroidissement par eau, de constitution analogue à celle du moteur décrit page 54, alésage 114 mm, course 160 mm ; son poids sans eau est de 180 kg ; il donne une puissance de 100 chevaux à la vitesse de 1000 tours, avec une consommation horaire de 40 l d'essence et de 3 l d'huile environ.

Chaque groupe de quatre cylindres est alimenté par un 1 carburateur Claudel automatique. L'allumage est obtenu au moyen d'une magnéto Aléa ordinaire, munie d'un distributeur à 8 plots, et tournant à 2000 tours.

La mise en marche a l'hélice est facilitée grâce à un décompresseur. Le graissage est fait sous pression, à travers le vilebrequin creux ; toutes les canalisations sont venues de fonte avec le carter.

Fig. 56. – Moteur Danselle et Gillet.

Moteur Panhard-Levassor. — À huit cylindres en V (fig. 57), à refroidissement par eau ; ce moteur comprend deux groupes de quatre cylindres monobloc en fonte, de 110 mm d'alésage et 140 mm de course, donnant 100 chevaux, vers 1500 tours avec un poids total de 200 kg (sans radiateur, ni eau, ni approvisionnement d'aucune sorte). Grâce à la rigidité des deux monoblocs, le carter ne sert plus que de support aux paliers et peut être très léger.

Les plaques de fermeture des chemises de circulation d'eau sont à ailettes, de façon à augmenter la surface radiante.

Les soupapes d'aspiration et d'échappement sont groupées d'un seul côté des cylindres et commandées par un arbre à cames unique placé au fond du V des cylindres. Cet arbre sert d'arbre porte hélice et est entraîné à ses deux extrémités par un engrenage, de façon à mieux répartir les efforts du couple moteur et à diminuer la tendance à la torsion du vilebrequin.

Le graissage est assuré par circulation d'huile automatique et barbotage, cette circulation étant obtenue par simple gravité, ce qui présente l'avantage de supprimer la pompe à huile.

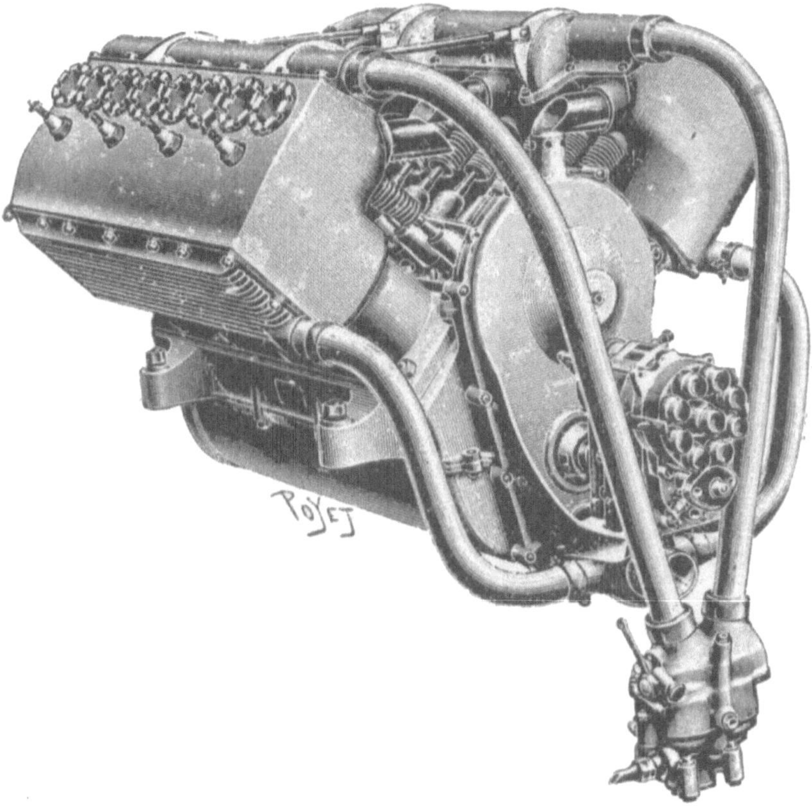

Fig. 57. – Moteur Panhard-Levassor.

Moteurs Wolseley (fig. 58). — À huit cylindres en V à 90°:

a. Moteur de 120 chevaux, à 1150 tours par minute ; alésage 127 mm, course 178 mm ;

b. Moteur de 60-80 chevaux, à 1150 tours par minute ; alésage 96 mm, course 140 mm.

Le moteur de 120 chevaux a ses cylindres fondus séparément avec chemise d'eau en tôle d'aluminium, les soupapes placées au-dessus des cylindres et inclinées, commandées par un seul culbuteur ; toutes les tiges de culbuteurs sont actionnées par un arbre à cames unique situé au fond du V.

La tuyauterie du départ d'eau forme l'axe des culbuteurs. L'allumage est réalisé au moyen de deux bougies par cylindre avec deux magnétos

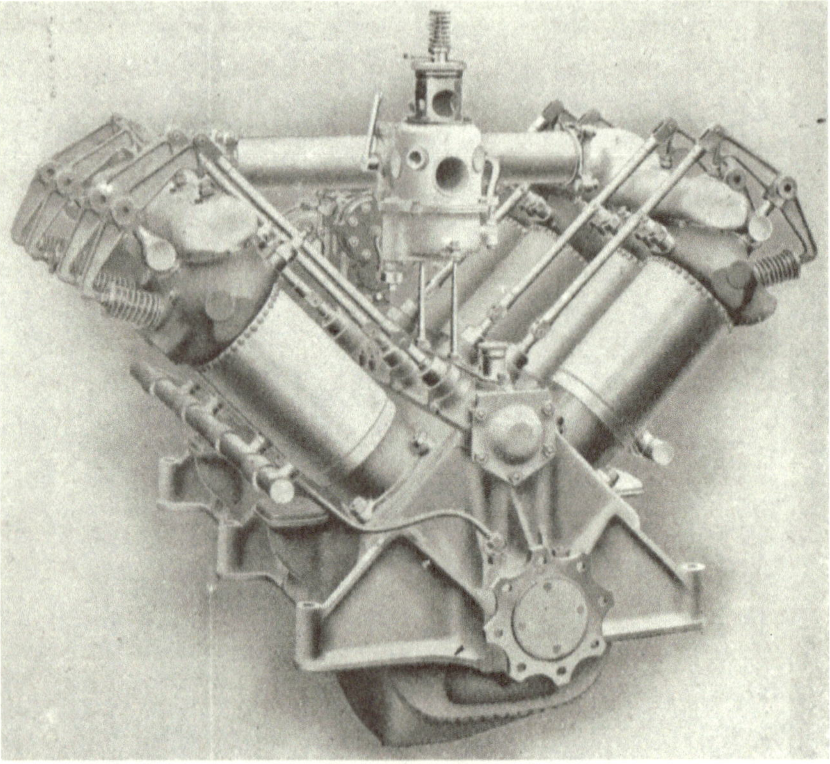

Fig. 58. – Moteur Wolseley.

conjuguées entraînées par un accouplement élastique à lames et un dispositif de réglage d'avance par rampe hélicoïdale.

Le graissage est fait sous pression.

Le carburateur est placé au centre du moteur et comprend deux gicleurs dont un pour le ralenti et un pour la marche normale, une prise d'air chaud additionnel réglable, dans le carter, une prise d'air complémentaire froid par soupape automatique à la partie supérieure ; sous le carburateur se trouve une coupelle destinée à recevoir et à évacuer à l'extérieur, par une tuyauterie spéciale, l'essence en excès au moment du départ.

Le modèle 60-80 chevaux comporte un refroidissement combiné par l'air et par l'eau, le refroidissement par l'eau étant limité aux soupapes d'échappement.

Les canalisations d'eau aboutissent à un petit radiateur circulaire placé derrière l'hélice, refroidi par des palettes intérieures calées sur l'arbre ; une pompe à eau par groupe de cylindres assure la circulation.

Les cylindres sont en acier ; les pistons également en acier, sont munis de segments en fonte et de deux bagues en bronze.

Le graissage sous pression est assure par une pompe à huile à engrenages, les canalisations d'huile sont en acier et placées extérieurement au carter qui forme réservoir d'huile.

4 – Moteurs en étoile

Généralités

Les moteurs en étoile ont l'avantage, comme l'a montré dès 1907 M. R. Esnault Pelterie, de procurer une utilisation meilleure de la matière du vilebrequin, un couple moteur plus régulier, et de permettre un équilibrage complet des forces d'inertie au moyen d'une ou deux masses auxiliaires.

Un tel groupement des cylindres soulève, pour réaliser la distribution, un problème nouveau dont la solution théorique générale par une came unique a été donnée également par M. R. Esnault Pelterie, et est indiquée plus loin, à propos du moteur R. E. P. de son invention.

La fixation de plusieurs têtes de bielles sur un maneton unique a donné lieu à des dispositions ingénieuses spéciales ; il s'agit, avec le minimum d'encombrement total et, le maximum de surface de portée utile, d'assurer à chacune des bielles le même mouvement périodique, en faisant autant que possible passer constamment l'axe de chaque bielle par le centre du maneton, afin d'avoir des cycles égaux pour tous les cylindres.

L'alimentation régulière et égale de tous les cylindres nécessite des collecteurs spécialement étudiés.

Le graissage doit être réalisé de telle sorte que l'encrassement des cylindres supérieurs et celui de ceux des cylindres obliques plus directement opposés au jet parabolique de l'huile du maneton ne se produise pas.

Le tarage des ressorts de soupapes doit être établi en tenant compte des effets variables avec l'inclinaison de chaque cylindre de la pesanteur sur le mouvement des soupapes (quand celles-ci sont automatiques).

Enfin l'allumage nécessite souvent l'emploi de magnétos spécialement étudiées, non seulement comme distributeur, mais comme isolement et champ magnétique, pour tenir compte des vitesses de rotation élevées qui sont demandées par suite de l'augmentation du nombre de cylindres à servir.

Il a été construit des moteurs en étoile simple de 3, 5, 7 et 9 cylindres, en étoile double de 6, 10, 14 et 18 cylindres, en étoile quadruple à 20 cylindres.

On est limité dans le nombre des cylindres d'un côté par l'encombrement des divers organes et les difficultés du refroidissement et d'un autre par l'augmentation rapide du nombre des éléments délicats, soupapes, bougies, etc.

Dans les moteurs comportant deux étoiles, l'une en avant de l'autre, les cylindres de la deuxième étoile sont placés dans les intervalles de ceux de la première étoile, avec leur axe dirigé suivant la bissectrice des axes des deux cylindres adjacents.

D'une façon générale, dans les moteurs en étoile simple comprenant $2n + 1$ cylindres, l'ordre d'allumage est 1, 3 . . . $2n + 1$, et cela en deux tours de vilebrequin ; dans les moteurs à deux étoiles accolées comprenant chacune $2n + 1$ cylindres avec deux manetons au vilebrequin à 180° l'un de l'autre, l'ordre des explosions est 1, 2, 3, 4 . . . $2(2n + 1)$, pour deux tours du vilebrequin, les manetons subissant l'un après l'autre l'effort de l'explosion, les cylindres d'une étoile étant numérotés suivant les nombres impairs 1, 3 . . . $2(2n + 1) - 1$; ceux de l'autre étoile suivant les nombres pairs 2, 4, . . . $(2n + 1)$].

L'ordre des explosions se produit en sens inverse du sens de rotation du vilebrequin.

Si p est le nombre total des cylindres, qui par suite explosent en deux tours du vilebrequin, la magnéto normale donnant deux étincelles par tour doit, pour produire le nombre d'étincelles voulu, tourner à une vitesse égale à la fraction de la vitesse du vilebrequin.

Moteur Anzani à cinq cylindres (fig. 59). — En fonte, à ailettes ; alésage 105 mm, course 130 mm, vitesse 1300 tours, puissance 50 chevaux, poids 75 kg.

Les cinq bielles sont montées sur le même maneton du vilebrequin, qui est équilibré par un contrepoids.

Soupapes d'admission automatiques, soupapes d'échappement par culbuteur, échappement partiel à fond de course.

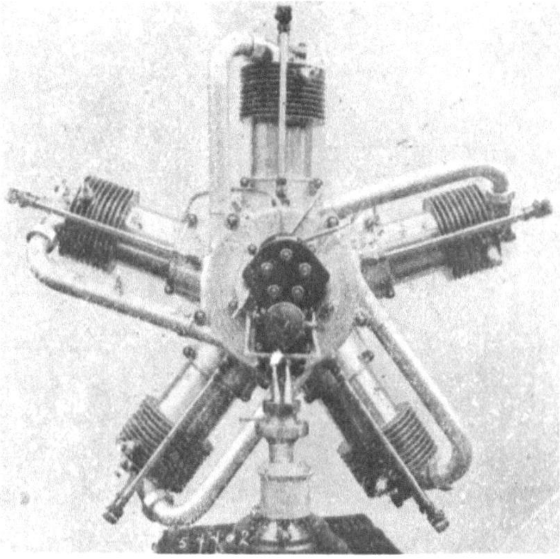

Fig. 59.– Moteur Anzani à cinq cylindres.

Alimentation par carburateur type *Grouvelle-Arquembourg*, mais sans le dose-air à billes ; ouvertures d'air et des gaz indépendantes, à commandes séparées.

Nourrice pour le mélange gazeux appliquée sur le carter et réchauffée par lui ; départ des gaz dans des tuyauteries bien équilibrées ; le mélange gazeux aspiré tourne toujours dans le même sens, sans chocs ni remous, et quitte tangentiellement la nourrice. Culasses à fond plat contenant les deux soupapes, graissage par pompe ; allumage par magnéto à haute tension.

Moteur Anzani à six cylindres (fig. 60). — Afin de supprimer le contrepoids nécessaire avec l'emploi de cinq cylindres agissant sur un maneton unique, le six cylindres **Anzani** comporte deux groupes de trois cylindres commandant deux manetons décalés de 180°. Il ne reste aucune force d'inertie à équilibrer que le couple constant produit sur les manetons du vilebrequin : ce couple est faible par suite de la très faible distance des manetons que permet la forme spéciale du vilebrequin.

On l'équilibre complètement au moyen de deux contrepoids symétriques par rapport au centre du vilebrequin ; ne subsistent comme causes de vibrations que les variations du couple moteur.

Les soupapes d'admission restent automatiques.

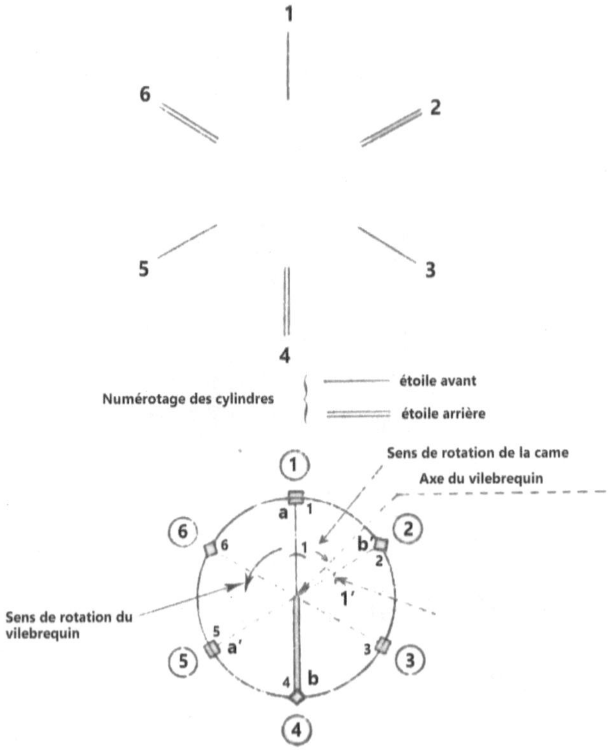

Fig. 60. **– *Distribution dans le six-cylindres Anzani, par came unique.***
1, 1' deux positions successives de la came de distribution correspondant aux positions *ab* (explosion du cylindre 1) et *a'b'* (explosion du cylindre 2) du vilebrequin.

a □ maneton de l'étoile avant.
b ◇ maneton de l'étoile arrière.
○ ordre des explosions et positions respectives des manetons du vilebrequin.

L'échappement se fait, comme dans le moteur précédent, en partie à fond de course.

Rappelons les avantages et les inconvénients qui en résultent.

Ce dispositif permet le remplissage complet du cylindre, quel que soit le fonctionnement plus ou moins régulier des soupapes d'admission et, par suite, donne des explosions ayant toujours leur maximum de puissance. Il procure ainsi une marche assez économique, mais il enlève, à peu près complètement, toute souplesse au moteur. En outre, l'échappement à fond de course entraîne des pertes notables d'huile ;

enfin, il nécessite une augmentation de l'épaisseur des parois du cylindre, et, par suite, un alourdissement, pour conserver une résistance suffisante.

Par contre, ce dispositif a l'avantage :

1. - de diminuer réchauffement du moteur, en facilitant la détente des gaz brûlés, et en diminuant la quantité de ceux-ci qui doivent lécher la surface intérieure du cylindre, pour arriver à la soupape d'échappement ;
2. - de permettre de diminuer la section de la soupape d'échappement et, par suite, de diminuer l'effort à exercer pour son ouverture, d'où résulte une réduction de la section des pièces de commande.

Certains constructeurs cherchent à diminuer la brutalité de la marche avec échappement à fond de course, soit en faisant déboucher les gaz brûlés dans un pot d'échappement, où ils sont en partie réaspirés au moment de l'admission (c'est là un palliatif d'un emploi très discutable), soit en employant un décompresseur.

Si 1, 3, 5 sont les cylindres de l'éventail avant numérotés dans le sens de rotation des aiguilles d'une montre, le vilebrequin tournant en sens inverse, 2, 4, 6 les cylindres de l'éventail arrière, les explosions se produisent dans l'ordre 1, 2, 3, 4, 5, 6 des cylindres, les six cylindres ayant explosé quand le vilebrequin a parcouru deux tours.

L'alimentation des cylindres se fait dans le même ordre 1, 2, 3, 4, 5, 6, toujours dans le même sens, comme dans le cinq cylindres, par des tubes radiaux, et tangentiellement à la nourrice d'admission, annexée au carter, qui joue ici encore le rôle de réchauffeur. La distribution est obtenue au moyen d'une came à un seul bossage (fig. 60) tournant en sens inverse du vilebrequin, et à la demi-vitesse de celui-ci, commandée par un engrenage satellite. L'allumage est réalisé par magnéto à haute tension. La magnéto est entraînée à une vitesse égale aux $\frac{6}{4}$, ou $\frac{3}{2}$ de celle du moteur.

Le graissage est fait sous pression à travers le vilebrequin, par deux pompes indépendantes qui refoulent l'huile aux deux paliers extrêmes. Les cylindres, à ailettes en fonte, sont fixés par des colonnettes ; l'effort de traction qu'elles subissent est transmis par l'intermédiaire de tringles au bâti métallique qui supporte le moteur, de telle sorte que la résistance du carter en aluminium n'intervient pas. Les bielles sont articulées sur le maneton, de telle façon que la direction de leur axe passe par le centre de ce maneton et que l'effort qu'elles subissent soit transmis au maneton tout entier, par l'intermédiaire d'un coussinet cylindrique. Chaque tête de bielle embrasse le tiers de la surface extérieure de ce coussinet, les surfaces de contact des trois têtes étant des surfaces hélicoïdales.

Chaque cylindre a 105 mm d'alésage, 120 mm de course ; le moteur complet pèse 80 kg et donne 50 chevaux à 1100 tours.

Moteur a six cylindres à ailettes, analogue au moteur six-cylindres précédent, mais de puissance plus considérable. Ses principales caractéristiques sont les suivantes : alésage 115 mm, course 145 mm, poids 115 kg, puissance 75 chevaux à 1350 tours. Consommation horaire : 30 l d'essence et 8 l environ d'huile de ricin.

Comme dans tous les moteurs à ailettes, surtout ceux à cylindres fixes, les soupapes d'échappement travaillent au rouge et les sièges ont une légère tendance à se déformer. Les soupapes d'admission restent automatiques.

Nouveaux moteurs Anzani. — Grâce à la réduction de l'alésage ramené à 105 et même à 90 mm, le refroidissement est meilleur, de sorte qu'on a pu supprimer l'échappement en fin de course, ce qui permet l'emploi d'un carburateur automatique avec dose-air additionnel à billes et la marche au ralenti, et en outre évite la plus grande partie des projections d'huile.

Moteurs a trois cylindres en Y (fig. 61). — 105 mm d'alésage, 120 mm de course donnant 30 chevaux à 1300 tours, poids 35 kg.

Fig. 61. – Moteur Anzani à trois cylindres.

Les cylindres sont dans le même plan, font entre eux des angles de 120° et sont désaxés. Les trois bielles attaquent l'unique maneton du vilebrequin qui est d'une seule pièce et monte sur billes. Une masse unique suffit à l'équilibrage des forces d'inertie. Mais le couple moteur n'est pas suffisamment régulier pour que la suppression du volant soit admissible.

Moteurs à six cylindres et à dix cylindres (fig. 62-63). — En étoile double, chaque étoile composée de trois ou cinq cylindres.

On trouve les types suivants :

Le moteur à six cylindres ; alésage 90 mm, course 120 mm, donnant 45 chevaux à 1300 tours, avec un poids de 75 kg ;

Fig. 62. – Moteur Anzani à six cylindres.

Le moteur à six cylindres ; alésage 105 mm, course 120 mm, donnant 60 chevaux à 1300 tours avec un poids de 85 kg ;

Le moteur à dix cylindres ; alésage 90 mm, course 130 mm, donnant 80 chevaux à 1250 tours, avec un poids de 105 kg ;

Fig. 63. – Moteur Anzani à dix cylindres.

Le moteur à dix cylindres ; alésage 105 mm, course 140 mm, donnant 100 chevaux à 1250 tours, avec un poids de 140 kg.

Le carter est toujours en aluminium, formé de deux sortes de coquilles nervurées pour augmenter la rigidité et la surface radiante ; il est muni à sa partie supérieure de cheminées-renifleurs, et à sa partie inférieure d'une poche à « impuretés », avec bouchon de vidange.

Les cylindres sont désaxés et fixés directement par des oreilles et des colonnettes au carter. Les ailettes ont une section se rapprochant de l'ogive parabolique théorique et existent presque jusqu'au bas de la chambre de détente.

Les soupapes placées au fond du cylindre sont en acier à haute teneur en nickel ; la soupape d'échappement est actionnée par un culbuteur.

Les pistons sont en fonte à fond renforcé par des nervures, avec deux segments en fonte à face supérieure conique de façon à profiler de la pression des gaz pour mieux appliquer les segments contre les parois du cylindre. On est vite limité dans la pente du cône par la nécessité de ne pas rendre trop coupante et fragile l'arête supérieure du segment. Les bielles ont la section habituelle à double T, l'âme dans le plan de rotation.

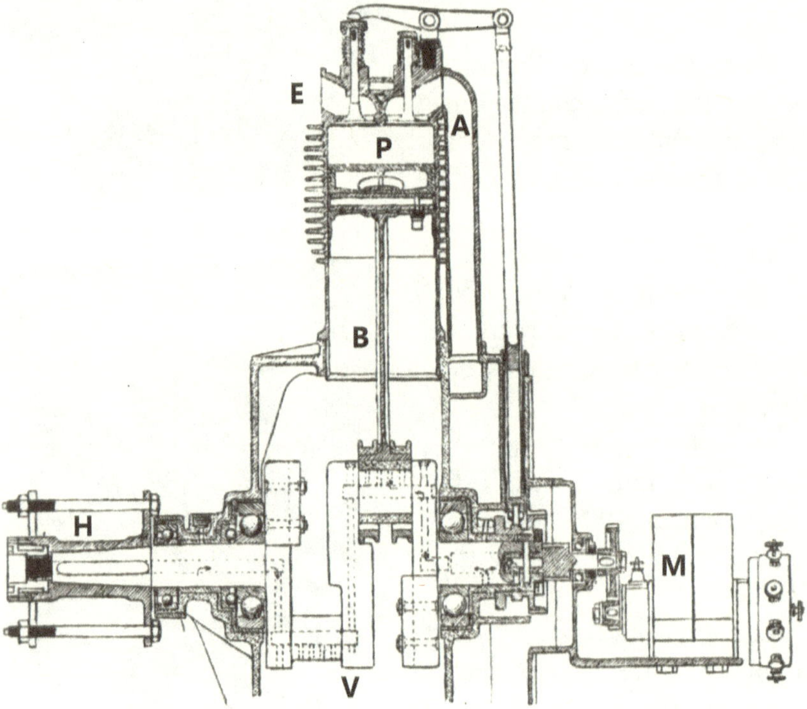

Fig. 64. – Coupe du moteur à dix cylindres Anzani (partie supérieure.)
A, admission (soupape automatique) ; E, échappement (soupape commandée par culbuteur) ; V, vilebrequin ; B, bielle ; P, piston ; M, magnéto ; H, moyeu d'hélice.

Le montage des têtes de bielles est semblable à celui du six-cylindres ancien modèle : la tête comprend un patin constitué par une portion de cylindre creux et limité latéralement par deux surfaces hélicoïdales, d'une longueur d'are telle que les deux patins de deux bielles consécutives ne se touchent pas quand les bielles font entre elles l'angle minimum ; ces patins tourillonnent par leur face interne sur une bague cylindrique entourant le maneton et sont maintenus sur leur face externe à l'intérieur d'une couronne en bronze formée de deux demi-colliers.

Le vilebrequin comprend deux manetons, repose à ses extrémités sur deux roulements à billes (avec une butée à billes du côté de l'hélice), à chacun desquels est accolé un coussinet lisse (fig. 64).

Ce coussinet permet d'amener l'huile au vilebrequin creux en vue du graissage sous pression et d'augmenter la surface d'appui ; en outre, il diminue pour les roulements l'importance des chocs et dans une certaine mesure amortit les vibrations du vilebrequin qui peuvent s'amplifier dès qu'il y a un peu de jeu entre les billes et leurs chemins de roulement.

La distribution dans le six-cylindres est toujours assurée par une came unique à un seul bossage tournant à demi-vitesse, en sens inverse du vilebrequin.

Dans le dix-cylindres (fig. 65) on a employé une came comprenant deux bossages diamétraux dans deux plans ; la came tourne en sens inverse du vilebrequin, mais au quart de la vitesse de celui-ci. Cette came est montée folle sur l'arbre-vilebrequin, est entraînée par un pignon calé sur ce vilebrequin, et deux pignons satellites intermédiaires ; l'arbre de l'un d'eux est prolongé et porte la came de commande de la pompe à huile. Celle-ci est à piston plongeur, avec ressort de rappel pour l'aspiration directe dans une chambre d'huile, clapet à billes de refoulement.

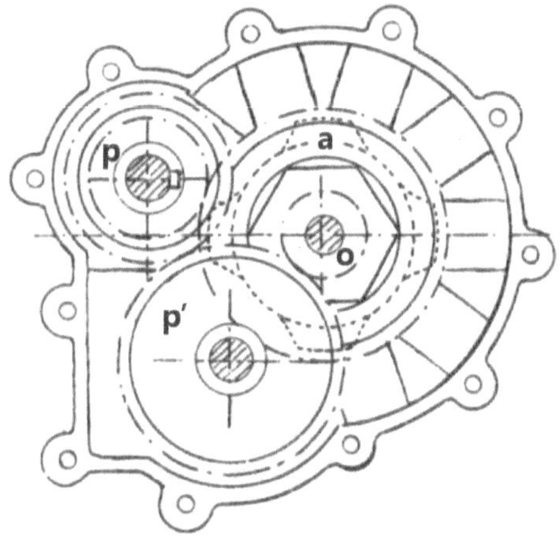

Fig. 65. – Distribution du moteur Anzani à dix cylindres.
a. Came à 4 bossages ; o, axe du vilebrequin ; p, p', pignons intermédiaires.

Les tubes d'alimentation sont placés derrière les cylindres et contre les ailettes de façon à réchauffer les gaz. Mais par contre, il ne faut pas que, par leur position, ils créent des remous susceptibles de gêner le refroidissement du cylindre.

Les cylindres ont leur partie avant frappée par le vent de l'hélice ; leur face arrière se trouve dans une zone de dépression où le refroidissement est moins intense.

Les hélices employées doivent être constituées de façon à produire, dans leur zone centrale correspondant à l'encombrement du moteur, surtout à hauteur des chambres d'explosion des cylindres, un courant d'air suffisant ; il faut par suite que l'élargissement des pales commence assez près du moyeu.

La magnéto est à haute tension, du type Gibaud avec distributeur commandé par pignon planétaire conique (décrit dans *Le Moteur à explosion* du même auteur).

Enfin la maison construit un moteur de 200 chevaux, à vingt cylindres, constitué par quatre étoiles de cinq cylindres ; les axes des cylindres sont alternés de façon à représenter, de face, une étoile régulière à vingt branches (fig. 66).

Fig. 66. – Moteur Anzani à vingt cylindres.

Les bielles des pistons correspondant aux deux étoiles avant sont montées sur un maneton, celles des deux étoiles arrière, sur un deuxième maneton du vilebrequin. L'ensemble des dix cylindres des deux étoiles arrière est ainsi décalé de 18° = 360°/20 par rapport à l'ensemble des dix cylindres de deux étoiles avant. Pour avoir deux explosions simultanées, une par groupe, formant couple sur le vilebrequin, le deuxième groupe tout entier est décalé par rapport au premier d'un angle de 18° et, par suite, le deuxième maneton est, lui aussi, décalé par rapport au premier de ce même angle de 18°. Le vilebrequin est équilibré par deux masses. Le poids total est de 260 kg.

La consommation par cheval-heure des moteurs Anzani est de 0,318 kg d'essence, 0,121 kg d'huile de ricin, soit au total 0,439 kg.

Moteurs Salmson, système Canton-Unné. — Tous les moteurs de ce type sont à refroidissement par eau.

1. - *Types normaux pour l'aviation* — Moteur à sept cylindres en étoile unique, à refroidissement par eau ; alésage 120 mm, course 140 mm, puissance 85 chevaux à 1250 tours. Poids 175 kg (sans radiateur et sans eau) (fig. 67 et 68).

Fig. 67.– Moteur Salmson (système Cunton-Unné) à neuf cylindres, 13o chevaux.

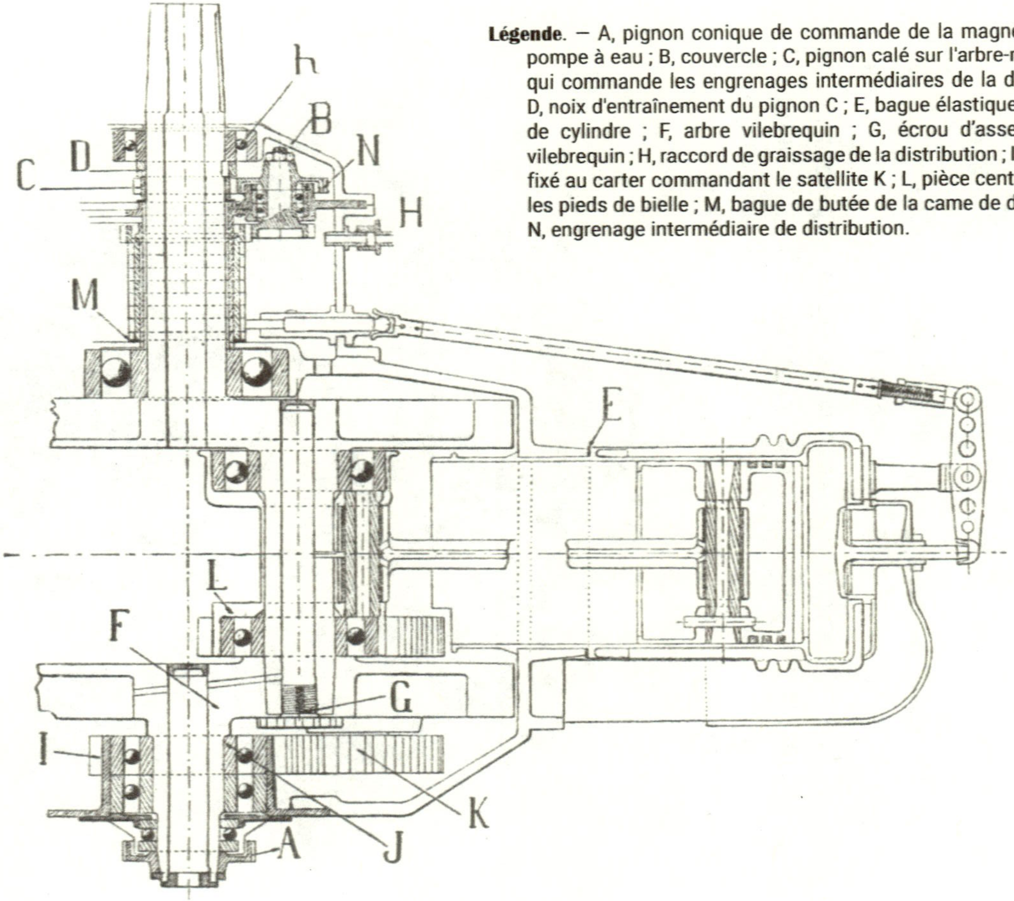

Légende. – A, pignon conique de commande de la magnéto et de la pompe à eau ; B, couvercle ; C, pignon calé sur l'arbre-manivelle et qui commande les engrenages intermédiaires de la distribution ; D, noix d'entraînement du pignon C ; E, bague élastique de fixation de cylindre ; F, arbre vilebrequin ; G, écrou d'assemblage du vilebrequin ; H, raccord de graissage de la distribution ; I, engrenage fixé au carter commandant le satellite K ; L, pièce centrale portant les pieds de bielle ; M, bague de butée de la came de distribution ; N, engrenage intermédiaire de distribution.

Fig. 68. – Moteur Salmson (système Canton-Unné). Coupe longitudinale par l'axe d'un cylindre.

Moteur à neuf cylindres, 120/140, puissance 130 chevaux à 1250 tours. Poids 220 kg (sans radiateur et sans eau).

Les cylindres en acier, pris dans la masse, avec chemise d'eau rapportée en tôle de cuivre rouge emboutie et brasée, sont serrés entre les deux plateaux en aluminium qui forment le carter et maintenus au moyen d'une clavette conique circulaire spéciale destinée à conserver le serrage malgré les différences de dilatation de l'acier et de l'aluminium.

Les pistons sont en fonte et garnis de segments en fonte.

Les soupapes en acier au nickel sont commandées chacune par une tige et un culbuteur ; la soupape d'admission est à siège plat ; aux articulations ont été prévus des grains en acier trempé ; les ressorts des soupapes sont à double enroulement en spirale, la spirale proprement dite étant placée en dehors du trajet des gaz d'échappement et loin des fonds de cylindre échauffés.

La distribution est obtenue par sept ou neuf cames placées dans des plans différents, leur partie culminante suivant une hélice ayant pour axe l'axe du vilebrequin et montées sur un support solidaire du carter. Ce support est entraîné par un pignon monté sur le vilebrequin, avec l'intermédiaire d'un pignon satellite, à la demi-vitesse du moteur. La même came commande successivement pour chaque cylindre la tige de la soupape d'admission et celle de la soupape d'échappement, au moyen de deux basculeurs indépendants. Par suite, toute modification au réglage des soupapes d'échappement rejaillit, sur le réglage des soupapes d'admission. La pratique montre qu'il n'en résulte aucun inconvénient et que le système a les avantages de la simplicité.

Le refroidissement par eau est obtenu au moyen d'une pompe centrifuge à turbine, qui est placée à l'arrière du moteur, aspire l'eau du radiateur et la refoule vers le bas des cylindres inférieurs d'où elle monte à la partie la plus haute du cylindre vertical supérieur, suivant le trajet schématique ci-contre (fig. 69) après avoir parcouru dans chaque cylindre toute la chemise d'eau de la base aux soupapes, ou inversement. Du cylindre supérieur, l'eau est conduite vers la partie supérieure du radiateur ; il est utile de prévoir un petit tube de court-circuit de circulation d'eau entre l'ouïe d'aspiration de la pompe et le tuyau de refoulement du cylindre supérieur, de façon à éviter le désamorçage de la pompe dans le cas où une poche de vapeur ou d'air se formerait a la partie supérieure de ce tube de refoulement (fig. 69).

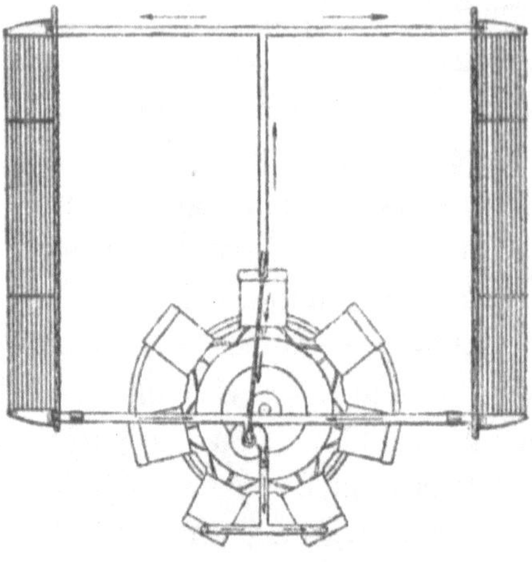

*Fig. 69 a – **Moteur Salmson (système Canton-Unné).***
Schéma de circulation d'eau. Vue de face.

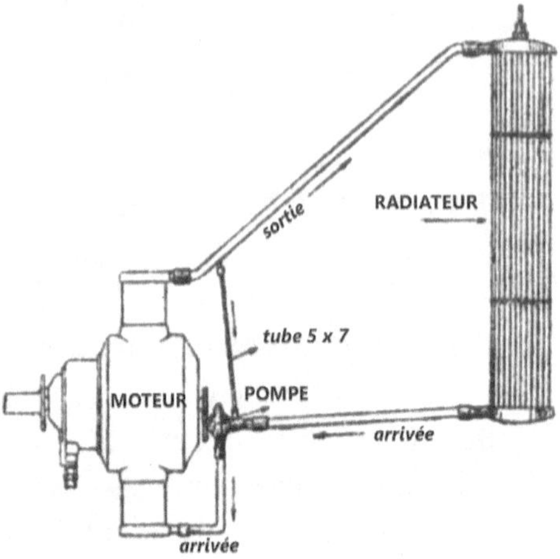

*Fig. 69 b. – **Moteur Salmson (système Canton-Unné***
Schéma de circulation d'eau. Vue de profil.

Un dispositif spécial a été réalisé dans le montage des bielles articulées sur le maneton unique du vilebrequin, de façon à réaliser rigoureusement pour chaque cylindre la même course et les mêmes phases.

Les bielles, toutes semblables, sont articulées sur une pièce centrale, sorte de tambour circulaire, montée à billes sur le maneton unique ; ce tambour, muni d'une roue dentée, est animé (grâce à un pignon satellite dont l'axe est solidaire du vilebrequin, et qui roule sur un pignon égal, centré suivant l'axe du moteur et fixé au carter) d'un mouvement tel que l'axe de la bielle de chaque cylindre passe par le centre du maneton au moment du point mort haut et du point mort bas (fig. 70 et 71).

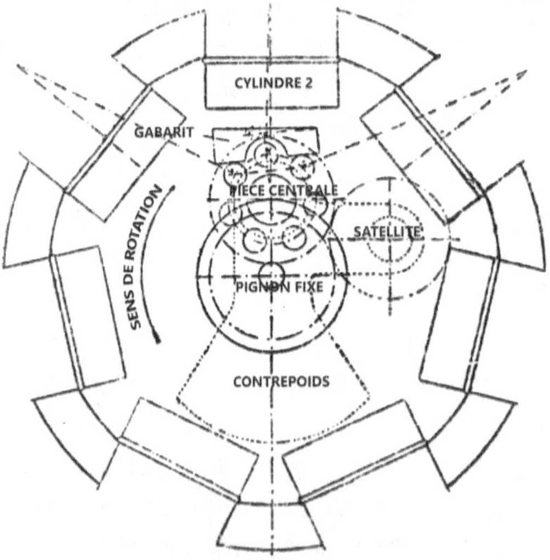

*Fig. 70. – **Moteur Salmson (système Canton-Unné).***
Schéma de l'embiellage d'un sept-cylindres.

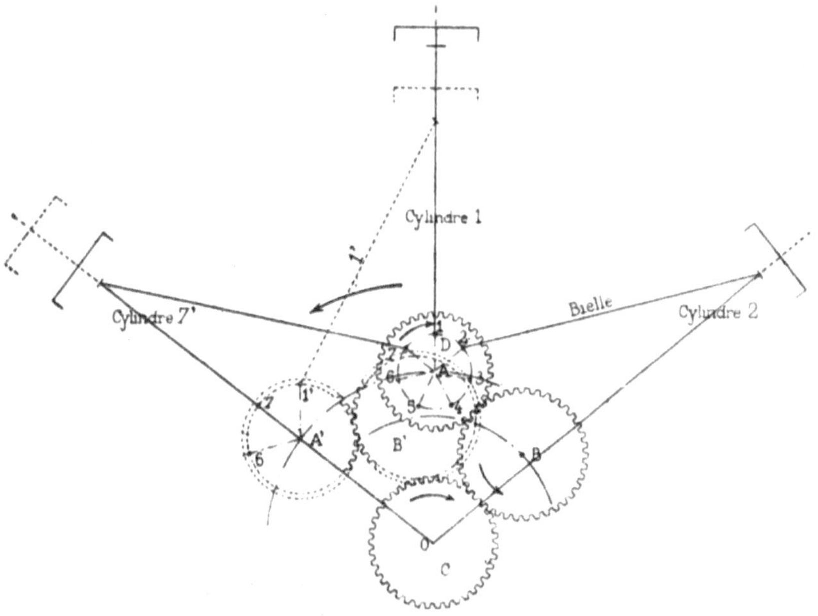

Fig. 71. – Schéma du moteur en étoile Canton-Unné (dispositif de commande de la rotation du maneton D).

D, maneton ; OA, manivelle du vilebrequin ; B, satellite lié au vilebrequin ; G, pignon fixé (traits pleins, point mort haut dans le cylindre 1 ; traits pointillés, point mort haut dans le cylindre 7). La flèche marquée sur le pignon G indique le sens dans lequel se produisent les explosions, la grande flèche entre les cylindres 1 et 7 indique le sens de rotation du vilebrequin.

Les pieds de bielle sont articulés sur la pièce centrale par l'intermédiaire de coussinets en bronze phosphoreux.

Le vilebrequin est en deux pièces réunies par un emmanchement conique et porte un contrepoids destiné à équilibrer les forces d'inertie alternatives dues aux pistons et aux bielles, et à la force d'inertie centrifuge créée par le satellite et son support. Il est supporté à ses extrémités par des roulements à billes annulaires avec, d'un côté, un roulement à billes de butée. Les premiers moteurs comportaient un volant ; les nouveaux n'en ont plus.

Le graissage est assuré par une pompe à huile à trois corps : un des corps reçoit l'huile du réservoir ; le deuxième corps la refoule, d'une part à l'extrémité arrière du vilebrequin foré qui conduit l'huile jusqu'au maneton, et d'autre part à la distribution placée à l'avant du moteur ; chaque tuyauterie de refoulement est munie d'un viseur ; le troisième corps aspire l'huile tombant en excès à la partie basse du carter et susceptible d'encrasser les cylindres inférieurs, et la refoule dans le réservoir. Le corps de pompe n° 2 est muni d'un pointeau de retour d'huile au réservoir, manœuvrable à la main, ce qui permet de régler le débit utile (fig. 72).

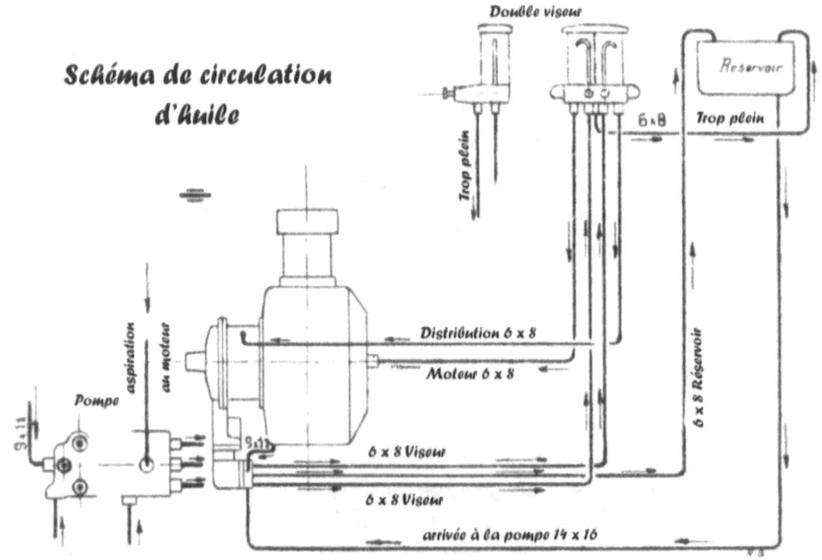

*Fig. 72. – **Moteur Salmson (système Canton-Unné).***
Schéma de circulation d'huile.

En outre les cylindres inférieurs émergent dans le carter, de façon à ne pas être envahis par l'huile.

L'alimentation des cylindres est obtenue par un carburateur dans les anciens modèles, par deux carburateurs Zénith, placés aux extrémités du diamètre horizontal, dans les nouveaux. Le carburateur est automatique et permet des vitesses de marche comprises entre 300 et 1300 tours à la minute ; le réchauffage est obtenu par prise d'air chaud autour des tuyauteries d'échappement et circulation de gaz de l'échappement. Les gaz carbures sont conduits dans une nourrice en étoile, analogue à celle des moteurs Anzani.

L'allumage (fig. 73) est obtenu par une magnéto à haute tension placée à l'arrière du moteur, et un distributeur séparé, très accessible, placé à l'avant. On peut y adjoindre un dispositif de départ automatique, soit électrique au contact par accumulateurs, ou mieux magnéto spéciale à main, soit mécanique à l'air comprimé au moyen d'une bouteille d'air

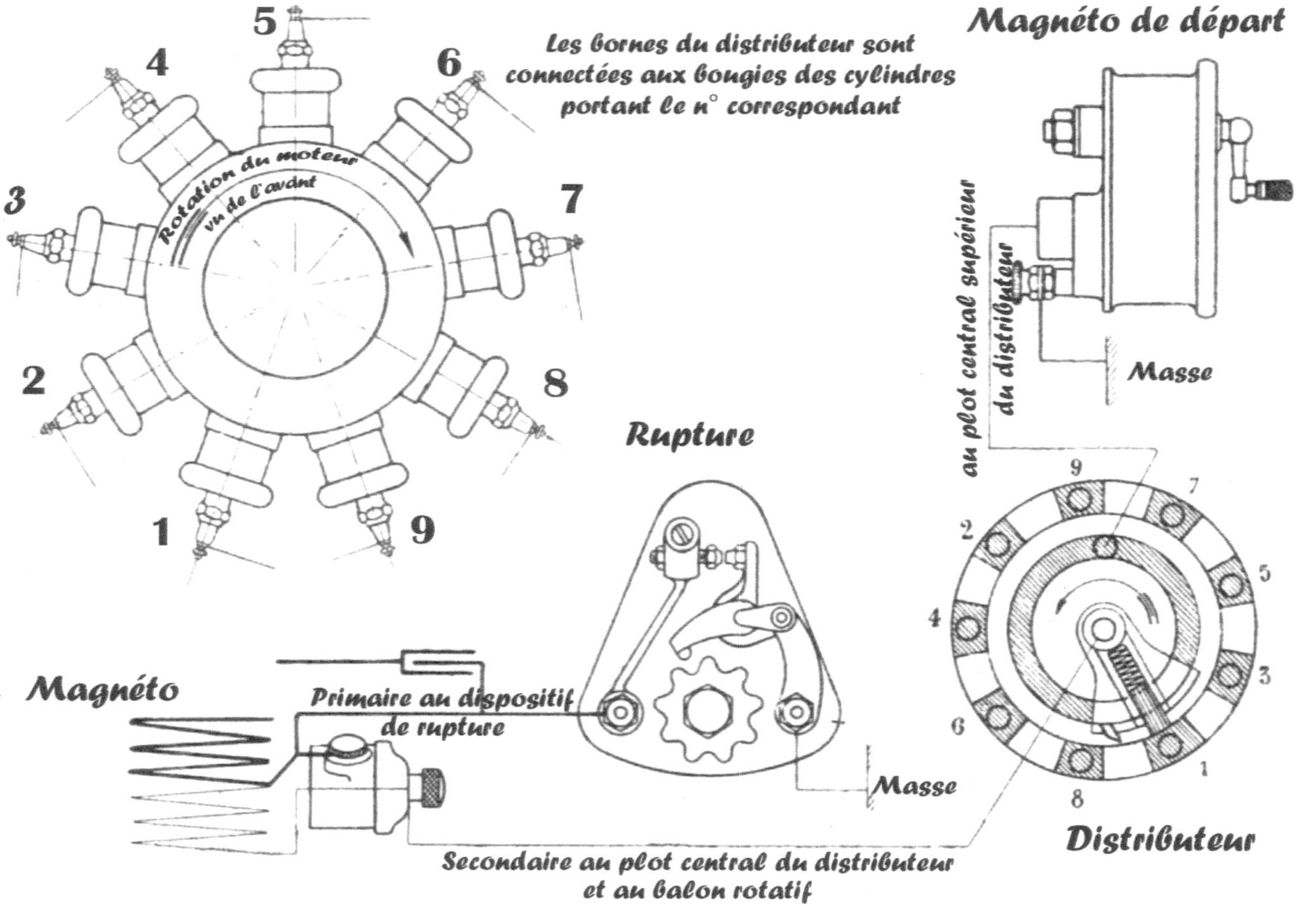

Fig. 73 a. — Moteur Salmson (système Canton-Unné). Schéma complet de l'allumage dans un neuf-cylindres.

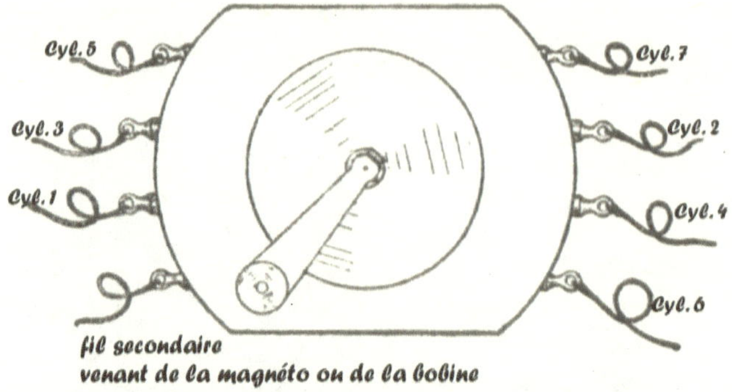

Fig. 73 b.– Extérieur du distributeur dans un sept-cylindres Salmson.

et d'un distributeur spécial. Le montage se fait normalement en porte à faux par l'arrière du carter.

La consommation par cheval heure est de 0,237 kg d'essence et 0,0136 kg d'huile, soit au total, 0,2506 kg par cheval-heure (moyenne de 100 heures de marche). L'encombrement du sept-cylindres est de 1,025 m, celui du neuf-cylindres est de 1,040 m de diamètre.

2. - *Types spéciaux.* — Il existe des moteurs Salmson à double étoile de quatorze et dix-huit cylindres, donnant 180 et 250 chevaux.

La disposition en étoile permet de mettre les axes des cylindres dans un plan d'inclinaison quelconque, même horizontal, ce qui peut faciliter l'installation à bord des avions ou des dirigeables.

L'arbre de commande d'hélice, horizontal, est alors commandé par pignons d'angle démultipliés ; il y a lieu de signaler le type B 9 à neuf cylindres ; alésage 120 mm, course 150 mm, donnant 150 chevaux à 1250 tours, monté sur des hydro-aéroplanes, et le type D 9 à neuf cylindres : alésage 150 mm, course 210 mm, pesant 450 kg et donnant 300 chevaux à 1200 tours.

Ce moteur diffère des types précédents par les culasses qui sont rapportées, hémisphériques en fonte, à circulation d'eau, par le système de distribution qui comprend autant d'arbres à cames élémentaires que de cylindres, chaque arbre commandant une soupape d'admission et une soupape d'échappement de deux cylindres voisins.

Viale (fig. 74 et 75). — Moteur à cinq cylindres en étoile, à ailettes : alésage 105 mm, course 125 mm ; le moteur pèse 85 kg et donne

Fig. 74. – Moteur Viale (vue côte hélice.)

55 chevaux à 1600 tours, avec une consommation horaire d'essence d'environ 28 1 ; les cinq bielles sont montées sur le même maneton, grâce à un dispositif spécial qui fait que leur axe passe constamment par le centre du maneton.

Fig. 75. – Moteur Viale (vue côte magnéto.)

Les soupapes d'échappement, placées à l'avant du moteur, sont au nombre de deux afin d'augmenter la section de passage des gaz sans employer des soupapes de trop grand diamètre ; il est à craindre que le vont, de l'hélice, s'il refroidit bien la soupape, ne gêne l'échappement. La soupape d'admission, dans le fond de la culasse, est commandée par culbuteur. La distribution est obtenue par une came unique. Le graissage se fait sous pression à travers le vilebrequin.

Moteurs Favata (fig. 76). — Dans le moteur Favata on a cherché à réaliser l'allégement par la réduction au minimum des organes. Dans les moteurs en étoile, étudiés précédemment, on groupe plusieurs bielles sur un maneton unique. Dans le moteur Favata, on groupe en outre plusieurs cylindres sur une même bielle. Un groupe élémentaire, une branche de l'étoile (qui est normalement à quatre branches, opposées deux à deux, en forme d'X) est composé de deux corps cylindriques parallèles accolés, dont chaque extrémité constitue un cylindre ordinaire.

Dans chaque corps se meuvent deux pistons opposés reliés rigidement par une lige suivant leur axe ; les deux tiges des pistons sont munies en leur milieu d'une oreille qui coulisse dans une fenêtre longitudinale du corps cylindrique et entre dans une des extrémités du pied de la bielle unique.

Cette bielle reçoit ainsi l'impulsion de quatre cylindres ; les deux cylindres supérieurs explosent simultanément ; il en est de même des cylindres inférieurs ; on a ainsi un effort moteur par tour, et on se trouve, au point de vue de l'équilibrage du groupe élémentaire, dans le cas d'un moteur à deux cylindres, à deux manetons à 180°.

Le vilebrequin, dans l'étoile à quatre branches, est à deux manetons, recevant chacun deux bielles correspondant à deux groupes, un groupe et le groupe diamétralement opposé attaquant chacun un des manetons ; pour permettre de placer les axes des groupes dans le même plan vertical, les pieds de bielle sont désaxés.

Le refroidissement est obtenu par le courant d'air de l'hélice agissant sur les ailettes des chambres d'explosion et des culasses des cylindres, et également par l'air aspiré et refoulé à travers les fenêtres des corps cylindriques grâce au mouvement alternatif des pistons.

Toutes les soupapes sont commandées par un arbre à cames agissant sur un système de tringles et de leviers extérieurs ; on a une seule transmission pour deux soupapes.

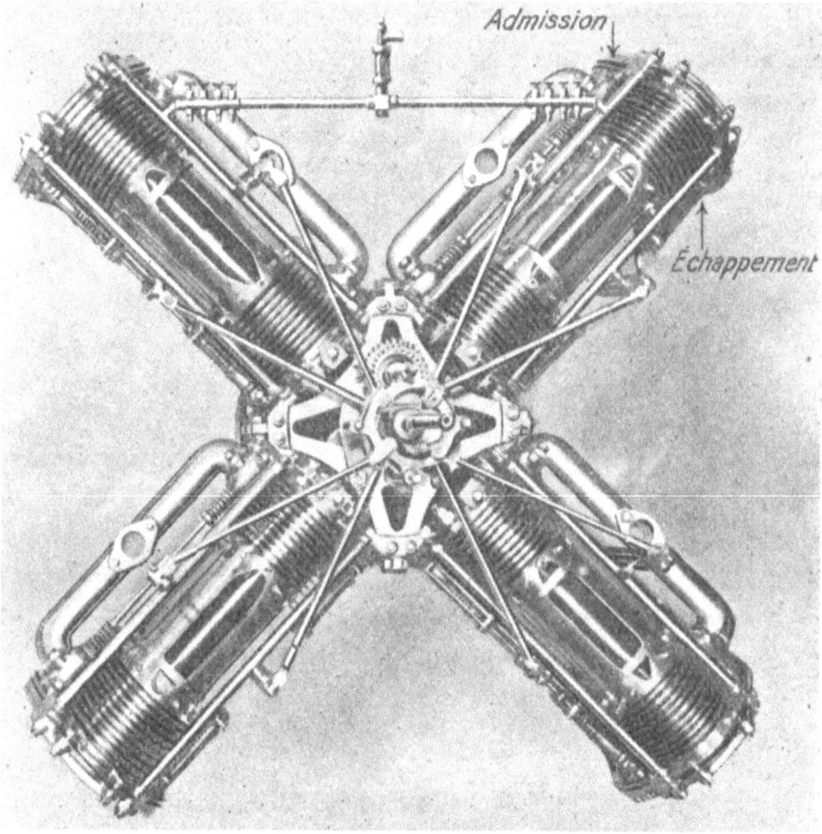

Fig. 76.– Moteur Favata, seize cylindres. – Puissance 180 chevaux – Poids 180 kg.

Les deux chambres d'explosion de chaque groupe comportent une soupape d'admission et une soupape d'échappement unique, et deux bougies.

L'huile est amenée par simple gravité jusqu'au vilebrequin, qui lubrifie par suite de ses projections tous les organes du carter ; une rampe à huile, fonctionnant également par gravité, assure le graissage des cylindres.

Ce moteur a un aspect extérieur compliqué : il est à craindre que le refroidissement des chambres d'explosion situées près du carter soit difficile à obtenir.

Moteur Edelweiss (fig. 77). — Le constructeur a voulu éviter tout d'abord les difficultés inhérentes aux moteurs rotatifs, et provenant des forces d'inertie considérables et variables qui sont mises en jeu, et celles qui se présentent dans les moteurs en étoile du type habituel, défaut d'équilibrage dans le cas de deux manetons, danger d'inondation d'huile des cylindres inférieurs ; on a cherché en outre à réaliser le refroidissement facile des pieds et des têtes de bielles.

Fig. 77.– Moteur Edelweiss.

Dans le **moteur Edelweiss** en étoile, fixe, à refroidissement par air, les pistons en fonte sont solidaires d'une armature circulaire extérieure comme les bobines d'un alternateur et les cylindres correspondants en acier sont solidaires des bielles et animés d'un mouvement alternatif.

Chaque cylindre est réuni par deux bielles parallèles aux manetons d'un vilebrequin à trois coudes, les deux coudes extérieurs dans le prolongement l'un de l'autre. Les cylindres sont, suivant le mode habituel, répartis en deux groupes d'un nombre impair, soit trois pour chacun d'eux. Un des groupes agit sur le maneton central, l'autre sur les manetons extrêmes parallèles et opposés à 180° au maneton central.

De la sorte, deux cylindres diamétralement opposés ont des mouvements symétriques par rapport à l'axe du moteur, ce qui produit, comme on sait, un équilibrage à peu près parfait des forces d'inertie alternatives ; au moment où les cylindres sont près du centre du moteur et ont par suite une surface de guidage relativement faible sur le piston, la force d'inertie dont ils sont, le siège est dirigé suivant leur axe et contribue à les maintenir en direction.

Les bielles sont très longues (le rapport de la bielle à la manivelle atteint 6), de telle sorte que l'effort dû à leur obliquité est très faible.

Le vilebrequin comprend deux paliers extrêmes à billes supportés, l'un par un couvercle, l'autre par un croisillon.

Le graissage des cylindres est réalisé par l'intérieur du piston ; une canalisation d'huile aboutit sous pression au segment milieu de chaque piston. La pompe à huile est à tiroirs, sans clapet. Elle envoie en outre l'huile aux paliers extrêmes du vilebrequin creux, qui la conduit aux manetons de tête de bielle.

Le graissage des pieds de bielles est assuré grâce à l'huile projetée et canalisée par les bielles. À l'arrière, un couvercle empêche les projections vers l'avion ; à l avant, une petite hélice à pales recourbées montée sur l'arbre de l'hélice refoule l'huile à l'intérieur de la couronne extérieure qui est munie à sa partie basse d'une tuyauterie d'évacuation et de récupération.

Les soupapes d'admission d'échappement et la bougie se trouvent également fixées sur le fond du piston. Les soupapes sont commandées par des culbuteurs et un manchon à cames comme dans le moteur ANZANI.

Les tuyauteries d'amenée et d'expulsion des gaz sont placées à l'intérieur des pistons et n'utilisent pas les parois de ceux-ci ; une pipe tournée vers l'avant conduit l'air dans l'intervalle restant entre ces tuyauteries jusqu'au fond du piston en vue d'aider le refroidissement.

Les cylindres ne portant pas de soupape d'échappement, les gaz de l'explosion peuvent être considérés comme immobiles sur les fonds ; la chaleur qu'ils cèdent est donc relativement faible.

Le refroidissement est obtenu par le vent de l'hélice soufflant sur les ailettes des cylindres et, en outre, par l'air brassé grâce au mouvement alternatif des cylindres.

Les explosions de deux cylindres opposés sont simultanées, de sorte que celles-ci se succèdent comme dans un trois-cylindres en Y à 120° d'intervalle ; le vilebrequin étant attaqué ainsi symétriquement par les deux manetons, sa fatigue est réduite au minimum ; par contre, les variations du couple moteur doivent être relativement considérables.

Le moteur se fixe au fuselage par son bâti extérieur ; les parties voisines du fuselage doivent naturellement être métalliques, ou tout au moins recouvertes par une tôle métallique, afin d'être à l'abri d'un échauffement exagéré provoqué par le gaz de l'échappement. Sa puissance massique est comparable à celle des moteurs rotatifs ; le six-cylindres (115 mm d'alésage, 120 mm de course) pèse 90 kg environ et donne 60 chevaux.

Berthaud (fig. 78 et 79). — Le moteur **Berthaud** est un moteur en étoile, à ailettes, à deux temps, à quatre cylindres, à 90°, deux à deux opposés. Les cylindres de compression sont disposés en tandem avec les cylindres de détente. Une des faces A du piston reçoit l'effort de l'explosion, pendant que son autre face B comprime le mélange destiné au cycle suivant.

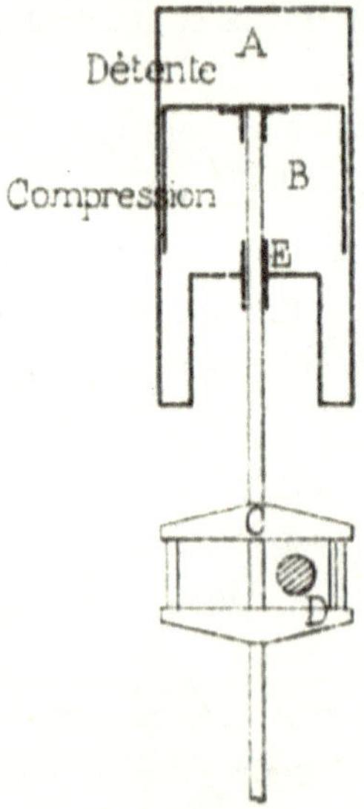

Fig. 78.– Schéma du moteur Berthaud.

Pour obtenir ce résultat, il fallait éviter les mouvements latéraux des bielles, ce qui a été réalisé au moyen de pieds de bielle à cadres, dans lesquels le maneton D coulisse en tournant ; chaque corps de bielle, relié à chaque piston d'une façon rigide, passe dans un presse-étoupe E à sa sortie du cylindre de compression ; chaque piston est muni de soupapes qui se soulèvent, pour laisser entrer le mélange tonnant comprimé à la fin de la course de détente.

Fig. 79.– Moteur Berthaud.

Si ce moteur fonctionne bien, sans consommation excessive d'essence et sans usure anormale des têtes de bielles, il sera intéressant par suite de sa simplicité.

5 – Moteurs en éventail

Anzani. Type traversée de la Manche (fig. 80 et 81). — Trois cylindres en étoile, en fonte, à ailettes écartées de 72° ; alésage 105 mm, course 130 mm, à soupapes d'admission automatiques, soupapes d'échappement à commande par culbuteur et une came par cylindre, échappement libre à fond de course, graissage par pompe à huile à palettes à travers le vilebrequin, carburateur automatique *Grouvelle-Arquembourg*. Poids 65 kg, puissance 30 chevaux, à 1300 tours ; consommation horaire : 300 gr d'essence par cheval, 2,5 1 d'huile de ricin. Couple peu régulier.

L'écartement angulaire des cylindres 72° = $^{360}/_{5}$ permet l'emploi pour l'allumage d'une magnéto à haute tension, type cinq cylindres ; les cinq touches du distributeur haute tension sont réduites à trois, savoir : 1, 2 et 3, 4 et 5.

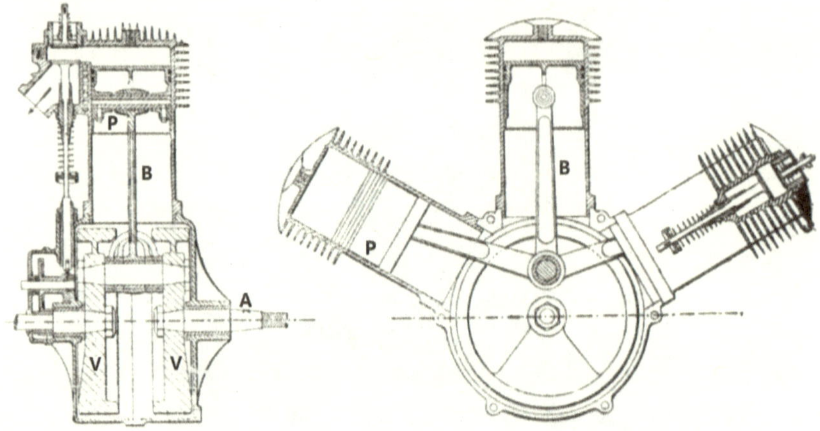

Fig. 80 et fig. 81. – Coupes du moteur Anzani à trois cylindres à ailettes.

La magnéto tourne aux ¾ de la vitesse du moteur, les étincelles correspondant aux touches 3 et 4 jaillissent sans inconvénient dans les gaz brûlés.

Les trois bielles sont montées à fourchette sur un même maneton réuni à deux volants avec contrepoids, l'axe des deux volants est l'axe de rotation du moteur.

Moteurs R. E. P. (fig. 82 à 85). — Les moteurs R. E. P. ont été, peut-on dire, les premiers moteurs rationnellement légers. Les deux types de moteurs de 1910 sont à cinq cylindres en éventail, à ailettes : le 40 chevaux, ayant 100 mm d'alésage, 160 mm de course, donne 30 chevaux à 1000 tours, 40 chevaux à 1200 tours et pèse 105 kg ; le 60 chevaux, ayant 110 mm d'alésage, 160 mm de course, donne 50 chevaux à 1000 tours, 60 à 1200 tours et pèse 150 kg ; la consommation d'essence est de 250 gr par cheval heure, celle d'huile est de 4 l à l'heure environ.

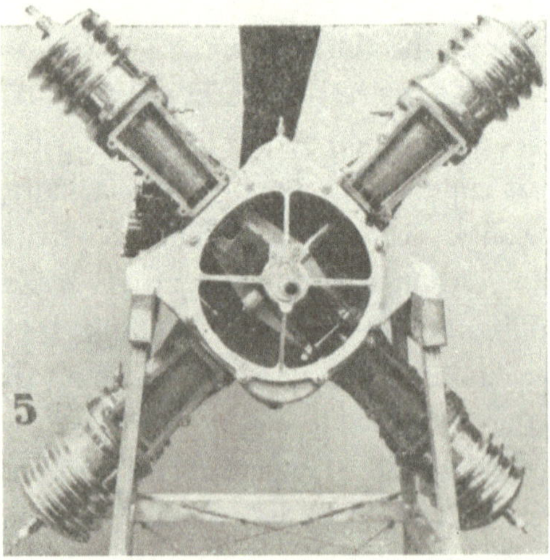

Fig. 82. – Moteur R.E.P.

Le moteur cinq-cylindres R. E. P. en éventail dérive du moteur à cinq-cylindres en étoile, par la rotation de 180° des deux cylindres inférieurs et de leur maneton de vilebrequin, ce qui amène ces deux cylindres dans le créneau formé par les trois premiers.

Pour ne pas changer les phases des cylindres et conserver la répartition uniforme des explosions, le maneton a été tourné lui-même de 180°. On a vu avec quelle approximation relative son équilibrage était réalisé.

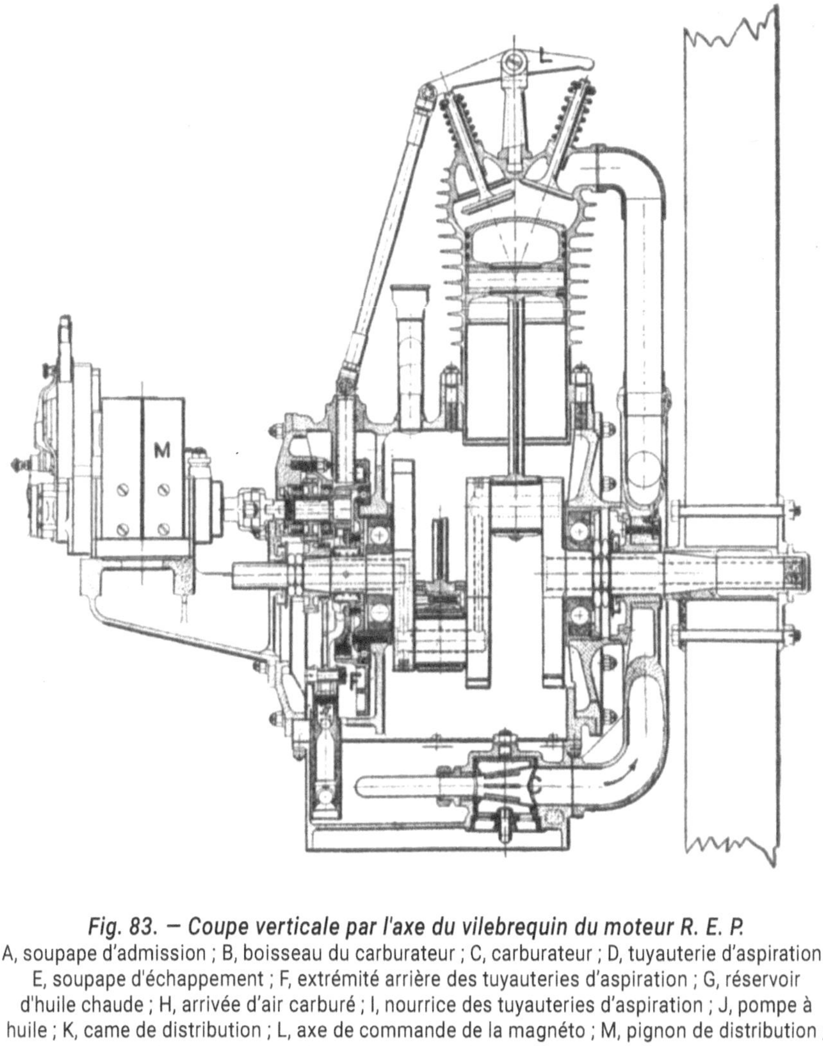

Fig. 83. – Coupe verticale par l'axe du vilebrequin du moteur R. E. P.
A, soupape d'admission ; B, boisseau du carburateur ; C, carburateur ; D, tuyauterie d'aspiration ; E, soupape d'échappement ; F, extrémité arrière des tuyauteries d'aspiration ; G, réservoir d'huile chaude ; H, arrivée d'air carburé ; I, nourrice des tuyauteries d'aspiration ; J, pompe à huile ; K, came de distribution ; L, axe de commande de la magnéto ; M, pignon de distribution ; N, engrenage du plateau, came à rainure ; P, magnéto ; Q, évent ; S, poussoir ; W, bielle de l'excentrique commandant la pompe à huile.

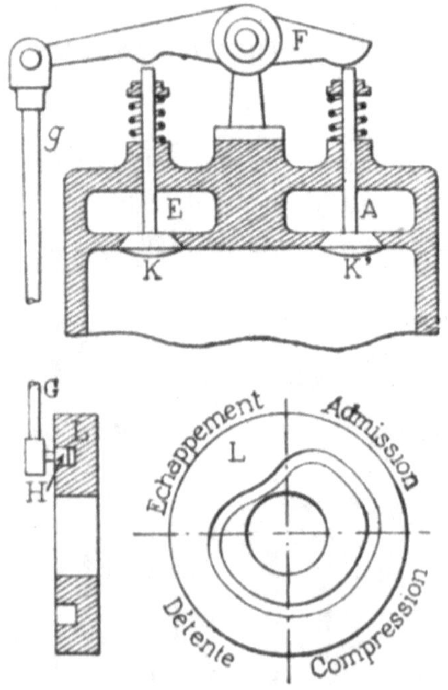

Fig. 84.– Schémas des soupapes et de la commande à balancier R. E. P.

Les intervalles entre les cylindres sont tels que chacun d'eux est largement baigné par le courant d'air de l'hélice, de sorte que le refroidissement est normalement assuré en toute saison.

Les cylindres ont une culasse sensiblement hémisphérique pour réduire au minimum les pertes par les parois et supprimer toute chapelle nuisible au bon rendement.

Les deux soupapes voisines, qui remplacent les premières soupapes concentriques adoptées, sont commandées par un culbuteur unique ; les culbuteurs reçoivent leur mouvement alternatif d'une came unique spéciale, dont il est intéressant de donner en détail le principe du fonctionnement (*Mémoires de la Société des Ingénieurs de France*, décembre 1907).

Supposons résolu (fig. 85) le problème de la distribution d'un moteur *x* à N cylindres, en étoile (N impair), par came unique, à *p* bossages également répartis sur la circonférence ; supposons que cette came tourne en sens inverse du vilebrequin, et cherchons quelle doit être sa

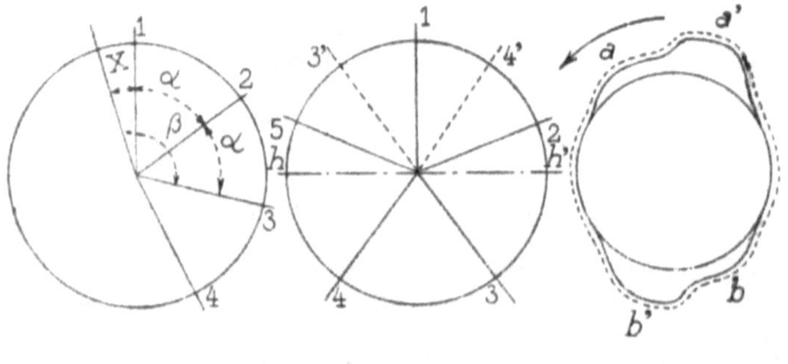

Fig. 85.– Distribution du moteur R E. P.

vitesse de rotation. Prenons comme repère, sur la came, un bossage d'échappement et, comme origine, le moment où la soupape du cylindre 1 doit commencer à s'ouvrir, c'est-à-dire où un bossage doit se trouver sous la tige du cylindre n° 1.

Soit α l'angle de deux cylindres consécutifs

$$\alpha = 2\pi / N$$

Le cylindre qui doit recommencer l'échappement après le cylindre n° 1 est le n° 3, faisant avec le n° 1 l'angle 2 α ; la came doit donc présenter un bossage sous la tige du cylindre 3 lorsque le vilebrequin a tourné de l'angle 2 α.

Pendant cette rotation 2 α du vilebrequin, la came a tourné en sens contraire d'un angle x ; l'angle des deux bossages considérés est donc égal à

(1) $$\beta = 2\,\alpha + x$$

Quels que soient N et α, il faut qu'au bout de deux tours du vilebrequin, un bossage se présente à nouveau sous le cylindre n° 1 ; supposons que ce soit le deuxième bossage considéré.

Il faut donc que, pour une rotation du vilebrequin de 4 π, la came tourne en sens inverse d'un angle β ; pour une rotation de 2 α du vilebrequin, elle tourne de l'angle x ; on a donc la proportion :

$$x/2\alpha = \beta/4\pi \quad \text{ou} \quad \beta/x = 4\pi/2\alpha = 2N\alpha/2\alpha = N$$

d'où

$$x = \beta/N$$

et, par suite,

$$\beta = 2\alpha + x = 4\pi/N + \beta/N$$

qui peut s'écrire :

$$(N - 1)\,\beta = 4\pi \quad \text{d'où} \quad \beta = 4\pi / N\text{-}1 = 2\pi / (N - 1)/2$$

Il faut donc pour résoudre le problème une came à (N -1)/2 bossages ; comme celle-ci doit tourner de l'angle $\beta = 4\pi / N\text{-}1$ quand le moteur tourne de deux tours, soit de 4 π, on voit que la vitesse de cette came est N-1 fois plus petite que celle du vilebrequin. Si N = 5, (N -1)/2 = 2, donc il suffit d'une came à deux bossages tournant quatre fois moins vite que le moteur.

Quand on passe du moteur en étoile au moteur en éventail, en faisant tourner les deux cylindres inférieurs de 180° autour de l'axe du vilebrequin, si nous supposons qu'une came spéciale identique à celle décrite ci-dessus leur ait été affectée, il faut, pour ne rien changer à la distribution, faire tourner cette came également de 180°. Or, comme les deux bossages existants sont eux-mêmes à 180° l'un de l'autre, il en résulte que la came retournée coïncidera avec la première et qu'une came unique à deux bossages suffira pour assurer la distribution complète. L'ordre des explosions est 1, 3, 5, 2, 4.

La came montée sur billes porte une denture intérieure commandée par un satellite dont l'axe est fixé sur le plateau du carter, et qui est mû par un engrenage calé sur le vilebrequin.

Les bielles, qui travaillent sur le même maneton par groupes de deux et de trois, ont un montage spécial.

Une bielle maîtresse porte seule le coussinet de bronze dur qui embrasse la soie du vilebrequin, les autres bielles s'articulent dans des logements spéciaux ménagés sur la tête de la bielle maîtresse, avec interposition de bagues également en bronze.

Un dispositif ingénieux bloque les axes des biellettes, axes qui affleurent, sans aucune aspérité, les bords de la bielle maîtresse, de façon à permettre le passage dans le coude du vilebrequin.

L'allumage se produit par une magnéto Bosch à haute tension, tournant aux 5/4 de la vitesse du moteur, et commandée par l'arbre du pignon satellite qui entraîne la came. Cette magnéto comporte un deuxième rupteur spécial permettant le départ normal au contact, au moyen d'une bobine à trembleur, et d'accumulateurs.

Le graissage est fait par circulation d'huile sous pression, au moyen d'une pompe à piston à clapets à billes commandée par un excentrique monté sur le vilebrequin (le piston est fixe et le cylindre est mobile). Cette pompe est placée au fond du carter pour diminuer les chances de désamorçage. Le fond du carter forme réservoir et contient un flotteur qui règle automatiquement le niveau de l'huile en obturant l'arrivée d'huile du réservoir.

L'huile est envoyée sous pression, par l'intérieur du vilebrequin aux paliers et aux manetons du vilebrequin ; un ajutage spécial lubrifie la came.

Le carburateur est automatique, avec connexion mécanique par boisseau entre l'arrivée d'air additionnel et l'admission des gaz. L'air primaire peut être réchauffé par un des tuyaux d'échappement. L'ouverture d'air additionnel est réglable pour tenir compte des conditions extérieures.

Le niveau constant seul est à l'extérieur du moteur, le carburateur proprement dit est noyé dans le carter, qui l'entoure ainsi d'huile chaude, de façon à mettre la carburation, autant que possible, à l'abri des variations de température pendant le vol. Grâce à ce carburateur, le moteur R. E. P. est souple, et peut marcher à des vitesses réduites comprises entre 400 et 1250 tours à la minute.

La maison a construit un moteur à sept cylindres en étoile de 90 chevaux.

Moteur Viale. — À trois cylindres en éventail, analogue au moteur Anzani, mais sans échappement à fond de course et à soupapes d'admission commandées.

Alésage 105 mm, course 130 mm, puissance 30 chevaux à 1600 tours, poids 75 kg, consommation d'essence 15 l à l'heure environ.

II – Moteurs rotatifs

Moteurs Gnome (fig. 86 à 90). — La Société des moteurs Gnome a résolu la première, d'une façon pratique, le problème des moteurs rotatifs, malgré les difficultés qu'il présente, par suite de la force centrifuge. Les effets de cette force sont considérables, étant donnée la vitesse de rotation de 1200 tours à la minute, aux points de vue suivants :

- a) de la *résistance* et de la *disposition* des organes, en particulier, des cylindres et du carter ;
- b) de l'*alimentation*, de la *distribution* et des *soupapes* ;
- c) du *fonctionnement* et de l'*étanchéité des segments du piston* ;
- d) du *graissage*, pour empêcher que l'huile n'envahisse la chambre d'explosion, en encrassant les soupapes et les bougies, et ne s'échappe trop vite des paliers ;
- e) de l'*allumage*.

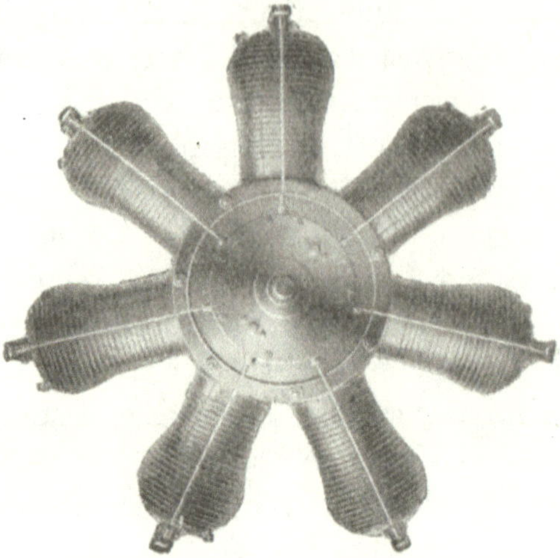

Fig. 86. – Moteur Gnome. (Vue d'ensemble).

Le premier moteur réalisé a été du type 50 chevaux ; alésage 110 mm, course 120 mm, d'un poids de 75 kg, donnant 48 chevaux utiles à 1200 tours, avec une consommation horaire de 22 l d'essence et de 5 l d'huile de ricin.

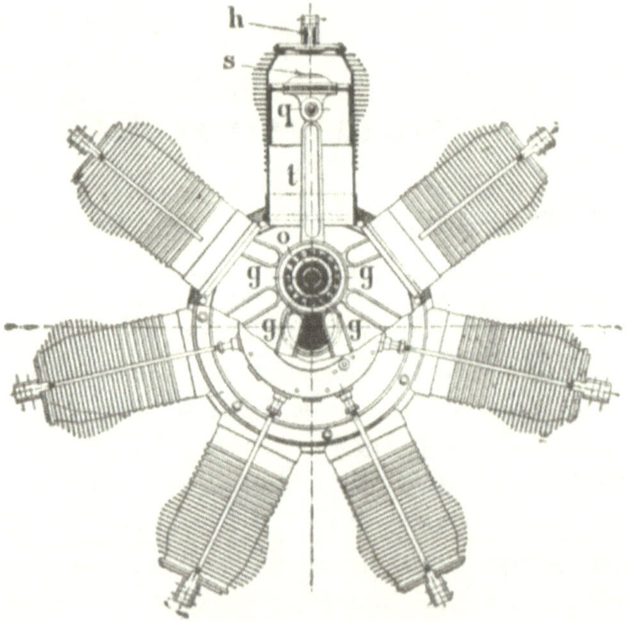

Fig. 87.– Coupe schématique transversale d'un moteur Gnome.
(Voir la légende à la figure suivante.)

a. Dans le moteur Gnome les seules pièces immobiles sont le vilebrequin, le carburateur, la magnéto, la pompe à huile et ses canalisations.

L'hélice est montée sur un des chapeaux ou nez du carter. Le moteur est fixé au fuselage par son vilebrequin.

Pour diminuer les effets de la force centrifuge, on a réduit le poids au minimum, en employant des aciers au carbone de première qualité, ou des aciers spéciaux de propriétés bien connues, en donnant aux pièces les sections exactement appropriées aux efforts supportés. Il n'entre dans le moteur aucune pièce fondue, tout est pris dans la masse, forgé ou estampé ; l'acier seul est employé, sauf dans quelques couvercles, dans les organes fixes comme la pompe ou la magnéto, qui sont en aluminium.

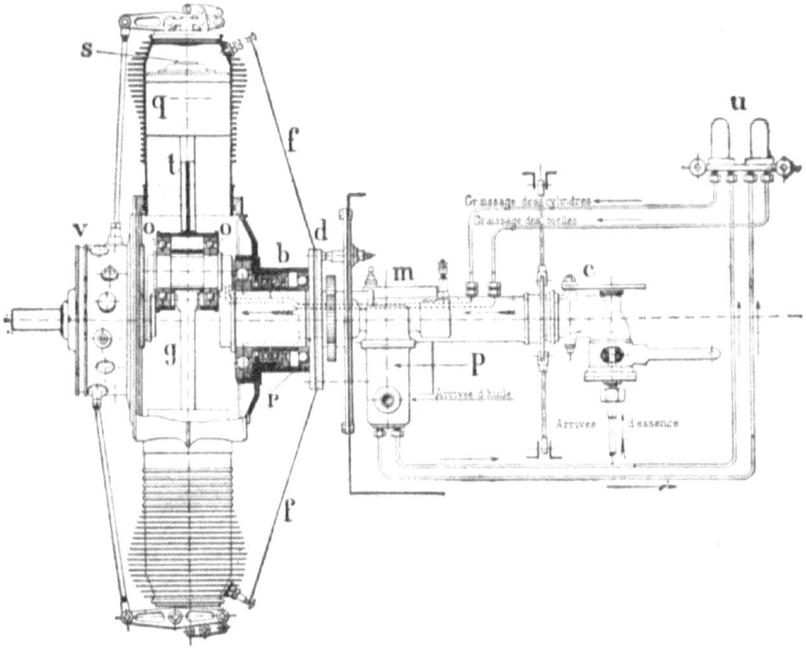

Fig. 88.– Coupe schématique longitudinale d'un moteur Gnome.

c	*Carburateur*
P	*Pompe à huile*
m	*Magnéto*
ff	*Fils d'allumage*
d	*Distributeur de courant*
b	*Boîte de butée*
p	*Roulements à bille de l'arbre*
v	*Boîte de distribution*
q	*Piston*
s	*soupape automatique d'aspiration*
h	*Soupape d'échappement commandée*
t	*Bielle maîtresse*
o	*Roulements à bille de la bielle maîtresse*
u	*Controleur de graissage*

La fixation des cylindres se fait de la façon simple suivante, qui assure une sécurité suffisante et permet un démontage rapide et facile (tout au moins pour un spécialiste) : les cylindres pénètrent, à frottement dur, dans leurs alvéoles ménagées sur la couronne en une seule pièce formant carter, une collerette, sorte de segment circulaire en acier dont un bord entre dans une rainure ménagée à cet effet, dans le cylindre, maintient celui-ci ; une clavette longue, à section triangulaire, bloque cette collerette et le cylindre ; une clavette plate empêche la dérive de celui-ci.

Grâce à la force centrifuge, dirigée suivant les axes des cylindres, l'effort latéral de renversement du piston sur le cylindre dû aux forces d'inertie et à l'effort de l'explosion est en quelque sorte atténué.

Le carter, en acier forgé, est en trois parties : une couronne portant les cylindres et deux plaques d'obturation, portant les roulements à billes de palier, qui les centrent sur le vilebrequin fixe. Des roulements de butée empêchent tout déplacement de la partie mobile du moteur par rapport au vilebrequin.

Une seule des sept bielles, la bielle maîtresse, est complète ; sa tête, qui embrasse la soie du maneton du vilebrequin, porte deux roulements à billes et les logements des six manetons sur lesquels agissent les six autres bielles ou biellettes. De la sorte, les courses de tous les cylindres ne sont pas rigoureusement exactes, mais le déséquilibre qui en résulte est insensible.

b. Le vilebrequin fixe, creux, fait communiquer le moteur avec l'extérieur ; c'est par son intérieur et le carter qu'arrivent aux cylindres le mélange tonnant et l'huile. Le carburateur occupe l'extrémité du vilebrequin et affecte extérieurement la forme d'une crosse ; il est non automatique, l'air primaire est constant, l'air additionnel est réglable par un volet ; un robinet à pointeau permet de régler le débit d'essence. Il n'y a pas de niveau constant, et il suffit que le réservoir soit en charge sur l'extrémité du gicleur de 10 cm environ.

Les gaz pénètrent dans le carter où ils sont brassés et réchauffés, puis attirés par la force centrifuge dans les cylindres, qu'ils rafraîchissent en continuant à se réchauffer, et où ils sont admis par des soupapes automatiques équilibrées placées au fond des pistons.

L'essence dissout environ 20 % d'huile, au maximum, sans qu'il en résulte d'inconvénient pour la carburation.

Pour échapper aux effets de la force centrifuge, chaque soupape d'admission est équilibrée par deux contrepoids, munis chacun d'un tenon engagé dans une mortaise de la tige de soupape et oscillant autour d'axes solidaires du guide de la soupape. Les ressorts de la soupape, qui rendent celle-ci solidaire des contrepoids, sont à lames ou en spirale. L'ensemble, constitué par la tige de commande et le culbuteur avec contrepoids, relatifs à chaque soupape d'échappement est équilibré dynamiquement autour de l'axe fixe du culbuteur.

La commande des tiges des culbuteurs qui ne travaillent qu'à la traction se fait au moyen de cames mobiles dans des colliers solidaires des Liges de commande et calées, à raison d'une par cylindre, sur un arbre qui entoure le vilebrequin et tourne deux fois moins vite que le moteur. Les soupapes d'échappement sont placées au fond et dans l'axe des cylindres de façon à faciliter l'évacuation complète des cylindres par les gaz de l'échappement. Les ressorts de ces soupapes sont protégés par une coupelle contre la flamme des gaz brûlés.

c. L'étanchéité du piston dans le cylindre est assurée, non par des segments en fonte, mais par des obturateurs spéciaux en laiton très légers. Ceux-ci sont soumis par suite, à une faible force centrifuge, assurent un frottement plus doux, et agissent à la façon des obturateurs de douilles d'obus, en s'appliquant sur les parois du cylindre, sous l'influence de la pression intérieure et par le jeu de leur propre élasticité.

d. Le graissage, surtout celui des pistons et des cylindres, par suite des pressions latérales considérables qui sont réalisées, présente une importance capitale ; il importe qu'il soit absolument sûr.

Le lubrifiant employé est l'huile de ricin, d'une fluidité suffisante, d'une viscosité variant très peu avec la température, ne se solidifiant qu'à une température de 15° au-dessous de zéro, tout en possédant un grand pouvoir adhérent, et produisant, par combustion, des produits moins charbonneux et moins durs que l'huile ordinaire. La pompe à huile est une pompe à piston plongeur, avec piston distributeur supprimant tout clapet ou bille, et réalisant par suite le maximum de sécurité. Elle est entraînée par une vis sans fin réduisant la vitesse du moteur dans le rapport de $^{1}/_{14,3}$. De la pompe à huile partent deux canaux dont l'un débouche par l'axe du vilebrequin à l'intérieur de la tête de bielle, l'autre au palier-support arrière et à la distribution placée en avant. L'excès d'huile projetée graisse les cylindres qui portent des petits trous à leurs bases (en face des gouttières ménagées dans le carter), les pistons et leurs axes (les pistons sont munis de petits trous au-dessous de l'obturateur destinés à laisser échapper l'huile en excès au fond des pistons, qui coopère ainsi au graissage, puis s'échappe à l'extérieur). Les canalisations d'huile extérieures traversent des cloches à air où chaque pulsation de la pompe est visible.

La consommation d'huile est ainsi assez considérable, et atteint, dans les moteurs actuels, près de 5 l à l'heure.

e. L'allumage est produit par une magnéto à haute tension, type I cylindre, tournant aux 7/4 de la vitesse du moteur et envoyant le courant au moyen d'un plot fixe à un distributeur solidaire du carter qui porte sept touches placées en face de l'axe de chaque cylindre et reliées aux bougies par des fils de laiton. Le courant est envoyé aux bougies des cylindres quand le plot se trouve successivement en face des touches 1, 3, 5, 7, 2, 4, 6.

La pompe et la magnéto sont placées symétriquement par rapport au vilebrequin, en arrière du moteur, fixées au support de vilebrequin appelé par le constructeur « moyeu de volant ». Elles sont commandées par un même pignon solidaire du carter.

Fig. 89.– Moteur Gnome de 100 chevaux.

Pour chacun des cylindres les quatre temps du cycle se produisent en des points fixes de l'espace, les mêmes pour tous les cylindres. Quand un cylindre s'est substitué à un autre, le moteur se retrouve dans le même état au point de vue du couple moteur et des forces d'inertie.

Le moteur Gnome 50 chevaux à sept cylindres (alésage 110 mm, course 120 mm) a été suivi par le moteur type de 100 chevaux (fig. 89), composé de deux moteurs de 50 chevaux accolés, c'est-à-dire comprenant un vilebrequin à deux manetons, commandés chacun par sept cylindres ; poids 130 kg, puissance 85 chevaux environ. Le graissage est assuré par deux pompes à huile ; l'allumage, par deux magnétos.

Est apparu ensuite le 70 chevaux sept-cylindres, analogue au 50 chevaux, dont il emprunte le vilebrequin ; alésage 130 mm, course 120 mm ; la nouveauté consiste dans la constitution du carter qui est en deux pièces boulonnées ensemble, enserrant les cylindres. Ce dispositif permet une meilleure fixation des cylindres, tant au point de vue de la résistance à la force centrifuge qu'au point de vue des efforts de renversement ; poids 85 kg, consommation 30 l d'essence, 7 l d'huile à l'heure ; à ce type correspond le 140 chevaux à double étoile, avec quatorze cylindres ; alésage 130 mm, course 120 mm, obtenu en accolant deux moteurs de 70 chevaux, les cylindres de l'un étant placés dans les créneaux formés par les cylindres de l'autre. L'allumage de chaque groupe de sept cylindres est obtenu par une magnéto indépendante. Le moteur est muni d'un distributeur unique. Le graissage est également assuré par deux pompes à huile.

La commande des soupapes d'échappement est obtenue au moyen d'un arbre à cames et de poussoirs munis de galets comme dans les moteurs d'automobiles, actionnant des tiges creuses poussantes. La puissance utile fourme à 1150 tours est de 127 chevaux pour une consommation horaire de 60 l d'essence et 15 l d'huile environ. Le poids est de 150 kg.

Dans les nouveaux moteurs, l'étanchéité des chambres d'explosion a été augmentée par l'emploi simultané d'obturateurs et de segments en fonte sur les pistons ; la sécurité de fonctionnement des soupapes d'admission a été accrue par la substitution de ressorts à boudins aux ressorts à lames ; le rapport de l'alésage à la course a diminué de façon à réaliser un meilleur rendement thermique et un refroidissement plus efficace.

On a ainsi construit :

1. - Le moteur type 60 chevaux, à sept cylindres ; alésage 120 mm, course 120 mm, pesant 85 kg et donnant 60 chevaux à 1200 tours avec une consommation horaire de 26 l d'essence et de 7 l d'huile.

2. - Le moteur type 80 chevaux à sept cylindres ; alésage 124 mm, course 140 mm, pesant 95 kg et donnant 74 chevaux à 1200 tours, diamètre d'encombrement 930 mm ;
3. - Le moteur type 100 chevaux à neuf cylindres ; alésage 124 mm, course 140 mm (comme le sept-cylindres), pesant 130 kg et donnant 96 chevaux à 1200 tours. Avec ce dernier, qui a 1,04 m de diamètre extérieur, il semble que l'on ait atteint l'encombrement maximum admissible.

En accolant deux des moteurs précédents, de façon à former deux étoiles, on a les moteurs à quatorze cylindres, type 120 chevaux, 160 chevaux, 180 chevaux, organisés comme les moteurs dérivés des moteurs 50 et 70 chevaux. Il semble qu'on soit arrivé là à la limite des rotatifs tant à cause de l'importance des forces centrifuges que de la complication mécanique, de la difficulté d'alimentation régulière et égale de tous les cylindres, et de l'effet gyroscopique.

Chaque combinaison mécanique a toujours, comme on sait, ses avantages et ses inconvénients ; c'est ainsi qu'on peut reprocher au moteur rotatif Gnome :

- d'être un peu brutal au départ, de manquer de souplesse, de ne pas supporter l'allure ralentie par suite du réglage de l'allumage et de la distribution, mais surtout de sa faible compression, de la constitution de ses obturateurs, dont l'étanchéité n'est pas parfaite aux faibles allures, de l'organisation des soupapes d'admission dont les ressorts sont tarés en vue de la marche à une certaine vitesse, tenu compte des effets de la force centrifuge sur les gaz contenus dans le carter ;
- d'absorber une partie notable de sa puissance à faire le ventilateur centrifuge ; de présenter une résistance notable à l'avancement ;
- de produire des effets gyroscopiques ;
- de consommer beaucoup d'huile, par suite de la difficulté de graissage résultant de l'augmentation de la pression du piston sur le cylindre et de la force centrifuge ;
- d'avoir une consommation d'essence élevée et un rendement thermique relativement faible ;
- d'être d'un entretien délicat et coûteux par suite de l'encrassement rapide des soupapes et des obturateurs et de la fragilité de ces organes, de l'extrême légèreté de la majorité des pièces dont la moindre usure nécessite le remplacement ;

- d'être d'une construction délicate et difficile, ce qui rend son prix de revient élevé ;
- d'être relativement fragile, et de ne pouvoir supporter aucune imperfection dans les moindres détails ;
- d'être exposé en particulier aux pannes graves de grippage des pistons et des cylindres qui rendent ces dernières pièces inutilisables par suite de leur faible épaisseur, aux dangers d'incendie par retour de flamme au carburateur toutes les fois qu'un défaut de fonctionnement de la soupape d'admission se produit.

Mais ces inconvénients sont largement compensés par les qualités suivantes, qui ont contribué puissamment aux progrès de l'aviation :

- grande simplicité, solidité suffisante ;
- refroidissement sûr en toute saison par suite du rapide déplacement des cylindres dans l'air, quelle que soit la vitesse d'avancement de l'appareil ;
- trépidations faibles ;
- équilibrage presque parfait des forces d'inertie ;
- grande régularité du couple moteur, grâce au puissant volant constitué par le carter et l'ensemble des cylindres, bielles et pistons, qui constitue à la fois un accumulateur d'énergie et un régulateur de mouvement ;
- très grande légèreté (moins de 1400 gr par cheval).

La Société des Moteurs Gnome cherche à faire disparaître une partie des inconvénients signalés ci-dessus et qui ne sont pas absolument inhérents au principe même du moteur rotatif (fragilité de la soupape automatique intérieure, manque de souplesse, grande consommation d'huile et d'essence) dans un nouveau modèle mono soupape actuellement à l'essai (fig. 90).

Dans ce moteur la soupape d'admission a été complètement supprimée, la soupape d'échappement subsiste seule. Le fonctionnement est basé sur la propriété que possède un mélange tonnant trop riche en vapeur d'essence de n'être pas inflammable sous l'action des gaz de la combustion à la température de la fin de leur détente.

Chaque cylindre est constitué comme un cylindre ordinaire avec la soupape d'échappement au fond, mais à sa base il comporte au-dessous de la collerette de fixation au carter les ouvertures d'admission latérales à hauteur d'un renflement du carter ; ces ouvertures sont découvertes

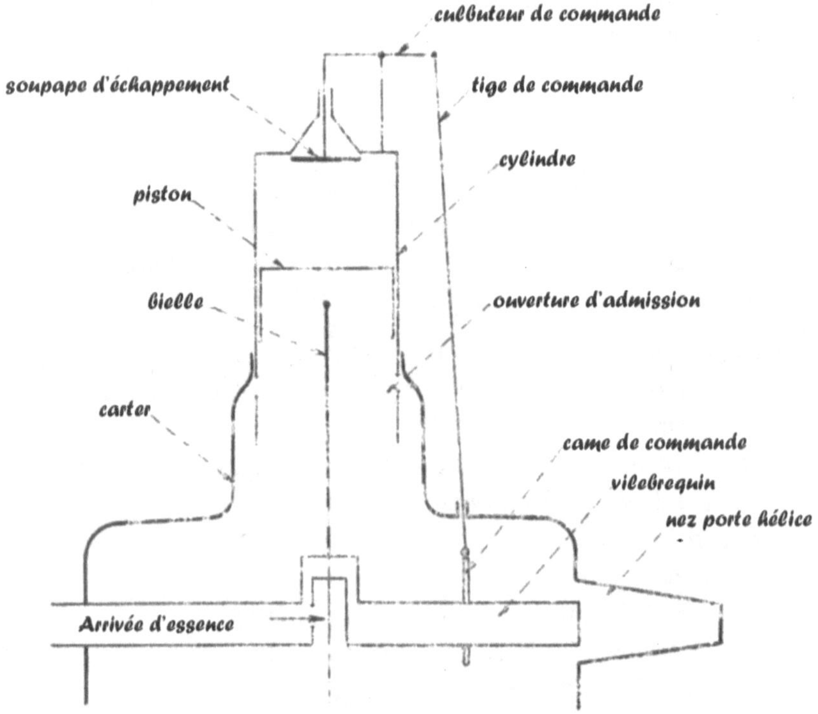

Fig. 90. – Schéma de moteur Gnome mono soupape.

quand le piston est à fond de course et mettent ainsi l'intérieur du cylindre, et par suite la chambre d'explosion, en communication avec le carter qui est toujours rempli d'un mélange gazeux très riche.

Le fonctionnement est le suivant (fig. 90) :

Premier temps. — Aspiration : le piston s'éloigne du fond du cylindre ; la soupape d'échappement est maintenue ouverte, de sorte que la chambre d'explosion et le cylindre se remplissent d'air ; en même temps la soupape d'échappement et le cylindre sont refroidis ; lorsque le piston arrive à hauteur des fenêtres du cylindre, la soupape d'échappement se ferme et un gaz carburé très riche est absorbé dans le carter ; ce gaz se dilue dans l'air déjà aspiré de manière à former un mélange tonnant ayant les proportions voulues.

Deuxième temps. — Le piston se rapprochant du fond du cylindre ferme les ouvertures d'admission, isole ainsi le carter de l'intérieur du cylindre et comprime le mélange gazeux.

Troisième temps. — L'explosion est produite par l'étincelle d'allumage dans les conditions habituelles et le piston s'éloigne à nouveau du fond du cylindre sous l'influence de la détente des gaz explosés. C'est le temps moteur. Avant la fin de la détente, la soupape d'échappement s'ouvre (c'est l'avance à l'échappement légèrement augmentée ici), de sorte qu'au moment où le piston découvre les ouvertures d'admission du cylindre, les gaz brûles sont suffisamment détendus pour être à une pression comparable a celle des gaz contenus dans le carter du fait de l'aspiration des autres cylindres, des mouvements des autres pistons et de la force centrifuge. L'expérience montre qu'on n'a pas d'explosion, et que s'il y a des échanges gazeux entre le cylindre et le carter, ils sont faibles et en tout cas ne nuisent pas au rendement puisque, en fait, la consommation par cheval-heure est plutôt diminuée. Cela tient en même temps à ce que la compression a pu être augmentée.

Quatrième temps. — Le piston se rapproche à nouveau du fond du cylindre en chassant devant lui les gaz brûlés par la soupape d'échappement maintenue ouverte, et les phases se reproduisent dans le même ordre.

La même pompe à huile a été maintenue, mais sa consommation a pu être diminuée ; le fond du piston ne comportant plus de soupape d'admission, l'huile ne pénètre plus en même temps que le gaz tonnant dans la chambre d'explosion, et par suite la quantité expulsée par la soupape d'échappement est diminuée. Le graissage du cylindre est amélioré, car il peut se faire par l'intérieur de l'âme de la bielle et de l'axe du pied de bielle.

Le carburateur est supprimé et est remplacé par une simple tuyauterie d'arrivée d'essence à l'intérieur du vilebrequin, alimentée par un réservoir en charge, ou par une pompe à essence à engrenages à débit réglable.

La souplesse du moteur est obtenue en agissant sur le moment, les durées et la valeur de la levée de la soupape d'échappement, ce qui permet d'avoir une cylindrée plus ou moins complète et avec des proportions plus ou moins parfaites. Pour ralentir, on réduit la durée de l'admission d'air par la soupape d'échappement ; à l'extrême ralenti l'admission d'air par les divers joints du carter et le passage des tiges de culbuteurs est presque suffisante.

Pour agir sur la levée des soupapes on fait varier la longueur du bras de levier utile du basculeur interposé entre les cames de la distribution et les poussoirs des tiges de commande de soupape. On agit sur chacun de ces basculeurs au moyen d'un galet mobile actionné par un volant à vis sans fin placé près du pilote, et une timonerie appropriée.

On a prévu dans ce type les moteurs suivants :

a. Moteur 80 chevaux à sept cylindres ; alésage 110 mm, course 150 mm, donnant 80 chevaux à 1200 tours, avec une consommation horaire de 35 l d'essence et 6 l d'huile. Poids 95 kg, diamètre d'encombrement 880 mm ;

b. Moteur 100 chevaux à neuf cylindres ; même alésage et même course ; poids 105 kg, diamètre d'encombrement 950 mm ;

c. Moteur 125 chevaux ; alésage 125 mm, course 150 mm neuf cylindres, poids 135 kg ; diamètre d'encombrement 965 mm ;

d. Moteurs 160 chevaux, 200 chevaux, 250 chevaux, à quatorze et dix-huit cylindres, obtenus en accolant successivement deux des moteurs des types précédents ; le poids du moteur 200 chevaux à dix-huit cylindres est de 205 kg.

Moteurs rotatifs à soupapes commandées

Pour augmenter le rendement thermique, réaliser des cylindrées plus complètes et plus égales, et, par suite, s'approcher de la régularité de marche et de la souplesse des moteurs à explosion fixes, on a cherché à utiliser comme dans ceux-ci des soupapes d'admission commandées.

On est limite dans les compressions admissibles par les nécessités du refroidissement des cylindres et des soupapes, par les difficultés de réalisation du graissage des pistons et de l'étanchéité des chambres d'explosion.

Avec un moteur rotatif en effet, il se produit dans le courant d'air qui entoure chaque cylindre, une zone de dépression qui correspond à une zone de moindre refroidissement, et dont la position dépend des sens de rotation et d'avancement du moteur, et des valeurs relatives des vitesses de rotation et d'avancement. Cette zone se trouve toujours du côté de la face du cylindre opposée au sens de rotation où l'étanchéité de la chambre d'explosion est la moins bien assurée.

La commande des soupapes d'admission intérieures, placées au fond du piston comme dans le moteur Gnome, entraîne des complications mécaniques inadmissibles. On verra dans les moteurs spéciaux les tentatives de distribution par tiroir intérieur.

Aussi tous les moteurs actuels à soupapes commandées ont celles-ci placées à l'extérieur des cylindres et au fond de ceux-ci.

L'entrée des gaz carbures doit nécessairement, pour éviter des joints compliqués, se faire par l'intérieur du vilebrequin et du carter, ce qui constitue d'ailleurs un des meilleurs dispositifs pratiques pour réchauffer les gaz, tout, en refroidissant utilement le moteur. Des précautions doivent être prises, dans l'établissement des canalisations extérieures reliant le carter aux soupapes, pour éviter les condensations.

Le réchauffage des gaz carburés par les gaz brûlés n'est pas impossible ; l'échappement se produisant pour tous les cylindres suivant le même arc fixe de l'espace il suffit de disposer à cet endroit, et à une distance des soupapes suffisante pour ne pas gêner l'évacuation des gaz brûlés et le refroidissement du moteur, une tuyauterie constituant une prise d'air chaud.

Nous étudierons d'abord ceux qui, comme le Gnome, ont les cylindres fixés d'une façon rigide au carter, et qui ont donné des résultats pratiques.

Le problème de la distribution a donné lieu à des solutions ingénieuses. Dans le moteur Gnome, on a adopté la solution simple et sûre, consistant en un manchon porte-cames, muni d'autant de cames indépendantes accolées qu'il y a de cylindres, celles-ci étant décalées chacune de l'angle correspondant à deux cylindres consécutifs ; l'arbre porte-cames tourne à la demi-vitesse du moteur. La distribution de chaque cylindre se fait comme s'il était isolé.

M. Robert Esnault-Pelterie, comme on a vu précédemment, a donné une solution de la distribution par came unique pour un moteur en étoile fixe, qui peut s'appliquer intégralement aux moteurs en étoile rotatifs, les mouvements rotatifs des cylindres par rapport au vilebrequin étant les mêmes, mais de sens inverse. D'après cette solution, si N est le nombre des cylindres, et si on suppose que la came tourne en sens inverse du vilebrequin, la distribution peut être réalisée au moyen d'une came comprenant (N-1)/2 bossages et tournant N-1 fois moins vite que le vilebrequin.

Si la came tourne dans le même sens que le vilebrequin, il suffit de changer le signe de l'angle x (fig. 85) et de le supposer à droite au lieu d'être à gauche de l'axe du cylindre 1 ; l'équation 1 donnant la valeur β de l'entraxe angulaire de 2 cames consécutives devient alors :

$$\beta = 2\alpha - x$$

Le reste du raisonnement demeure le même, et on trouve :

$$\beta = 2\pi / ((N+1)/2) \quad \text{(au lieu de} \quad \beta = 2\pi / ((N-1)/2)$$

Il faut employer une came à (N+1)/2 bossages tournant N + 1 fois plus petite que celle du vilebrequin, et dans le même sens que lui.

Mais cette solution suppose implicitement que la came tourne à la vitesse minimum, et qu'elle est solidaire d'un disque centré sur le vilebrequin.

Or on conçoit qu'il soit possible de monter la came sur un arbre excentré par rapport à l'axe du moteur et de supposer qu'elle tourne à une vitesse très voisine ou même supérieure à celle du vilebrequin ou des cylindres, suivant les cas (fig. 91).

La distance du point le plus proéminent de la came à cet axe est alors variable et est maximum lorsque ce point se trouve dans la direction du rayon de l'excentrique.

On a toujours, en conservant aux mêmes lettres les mêmes significations (α est l'angle de 2 cylindres) :

$$\alpha = 2\pi / N$$

L'angle β de deux bossages consécutifs *d* et *f* ou *d* et *f '* peut toujours être représenté par la relation :

$$\beta = 2\alpha + x$$

C'est l'angle dont tourne la came quand le moteur tourne de l'angle 2 α. Quels que soient N et α, il faut qu'au bout de deux tours de vilebrequin (ou des cylindres) (soit un angle parcouru égal à 4 π), un bossage se présente de nouveau sous le cylindre n° 1 ; supposons que ce soit le bossage suivant, distant du précédent d'une distance angulaire β, mais que la came ait pendant le même temps tourné de deux tours correspondant à un cycle complet augmentés de β, soit 4 π + β. Cela ne présente aucun inconvénient, puisqu'en dehors de la direction OO_1 du rayon d'excentrage, le bossage utile de la came n'est plus à la bonne distance de O pour agir à son maximum sur les poussoirs de soupapes. On doit donc avoir la proportion

$$\beta / 2\alpha = (\beta + 4\pi) / 4\pi$$

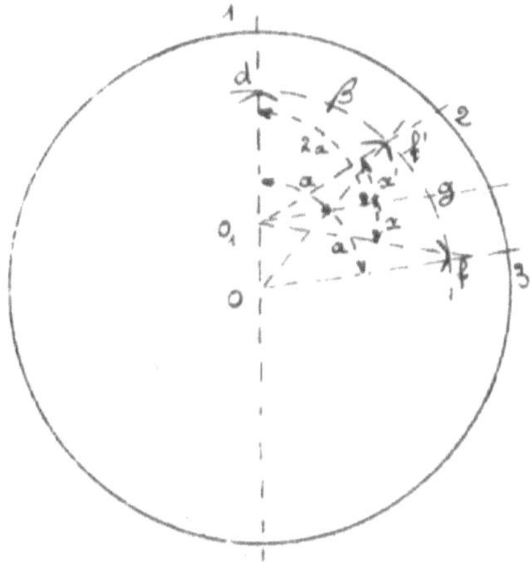

Solution géométrique : ($o\ g$ est parallèle à $o.\ 3.$).

1er *cas.* — x positif (bossage $d.f.$) l'angle $d.\ o_1.f.$ est supérieur à l'angle $1.\ o.\ 3.$
2e *cas.* — x est négatif (bossages d et f') l'angle $d.\ o_1.f'.$ est inférieur à l'angle $1.\ o.\ 3$; $o1$, $o2$, $o3$, sont les axes de cylindres consécutifs.

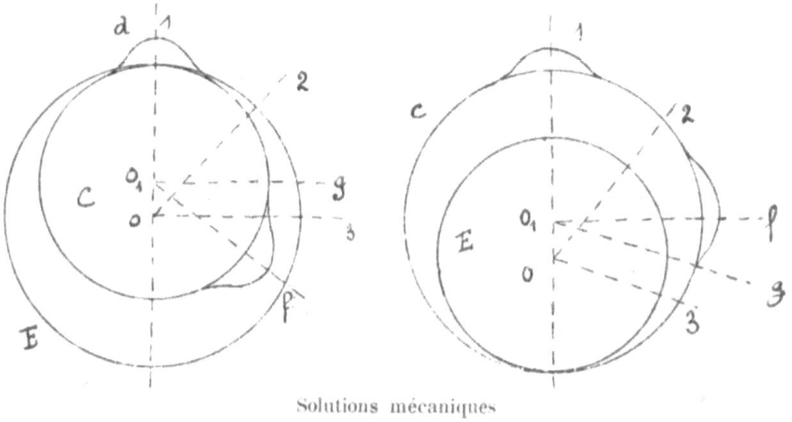

Solutions mécaniques

1er *cas.* — x est positif, cas du moteur Clerget. O, centre du moteur et du pignon E d'entrainement ; O_1, centre de la came C engrenée par le pignon E et portant les bossages d, f.

2e *cas.* — x est négatif, cas du moteur le Rhône. O, centre du moteur et du pignon d'entraînement E ; O_1, centre de la came C engrenée par le pignon E et portant les bossages d, f'.

Fig. 91. — Schéma de distribution par came excentrée.

soit

$$(2\alpha + x) / 2\alpha = (\beta + 4\pi) / 4\pi \quad \text{ou} \quad 1 + (x/2\alpha) = 1 + (\beta/4\pi)$$

expression qui se réduit à :

$$x/2\alpha = \beta/4\pi$$

C'est la même relation que celle indiquée par M. Pelterie ; on en tire, par le même calcul, la même valeur pour β entre axe des bossages, à savoir :

$$\beta = 2\pi \ / \ (N-1)/2$$

Donc comme plus haut, lorsque x est positif (cas du moteur Clerget), c'est-à-dire que β est supérieur à 2 α, le nombre des bossages est égal à (N-1)/2 ; pour N = 7, on a donc trois bossages ; le rapport des vitesses de rotation est égal à :

$$\begin{aligned}(\beta + 4\pi) / 4\pi &= [(4\pi / (N-1)) + 4\pi] / 4\pi \\ &= (1+(N-1)) / (N-1) = N / (N-1)\end{aligned}$$

pour N = 7, le rapport des vitesses de rotation est égal à 7/6.

Lorsque x est négatif (cas du moteur Le Rhône), c'est-à-dire quand β est inférieur à 2 α, on a, comme plus haut :

$$\beta = 2\pi \ / \ (N+1)/2$$

La came a (N+1)/2 bossages.

Pour N = 7, on a quatre bossages et le rapport des vitesses de la came et du vilebrequin est égal à

$$\begin{aligned}(4\pi - \beta) / 4\pi &= [4\pi - (4\pi / (N+1))] / 4\pi \\ &= 1 - (1 / (N+1)) = (N+1-1) / (N+1) \\ &= N / (N+1)\end{aligned}$$

Pour n = 7 le rapport des vitesses est donc égal à 7/8.

Les divers moteurs diffèrent soit par la nature du mouvement cinématique adopté, soit par le dispositif mécanique correspondant employé.

Les soupapes placées nécessairement au fond des cylindres seront toujours commandées par des culbuteurs de types variés.

Les divers modèles de moteurs diffèrent en outre par les solutions particulières données aux problèmes spéciaux que pose le moteur rotatif, par suite de la force centrifuge ; c'est ainsi qu'ils se distinguent par le mode de fixation des cylindres, le mode de montage du vilebrequin et des têtes de bielles sur le maneton unique, la forme et la position des tuyauteries d'admission, certains détails de graissage, la nature des segments, la constitution des carters et des cylindres.

Moteur Rossel-Peugeot (92 à 95). — C'est un moteur en étoile, à sept cylindres en acier ; alésage 105 mm, course 110 mm, pesant 78 kg et donnant 45 chevaux à 1050 tours.

Ses principales différences avec le moteur Gnome sont les suivantes

1. – Alimentation. Les gaz tonnants sont encore admis par l'intérieur du vilebrequin et pénètrent dans le carter, pour s'échauffer, mais en ressortent pour arriver, par des canalisations extérieures, aux soupapes d'admission commandées ;

2. – Construction. — Toutes les bielles sont égales, et leur axe passe constamment par le centre du maneton fixe.

Elles sont, dans ce but, réparties autour d'un anneau mobile autour de ce maneton ; leur pied comprend une face d'appui qui coulisse dans la gorge circulaire de l'anneau et un disque mince qui sert de guidage ; les bielles sont déportées par rapport à leur pied, de façon à pouvoir être toutes dans le même plan.

Les pistons sont munis de segments en fonte dont les faces d'appui sont déterminées de façon à leur permettre de se détendre par élasticité, malgré l'effet de la force centrifuge. Le carter est en deux parties réunies par des boulons et enserrant les cylindres.

Les cylindres sont à fond plat, avec allumage au centre.

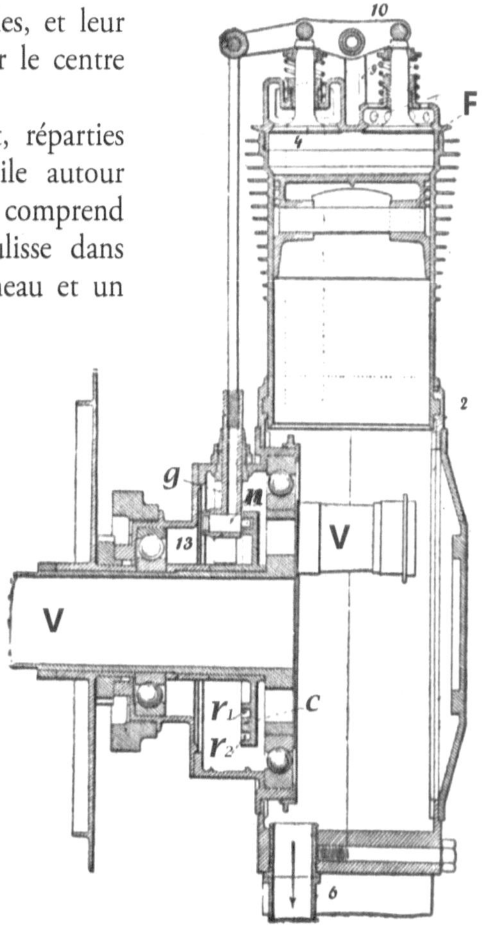

Fig. 92.– Moteur Rossel-Peugeot. Coupe longitudinale.
A, tuyau d'aspiration communiquant avec le carter ; F, culasse rapportée et vissée ; V, vilebrequin en porte-à-faux ; c, came à 2 rainures r_1 et r_2, ; n, navette ; g, guide.

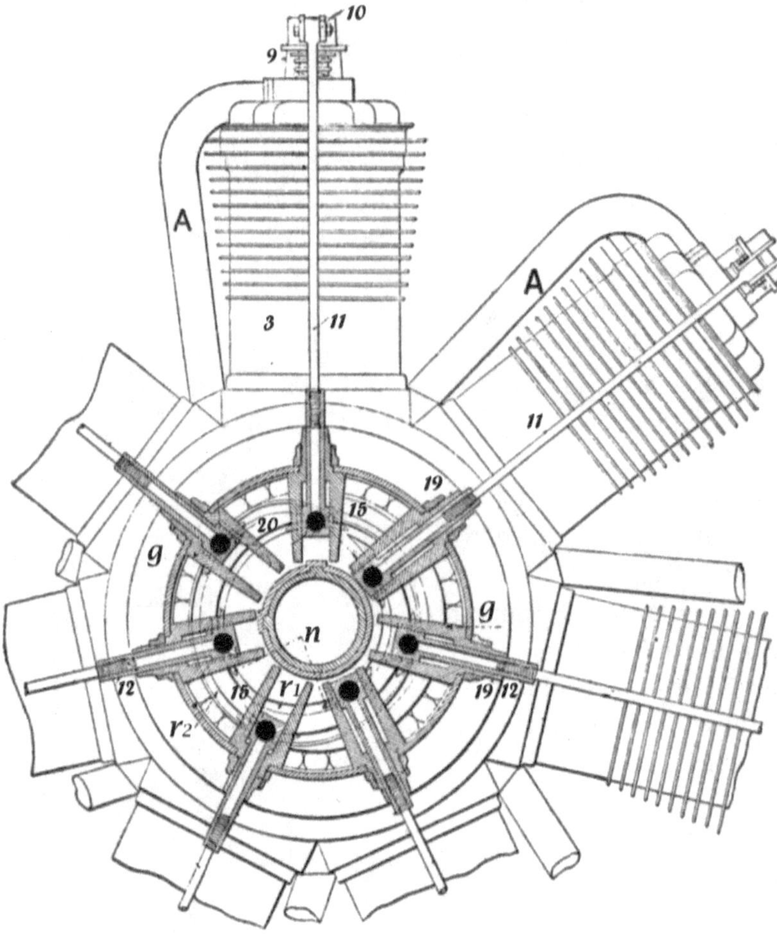

Fig. 93. – Moteur Rossel-Peugeot. Coupe transversale.
A, tuyau d'aspiration communiquant avec le carter ; F, culasse rapportée et vissée ; V, vilebrequin en porte-à-faux ; c, came à 2 rainures r_1 et r_2, ; *n*, navette ; *g*, guide.

Les deux soupapes sont commandées par balancier et culbuteur unique ;

3. - Fonctionnement. — La compression est un peu plus forte que dans le Gnome (4 kg au lieu de 3,75 kg).

L'avance à l'échappement est également importante, 50° environ, au lieu de 60° dans le Gnome.

Le graissage est fait sous pression, à travers le vilebrequin, par une pompe à palette.

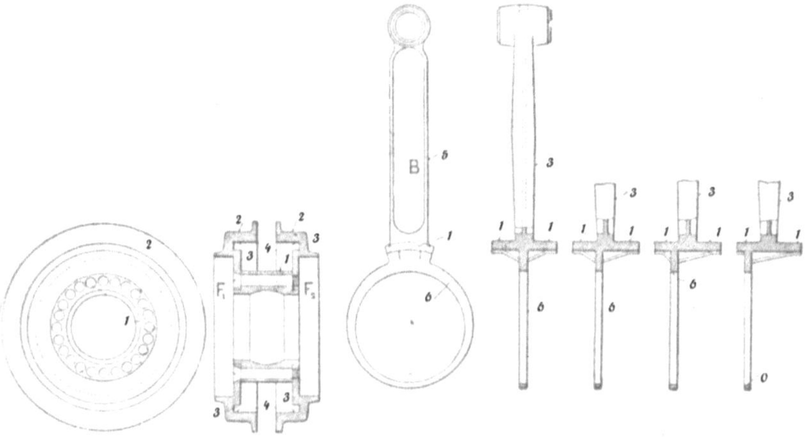

Fig. 94. – Disposition du coussinet à billes et des têtes de bielle du Rossel-Peugeot.
F_1, F_2, logement des deux roulements à billes ;
B, une des bielles avec sa tête formant anneau.

4. – Distribution. — Le moteur est muni d'un dispositif de distribution ingénieux par came unique, munie d'une rainure en double boucle avec point de croisement. Cette rainure sert de guide à chacune des navettes solidaires des tiges de commande des culbuteurs. La navette est assez longue pour se diriger dans le bon sens du mouvement en passant au croisement (fig. 93-95).

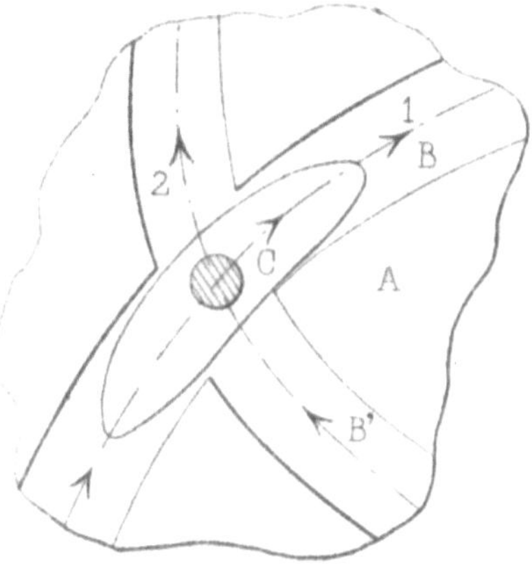

Fig. 95. – Schéma du passage de la navette à l'aiguillage.

Le principe de fonctionnement de cette came est analogue à celui du moteur R. E. P. ; seulement, ici, la came est fixe ; le système a l'avantage d'être très simple et de supprimer tout engrenage.

Comme autres particularités, on peut citer les suivantes : les cylindres ont une culasse vissée dans le haut en vue d'obtenir une économie de main-d'œuvre et un enlèvement plus facile ; afin de raccourcir le moteur, le vilebrequin ne traverse pas l'une des faces du carter, il ne comporte qu'un demi-coude, travaillant ainsi en porte-à-faux et sur lequel les bielles sont articulées. Le vilebrequin est supporté par deux roulements à billes ; les divers organes de distribution sont tous situés du même côté, l'autre reste libre pour recevoir l'hélice.

Verdet (fig. 96 et 97). — Moteur à sept cylindres ; alésage 108 mm, course 120 mm, pesant 85 kg et donnant une puissance de 60 chevaux à 1300 tours. Ce moteur diffère du précédent :

1. - Par l'emploi de soupapes d'admission et d'échappement petites et doubles, commandées par un culbuteur unique, dans le but d'assurer, d'une façon plus sûre, le remplissage complet des cylindres et l'expulsion des gaz brûlés et de diminuer les effets de la force centrifuge ;

Fig. 96.– Moteur Verdet.

2. - Par l'emploi d'une came unique tournant aux 7/8 de la vitesse du moteur.
   Les soupapes d'échappement sont seules commandées, en réalité, pendant la marche normale ; les soupapes d'admission s'ouvrent, en effet, automatiquement, et se referment sous l'influence de la force centrifuge ; le culbuteur a pour effet de régler la vitesse et le moment de la fermeture ;
3. - Par un dispositif spécial du montage des bielles, ayant pour but, comme dans le Canton-Unné, d'amener l'axe de chacune d'elles

à passer par le centre du maneton au moment des fins de course et d'avoir, pour tous les cylindres, des déplacements angulaires égaux et, par suite, des cycles absolument comparables.

Ces dispositifs sont évidemment ingénieux, mais entraînent des complications que l'expérience seule justifiera.

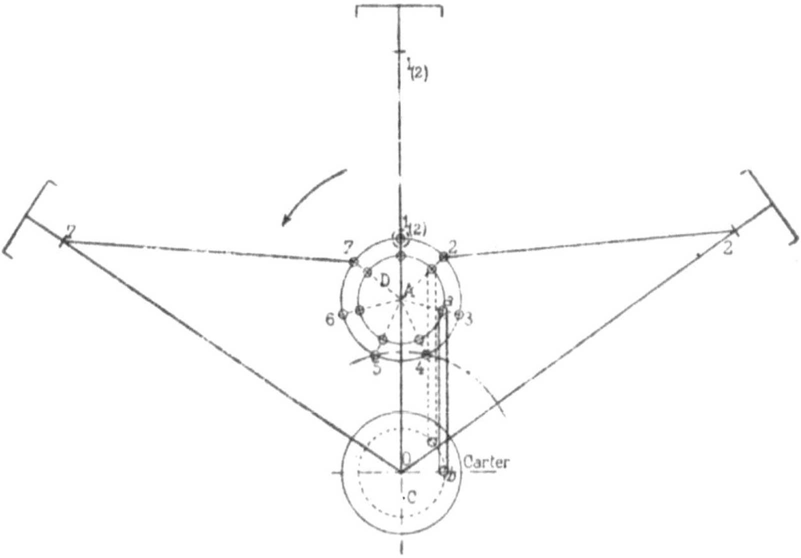

Fig. 97. – Schéma du moteur rotatif Verdet (dispositif de commande de rotation du maneton D).

OA, manivelle fixe ; ab, bielle de commande de rotation (Aα = Ob). (Traits pleins : point mort haut dans le cylindre 1 ; traits pointillés : point mort haut dans le cylindre 2) ; C, disque fixé au carter ; D, maneton.

Les perturbations de couple moteur qui se produisent, en effet, dans le Gnome, par exemple, ou dans le R. E. P., ou dans le Clerget à huit cylindres en V, où les bielles n'ont pas des déplacements angulaires rigoureusement égaux sont, en effet, pratiquement insensibles.

Afin de diminuer les frottements des pistons contre les parois des cylindres, ceux-ci se composent d'une bague en fonte douce intérieure, frettée par une enveloppe en acier forgé qui porte les ailettes ; les cylindres et leur fourreau en fonte sont réunis au carter au moyen d'un filetage. Cette particularité a l'avantage de permettre le démontage d'un cylindre sans toucher aux autres pièces du moteur.

Des précautions doivent, par contre, être prises pour supprimer tout risque de dévirage.

Moteur Clerget. — Deux types existent actuellement : les sept-cylindres type 50-60 chevaux, et le sept-cylindres type 80 chevaux (fig. 98).

Fig. 98 – Moteur Clerget à sept cylindres.
Vue d'ensemble ; le couvercle du carter enlevé laisse voir la distribution.

Le carter est en deux pièces enserrant les cylindres, la partie avant contient toujours la distribution, la partie arrière, les embases des tubulures d'admission. Un plateau-couvercle placé à l'arrière porte le vilebrequin, il est muni de roulements annulaires à billes ordinaires et d'un roulement à billes de butée destiné à résister aux efforts de l'hélice. Sur la face avant du carter se fixe, comme dans le moteur Gnome, le nez porte hélice.

Le vilebrequin est, soit en deux pièces, le coude avant portant la distribution pouvant prendre un léger déplacement par rapport au coude arrière fixe qui est établi assez robuste pour travailler complètement en porte-à-faux, soit en trois pièces complètement solidaires.

Le vilebrequin est monté à cône dans le plateau qui sert de support au moteur avec un dispositif de déblocage par vis.

Les cylindres sont à fond plat, en acier au nickel, pris dans la masse, y compris le logement de bougie ; les soupapes sont disposées parallèlement au fond du cylindre, sur des sièges démontables. La soupape d'admission peut être retirée par l'intérieur, une fois le siège d'échappement enlevé. Pour faciliter le refroidissement, la soupape d'échappement est placée à l'avant, dans le sens du mouvement de rotation ; la tubulure d'admission est située dans le sillage probable des gaz chauds de façon à être réchauffée et à éviter les condensations.

Les soupapes, leurs culbuteurs avec contrepoids et leurs tiges de commande sont équilibrés par rapport à la force centrifuge.

Les pistons sont en fonte et comportent à la fois et des segments en fonte, et un groupe de segments élastiques en laiton emboîtés l'un dans l'autre à la partie supérieure, et jouant le rôle des obturateurs Gnome.

Les bielles sont à section cylindrique, creuse au lieu d'être à section en double T comme le Gnome ; leur montage sur le maneton unique est analogue à celui du moteur Gnome (fig. 99).

Une bielle principale munie d'une tête de bielle en forme de tambour dans le pourtour duquel sont fixés les axes de six autres biellettes ; la bielle principale est montée sur le maneton unique par deux roulements à billes.

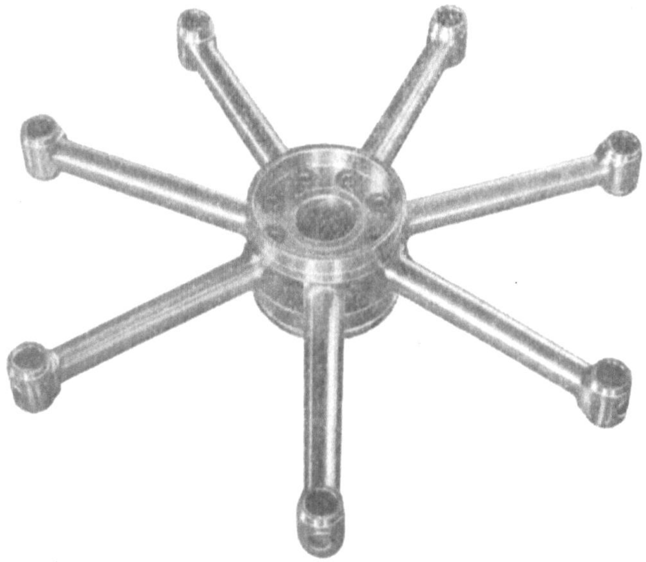

Fig. 99.– Embiellage Clerget.

Le graissage est assuré sous pression : l'huile est refoulée par la pompe à une des ouvertures pratiquées dans le vilebrequin creux, d'où elle est conduite, par des tuyauteries intérieures constituées par les plissements longitudinaux d'un manchon en tôle de cuivre, aux roulements-supports du vilebrequin, au maneton et à la distribution. L'huile en excédent est projetée et graisse les cylindres par barbotage Ce graissage est complété par l'huile que la force centrifuge refoule par l'axe de la bielle puis par l'axe du piston.

La pompe à huile est une pompe à piston à débit variable ; le piston mû par un excentrique à commande par vis hélicoïdale, vient à fond de course affleurer le fond du cylindre ; celui-ci porte les ouvertures d'aspiration et peut être déplacé de façon à faire varier la grandeur de celle-ci. Une bille avec ressort sert de clapet de retenue.

L'allumage est organisé comme dans le Gnome ; un pignon droit, monté sur les extrémités arrière du carter entraîne, aux 7/4 de la vitesse du moteur pour le sept-cylindres, une magnéto supportée par le plateau de fixation du moteur.

La magnéto envoie le courant par l'intermédiaire d'un distributeur à 7 plots solidaire du carter. Le pignon d'entraînement de la magnéto est solidaire d'un plateau divisé à 100 dents, de façon à permettre le réglage sans démontage (dans le Gnome, ce pignon est calé à demeure sur l'arbre de la magnéto).

La distribution est réalisée d'une façon simple et originale (fig. 100) : schématiquement, elle comprend une came en étoile à trois bossages en forme de chevilles, excentrée par rapport à l'axe du moteur et entraînée par une couronne qui est solidaire du carter et munie intérieurement d'encoches à raison d'une encoche en face de chaque cylindre ; l'écartement de deux chevilles consécutives de l'étoile, suivant l'arc du cercle dans lequel l'étoile est inscrite est égal à la distance des encoches prises de deux en deux sur la couronne dentée intérieurement. L'étoile a ainsi un mouvement épicycloïdal par rapport à cette couronne.

Il en résulte que, périodiquement, tous les deux septièmes de tour une cheville de l'étoile se trouve en face et au fond d'une encoche de la couronne, et est susceptible par suite, de repousser le poussoir de la tige de soupape du cylindre correspondant.

Nous avons vu plus haut que la vitesse de rotation de l'étoile est les sept sixièmes de celle du vilebrequin.

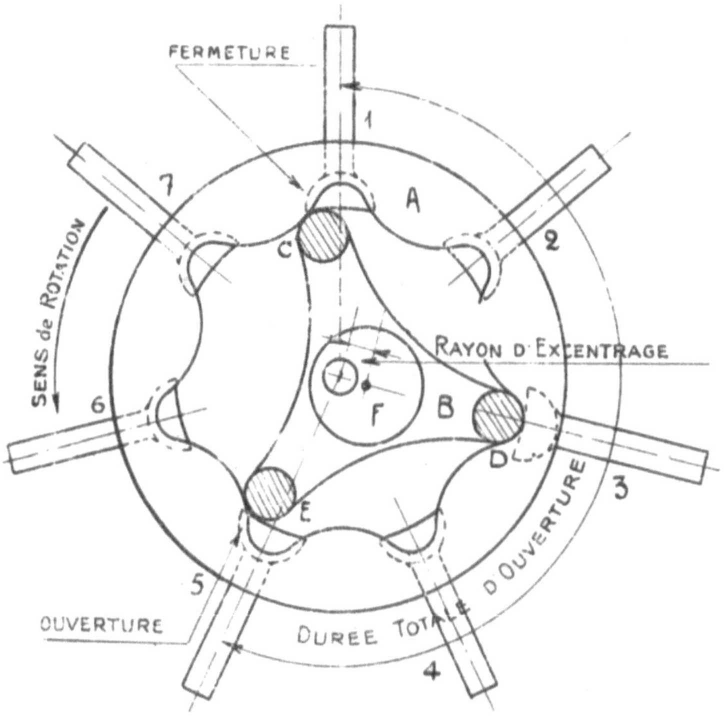

Fig. 100. – Schéma de la distribution Clerget.
Légende. – 1,2, 3, 4, 5, 6, 7, taquets commandant les soupapes ; A, couronne dentée intérieurement, concentrique au carter ; B, étoile mobile montée excentriquement à la couronne ; C. D, E, chevilles actionnant les taquets ; F, excentrique fixé sur l'arbre autour duquel tourne l'étoile.

La levée maximum du poussoir de commande de soupape pourrait être égale au double du rayon d'excentrage ; comme la durée totale de l'ouverture doit correspondre à un arc inférieur à 360° pour l'étoile excentrée, la levée obtenue est réduite et égale à la flèche de l'arc de cercle ayant pour rayon le rayon d'excentrage et comme angle au centre l'angle correspondant au chemin parcouru par l'étoile pendant la durée totale d'ouverture de la soupape. La direction du rayon d'excentrage est celle de la bissectrice de l'angle dont les côtés correspondent l'un à la position du cylindre au moment de l'ouverture de la soupape, l'autre à la position du cylindre au moment de la fermeture de la soupape. La levée maximum est obtenue quand une des chevilles de l'étoile se trouve dans la direction du rayon d'excentrage. Les levées de soupapes se produisent ainsi comme les explosions de l'ordre 1, 3, 5, 7, 2, 4, 6, 1, en supposant les cylindres numérotés dans l'ordre inverse du sens de rotation du moteur.

En pratique, pour obtenir un entraînement plus régulier de l'étoile par la couronne, l'étoile à trois branches est rendue solidaire d'un véritable pignon d'engrenage (fig. 98) comprenant outre les dents correspondant aux trois chevilles ci-dessus, des dents intermédiaires ; le nombre des encoches de la couronne fixe est augmenté dans un rapport tel que le rapport des vitesses de rotation de la couronne et de l'étoile reste égal à sept sixièmes. On peut prendre par exemple quatorze et douze dents. Les dents doivent être taillées suivant des profils rigoureusement déterminés pour réduire au minimum les glissements.

Le raisonnement précédent est indépendant de la nature des soupapes, admission ou échappement.

La distribution comprend ainsi accolés deux dispositifs semblables au précédent, décalés de la quantité voulue.

La levée des soupapes d'admission et d'échappement peut être variable tout en conservant le même rayon d'excentrique.

Le carburateur est du type automatique sans niveau constant, avec boisseau rotatif réglant à la fois les sections d'admission de l'air et des gaz, et aussi le débit d'essence par variation de la distance à l'extrémité du gicleur, d'un diffuseur spécial. Le ralenti obtenu est de 600 tours environ.

Le moteur type 80 chevaux à sept cylindres, alésage 120 mm, course 150 mm, poids 105 kg, donne 78 chevaux à 120 tours ; consommation horaire 33 l d'essence, 7 l d'huile ; diamètre d'encombrement 930 mm, longueur 861 mm.

Moteur "Le Rhône". — Les figures 101 et 102 donnent une vue d'ensemble des moteurs à sept et à neuf cylindres.

Le carter est en une seule pièce, les cylindres sont vissés dans leur logement et bloqués par un écrou. Les cylindres sont en acier pris dans la masse, avec une chemise intérieure en fonte destinée à diminuer les frottements ; la chemise est introduite à la presse.

Les soupapes sont placées au fond du cylindre et inclinées par rapport à l'axe du cylindre, de telle façon que leurs axes prolongés rencontreraient l'axe de rotation du moteur ; de la sorte, la force centrifuge agit normalement sur elles.

La soupape d'échappement est située en avant par rapport au sens de rotation du cylindre.

Le fond du cylindre est en forme de calotte sphérique ; les fonds de cylindre étaient creux dans les premiers moteurs de façon à avoir une chambre d'explosion se rapprochant de la forme hémisphérique qui donne théoriquement le meilleur rendement thermodynamique. Dans les nouveaux, le piston est au contraire bombé de façon à être plus résistant. Les pistons sont en fonte et munis de segments en acier spécial très élastique, avec une base légèrement conique, permettant de supprimer l'obturateur en laiton.

Fig. 101.– Ensemble du moteur Le Rhône, à sept cylindres.

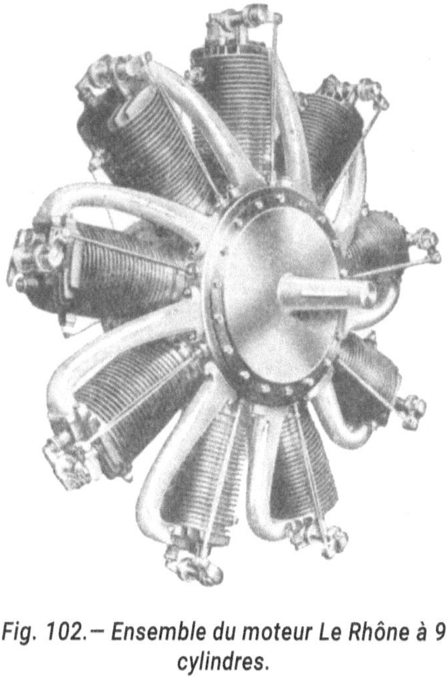

Fig. 102.– Ensemble du moteur Le Rhône à 9 cylindres.

Les bielles sont assemblées sur le maneton unique du vilebrequin d'une façon originale (fig. 103). Une bielle « maîtresse » est rendue solidaire par quatre boulons d'une tête de bielle en deux pièces qui tourillonne sur deux gros roulements à billes autour du maneton du vilebrequin.

Dans le moteur Anzani, ou dans le moteur Peugeot sans bielle maîtresse, les extrémités de toutes les bielles coulissent dans une seule rainure circulaire

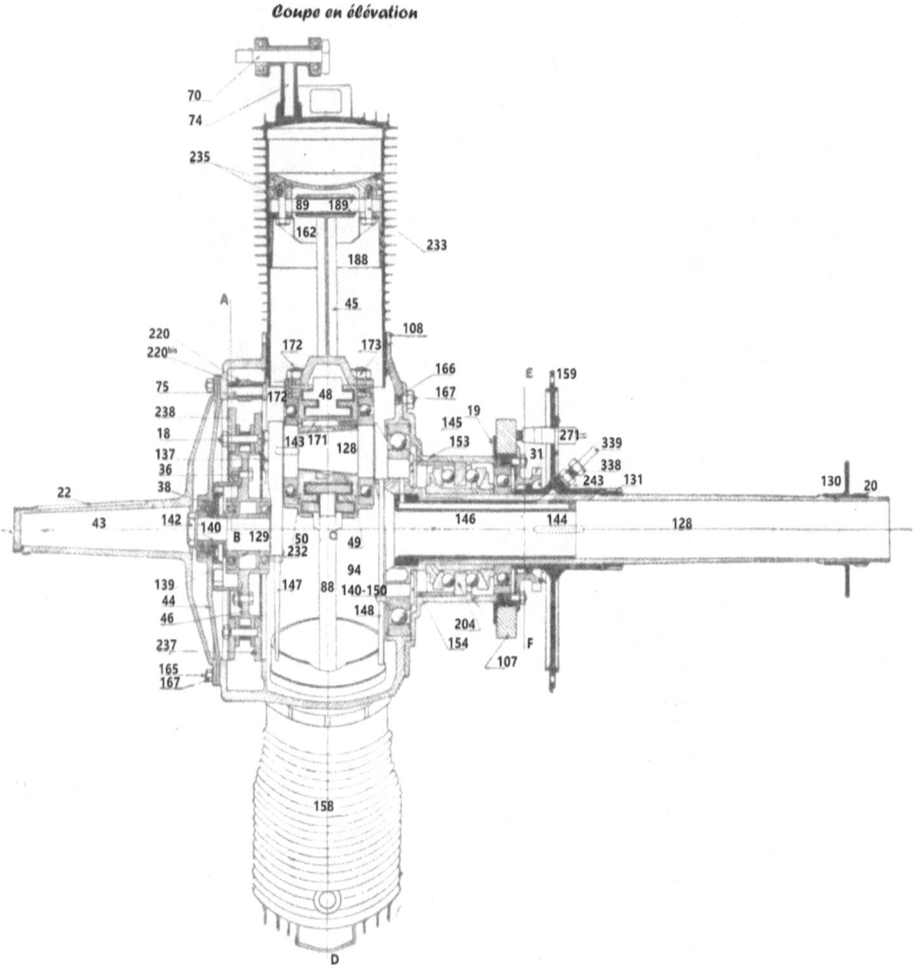

Fig. 103 – Coupe du moteur Le Rhône à sept cylindres
a) Coupe longitudinale

Légende. – 70, axe du culbuteur et culbuteur ; 74, support d'axe de culbuteur ; 77, 78, soupapes ; 235, segments de pistons ; 188, piston ; 162, déflecteur d'huile du piston ; 45, bielle mère ; 48, pied de la bielle mère ; 87, 88, biellettes ; 128, 129, vilebrequin ; 204, roulements à billes de support et de butée du vilebrequin ; 237, 238, cames de distribution ; 95, engrenage de commande de distribution ; 22, nez porte hélice ; 107, distributeur d'allumage ; 244, tuyauterie d'admission ; 42, tige de commande de culbuteur ; 220, basculeur.

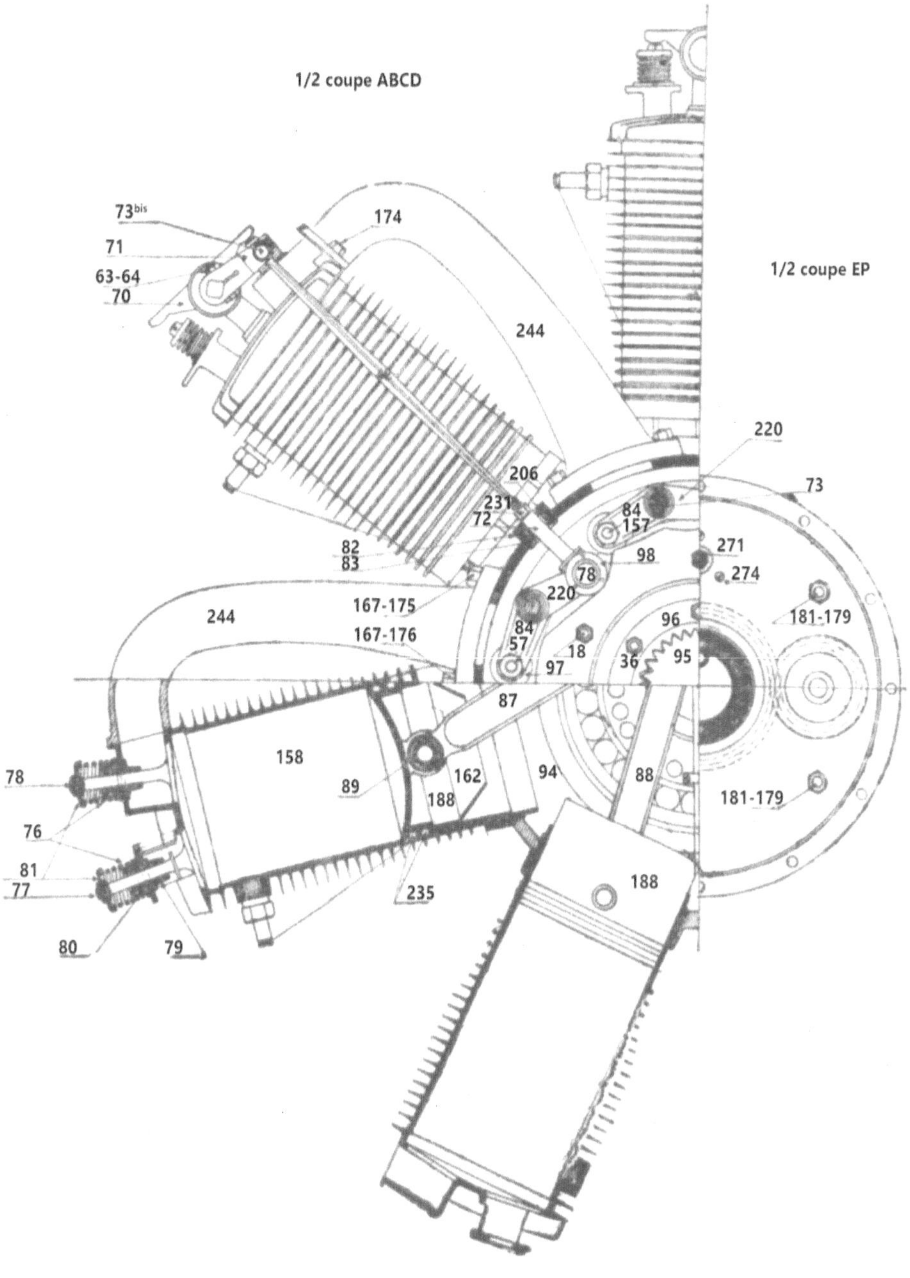

Fig. 103 – Coupe du moteur Le Rhône à sept cylindres
b) Coupe transversale

Légende. – 70, axe du culbuteur et culbuteur ; 74, support d'axe de culbuteur ; 77, 78, soupapes ; 235, segments de pistons ; 188, piston ; 162, déflecteur d'huile du piston ; 45, bielle mère ; 48, pied de la bielle mère ; 87, 88, biellettes ; 128, 129, vilebrequin ; 204, roulements à billes de support et de butée du vilebrequin ; 237, 238, cames de distribution ; 95, engrenage de commande de distribution ; 22, nez porte hélice ; 107, distributeur d'allumage ; 244, tuyauterie d'admission ; 42, tige de commande de culbuteur ; 220, basculeur.

en bronze ; dans le moteur Le Rhône, les extrémités des biellettes sont maintenues dans deux rainures circulaires concentriques solidaires de la tête de bielle maîtresse. Une bielle s'emmanchant dans la rainure intérieure est suivie d'une autre emmanchée dans la rainure extérieure. La surface de portée est ainsi augmentée et par suite la fatigue diminuée. Les bielles sont de différentes longueurs, mais elles tourillonnent toutes exactement autour de l'axe du maneton, de telle sorte que les phases du cycle et leur obliquité maximum soient rigoureusement les mêmes pour tous les cylindres.

Le vilebrequin comprend toujours deux pièces, le coude avant réuni au coude principal arrière par clavettes et écrou de blocage. Il est supporté à l'arrière par deux roulements à billes annulaires et un roulement double de butée.

Ce dispositif du vilebrequin en deux pièces, qu'on retrouve dans la plupart des moteurs rotatifs, permet d'utiliser des bielles en une seule pièce, sans chapeau rapporté, toujours encombrant, ou un manchon central d'accouplement des têtes de bielle également en une seule pièce (fig. 103), et facilite le démontage.

L'alimentation en gaz carburé se fait par l'intérieur du vilebrequin qui est creux.

Un carburateur Tampier, automatique, à aiguille conique, donnant une section variable pour l'admission de l'essence, et réglant en même temps la section d'entrée de l'air et les gaz au moyen d'un volet à guillotine, est monté en bout d'arbre.

La distribution (fig. 104) est réalisée au moyen d'une came à quatre bossages, excentrée par rapport à l'axe du moteur et tournant aux sept huitièmes de la vitesse du moteur. Un pignon solidaire du faux couvercle du carter engrène un engrenage à denture intérieure et faisant corps avec la came de distribution excentrée, et produit ainsi l'entraînement de la came (dans le moteur Clerget le pignon de la came était intérieur au pignon solidaire du carter, ici on a la solution inverse). La distribution pour l'admission est constituée par une came semblable à la précédente fixée sur la même couronne parallèlement à elle, mais décalée de l'angle voulu: un seul couple d'engrenages suffit pour l'entraînement.

Les deux soupapes d'un cylindre sont commandées par un culbuteur unique, dont l'axe est monté sur billes ; ce culbuteur est solidaire d'une tige unique reliée elle-même à un basculeur comportant, à ses extrémités, deux galets situés respectivement dans le plan de chacune des cames. Chaque basculeur a son axe solidaire du carter. La tige de commande travaille à la compression pour ouvrir la soupape d'échappement, à la traction pour ouvrir la soupape d'admission.

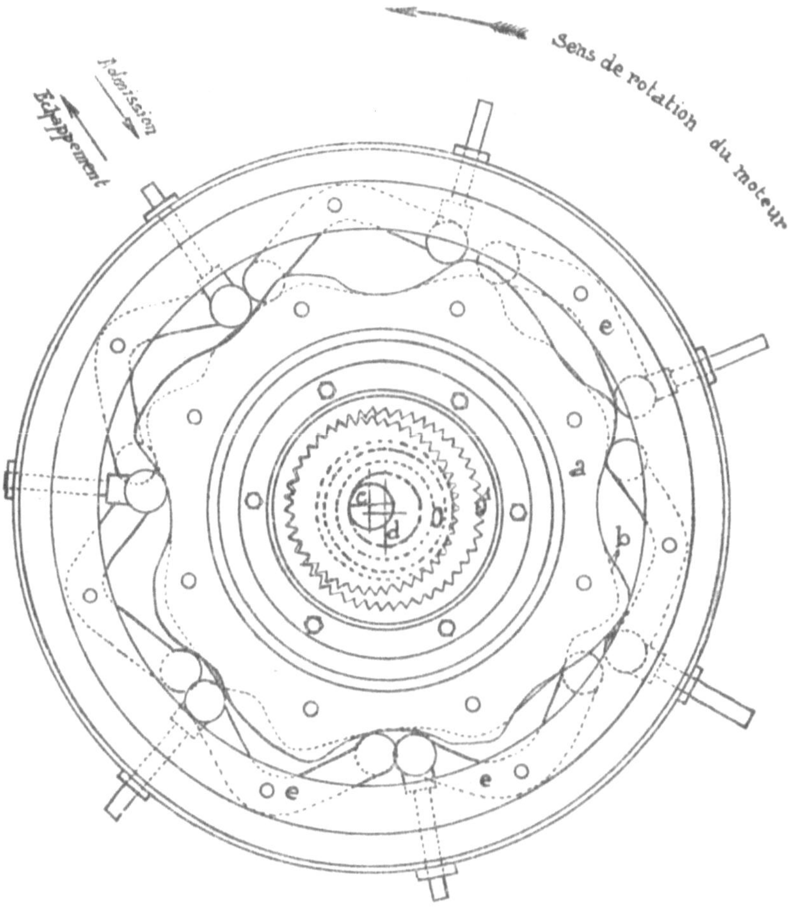

Fig. 104. – Schéma de distribution Le Rhône (sept cylindres).
O, Pignon entraînant la came (solitaire du carter) ; O', Roue intérieure sur le porte-came ; *a*, Came d'échappement ; *b*, Came d'admission ; *c*, Axe du moteur ; *d*, Axe excentré du mouvement des cames ; e, Basculeur de commande.

L'effort à la compression subi par la lige est relativement faible grâce à l'effet de la force centrifuge sur le levier et la lige, qui vient en déduction. La pression des gaz sur la soupape au moment de son ouverture peut être évaluée à 100 kg environ ; l'effet de la force centrifuge sur la tige et le levier est de 25 kg environ, et n'est par suite pas négligeable ; l'effort de traction au contraire sur la soupape d'admission qui est très faible est augmenté par l'effet de la force d'inertie. De la sorte, les efforts dans un sens et dans l'autre pour la tige sont sensiblement les mêmes, ce qui améliore encore l'équilibrage en régularisant les efforts sur la came, et par suite sur le bout de l'arbre.

Dans un moteur rotatif en effet (à sept cylindres) on a toujours trois soupapes d'échappement ouvertes. Quand le cylindre 1 a dépassé légèrement à gauche (le moteur tournant en sens inverse des aiguilles d'une montre) son point culminant vertical qui correspond à la direction du maneton unique, les cylindres 6, 4, 2, sont simultanément au quatrième temps. Il importe que les efforts correspondants aient une résultante aussi faible que possible.

Le graissage est assuré sous pression par une pompe à piston oscillant sans clapet, analogue à la pompe Renault.

L'huile est envoyée par l'intérieur du vilebrequin aux paliers, au maneton, et à la distribution ; un jet spécial est envoyé suivant la direction de la manivelle du coude principal du vilebrequin, à l'intérieur, et tangentiellement à chaque cylindre, au moment de son passage, de façon à réaliser un graissage absolument sûr.

Un masque en tôle conique (monté dans chaque piston) rejette l'huile projetée par la force centrifuge sur les parois du dit piston qui sont percées de trous. Le graissage des cylindres, qui est la partie délicate des rotatifs, est ainsi assuré dans des conditions très soignées.

Tous les moteurs Le Rhône comportent des cylindres de même alésage, 105 mm, la même course, 140 mm ; les divers types se différencient par le nombre des cylindres. On a ainsi le moteur à sept cylindres en étoile donnant 60 chevaux et pesant 85 kg ; le type à neuf cylindres en étoile donnant 80 chevaux à 1250 tours et pesant 115 kg. Ces puissances correspondent à une vitesse moyenne de 1200 tours.

En accolant deux étoiles, on a le moteur à quatorze cylindres, donnant 120 chevaux et pesant 145 kg, le moteur à dix-huit cylindres donnant 160 chevaux et pesant 180 kg.

La consommation horaire est, pour le 80 chevaux, de 28 l d'essence et de 4,5 l d'huile, pour une puissance moyenne de 76 chevaux. Le diamètre d'encombrement est de 930 mm, la longueur 804 mm. Le rendement de ces moteurs est relativement élevé en partie à cause de la compression à laquelle on a pu donner une valeur supérieure à 4, alors que dans les autres rotatifs on se tient en général au-dessous de ce chiffre. Les bougies doivent être organisées de façon à résister aux pressions et aux températures plus élevées correspondantes.

Cette haute compression est possible grâce au faible alésage, le plus faible de tous les rotatifs, qui permet un refroidissement plus efficace.

Moteurs rotatifs à deux temps

Laviator (fig. 105). — Moteur rotatif à trois cylindres en étoile, à deux temps ; alésage 120 mm, course 130 mm, pesant 64 kg et présenté comme donnant 50 chevaux à 1100 tours.

Les cylindres et les pistons sont à deux étages superposés et à deux diamètres, formant ainsi un cylindre de détente et un cylindre de compression ; la partie où a lieu l'explosion a le diamètre le plus faible.

Chaque cylindre de compression est relié au cylindre de détente du groupe voisin qu'il doit alimenter par des canalisations extérieures de communication.

Fig. 105. – Moteur Laviator.

Le distributeur de l'air ou des gaz venant du carburateur et allant aux cylindres de compression est constitué au moyen d'un tiroir rotatif monté dans le vilebrequin, commandé par le mouvement du moteur, et d'une tuyauterie spéciale.

La distribution aux cylindres d'explosion se fait par des lumières que les pistons découvrent ou referment dans leur mouvement ; les lumières sont, en outre, combinées avec les ouvertures du distributeur, de manière qu'au moment de l'échappement un courant d'air pur balaie énergiquement les gaz brûlés avant l'entrée des gaz carbures. Aucune pièce n'est ainsi animée d'un mouvement alternatif.

Le carter est en aluminium ; les cylindres sont en acier au nickel chromé.

Le montage des trois bielles sur le même maneton est du système *Brotherood*, analogue à celui adopté sur le six-cylindres Anzani.

III – Moteurs spéciaux

Moteurs à doubles pistons opposés

Moteur Gobron (fig. 106). — À deux pistons opposés dans le même cylindre, le piston inférieur actionnant le vilebrequin par des bielles en retour.

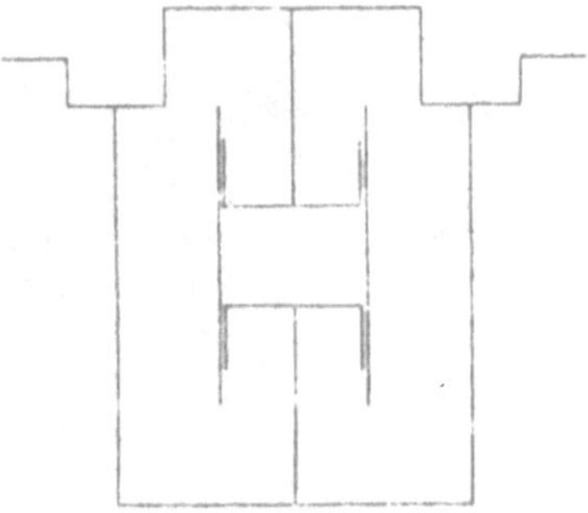

Fig. 106. – Moteur Gobron.

Moteurs rotatifs

Moteur Beck (fig. 107-108). — Moteur rotatif, composé de quatre cylindres en anneau placés bout à bout, la moitié opposés par la tête, l'autre moitié par la base ; les pistons, en forme de segments de tore, sont reliés au vilebrequin fixe au moyen de deux bielles, l'une primaire, l'autre secondaire, et d'un balancier dont l'axe de rotation est solidaire du cylindre correspondant.

Les cylindres seuls ont un mouvement de rotation régulier, les pistons participent au mouvement de rotation des cylindres, mais sont animés, en même temps, de mouvements alternatifs.

Le fonctionnement du moteur (fig. 108) se produit de la façon suivante : les pistons P sont montés par deux à l'extrémité de bras doubles A et B, pouvant tourner autour du centre O du moteur. Ces bras sont ainsi animés d'un mouvement alternatif et d'un mouvement

Fig. 107

de rotation. Chaque bras est relié par une biellette (*b'* ou *b"*) au pied *c* d'une bielle H dont la tête est articulée sur le maneton fixe du vilebrequin.

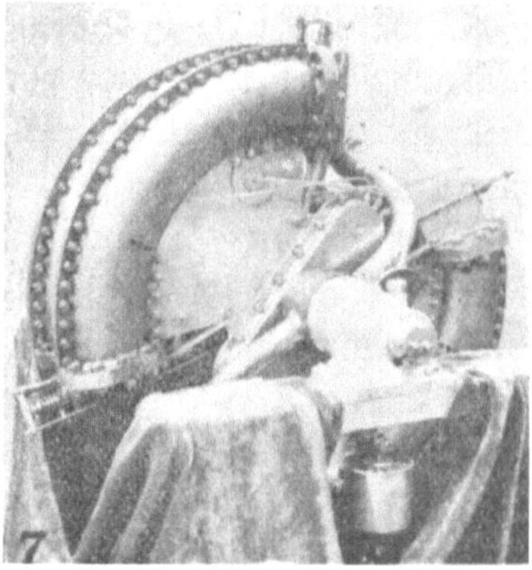

Fig. 107.– Moteur Beck.

Le pied *c* de la bielle H peut glisser dans une rainure G, solidaire des cylindres et dont la direction passe toujours par l'axe O de rotation du moteur, cette bielle H a le même mouvement qu'une bielle ordinaire de moteur rotatif. Supposons que l'explosion jaillisse entre les deux pistons du secteur des biellettes ; ces deux pistons s'écartent l'un de l'autre en même temps que les bras A et B qui leur sont reliés ; il en résulte un mouvement, vers le bas, de l'articulation a de la biellette reliée à A, un mouvement, vers la gauche, de l'articulation a de la biellette reliée à B ;

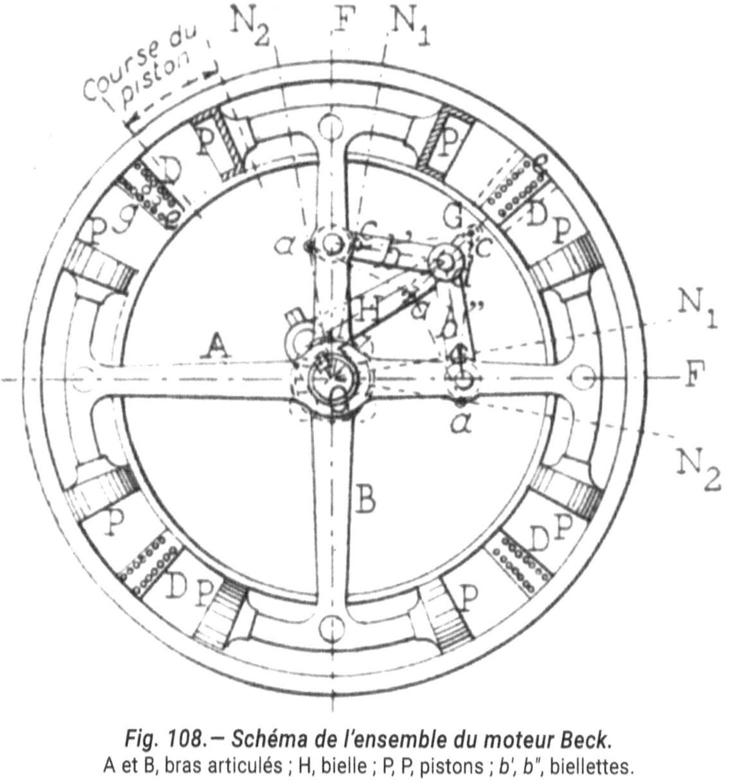

Fig. 108.– Schéma de l'ensemble du moteur Beck.
A et B, bras articulés ; H, bielle ; P, P, pistons ; *b'*, *b"*, biellettes.

d'où, pour le pied *c* de la bielle H un mouvement de glissement dans sa rainure G et de rotation autour de l'articulation de la tête de cette bielle sur le maneton fixe du vilebrequin et, en définitive, la rotation du moteur autour de l'axe O.

Les explosions se produisent dans la chambre commune à deux pistons consécutifs reliés à deux bras différents. L'alimentation des cylindres se fait par l'intérieur du vilebrequin et par des canalisations aboutissant aux chambres de distribution *e* où se meut un piston distributeur et qui servent en même temps à l'échappement.

Les forces d'inertie totales sont bien équilibrées pour l'extérieur, mais les efforts d'inertie dus aux pistons semblent devoir être considérables, car la vitesse du mouvement alternatif du piston tantôt s'ajoute à la vitesse de rotation du cylindre, tantôt s'en retranche. Il est à craindre que les cylindres non munis d'ailettes se refroidissent mal.

Fig. 109.- Moteur Canda.

Moteur Canda (fig. 109-110). — Moteur rotatif à dix cylindres tournants, qui s'intitule sans soupapes, sans bielles et sans vilebrequin. À vrai dire, ces organes sont remplacés par d'autres ayant le même rôle.

Le vilebrequin fixe est remplacé par la came de distribution. Celle-ci porte en son centre une rainure de forme sensiblement elliptique dans laquelle se meut la navette D qui fait office de tête de bielle et termine la tige rigide C du piston O ; elle comprend, en outre, sur son pourtour, deux rainures G et H faisant communiquer successivement l'intérieur de chaque cylindre, l'une avec le carburateur, l'autre avec l'extérieur, pendant que ce cylindre passe devant

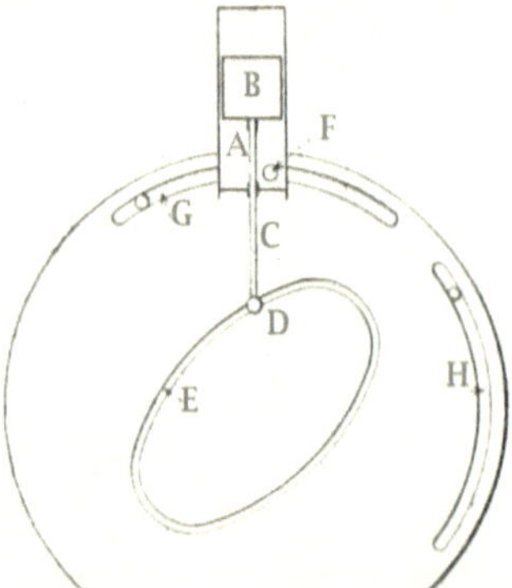

Fig. 110. – Schéma du moteur Canda.

elles. La chambre d'explosion est dans ce but disposée vers l'axe du moteur, de sorte que les pistons sont tournés en sens inverse de leur sens habituel.

Moteurs Demont. — Moteurs tubulaires, rotatifs (fig. 111).

Dans les moteurs à explosion, la limite maximum de l'alésage que l'on peut atteindre et par suite de la puissance correspondante est déterminée par les difficultés du refroidissement. Pour obtenir des puissances élevées, on est amené à augmenter le nombre des cylindres, ce qui entraîne rapidement des complications. Pour les éviter dans les moteurs Demont, on a joint, au refroidissement par la surface extérieure des cylindres, l'action d'un courant d'air par l'intérieur, en donnant à la chambre d'explosion une forme annulaire ; en outre, en constituant les pistons à double effet, on augmente le nombre des explosions pendant l'unité de temps, pour le même encombrement d'ensemble, et en même temps la puissance, la régularité du couple moteur et l'allégement. Un moteur de 300 chevaux arriverait ainsi à ne peser que 100 kg.

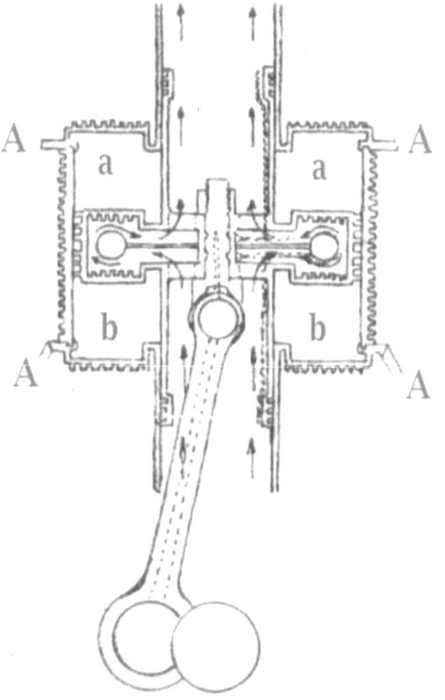

Fig. 111. – Schéma du moteur Demont.
Les flèches indiquent le sens de la circulation de l'air de refroidissement.
a, α, b b, chambres d'explosion ; A, admission des gaz. Les ouvertures d'échappement ne sont pas figurées.

Moteurs Cyclone. — Dans ces moteurs, on a cherché à obtenir plus de simplicité et de robustesse que dans les moteurs rotatifs ordinaires, en remplaçant des soupapes toujours relativement fragiles, surtout quand elles sont automatiques et intérieures, par des tiroirs ; on a réduit au minimum les articulations par coussinets et axes ordinaires pour diminuer le nombre de pièces.

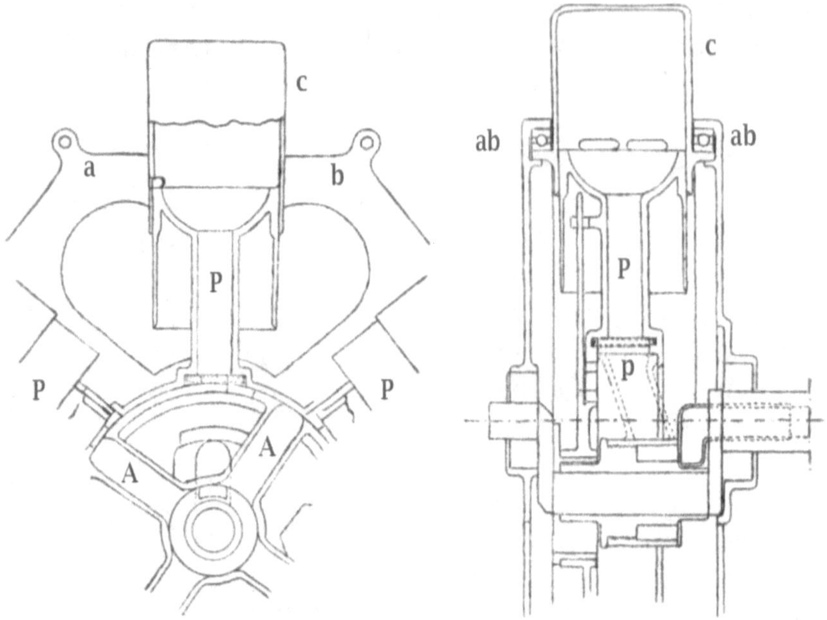

Fig. 112. ***– Schéma du moteur Cyclone.***
(1re solution), étoile rigide de piston P ; C, cylindre glissant le long de *a b*.
A, alimentation des cylindres ; *p*, piston d'étanchéité.

Deux solutions sont présentées.

a. Première solution (fig. 112). — L'ensemble bielles et pistons forme une étoile rigide à sept branches (dans le cas du moteur à sept cylindres) ; le centre de l'étoile est constitué par une couronne circulaire, par laquelle se fait la distribution. Cette étoile tourne d'un mouvement uniforme autour de l'axe A du maneton.

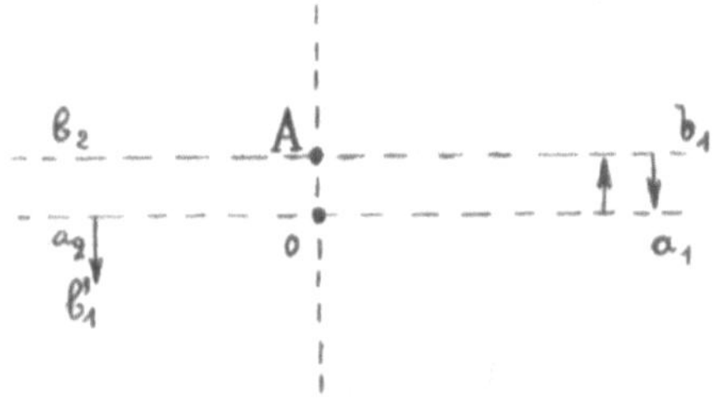

Fig. 113. – Déplacements du cylindre dans le moteur Cyclone (1re solution).
a_1 b_1, déplacement maximum quand le cylindre est à droite ; a_2 b_2 pour le cylindre à gauche ; b_1 b_2, déplacement total égal à deux fois la distance O A, c'est-à-dire à la course du piston.

Les cylindres, par contre, sont animés d'un mouvement varié. Ils sont liés à un carter tournant autour de l'axe O du moteur, et maintenus par un épaulement muni d'une butée à billes rectiligne, qui leur permet de se déplacer parallèlement à eux-mêmes, suivant une perpendiculaire à leur rayon

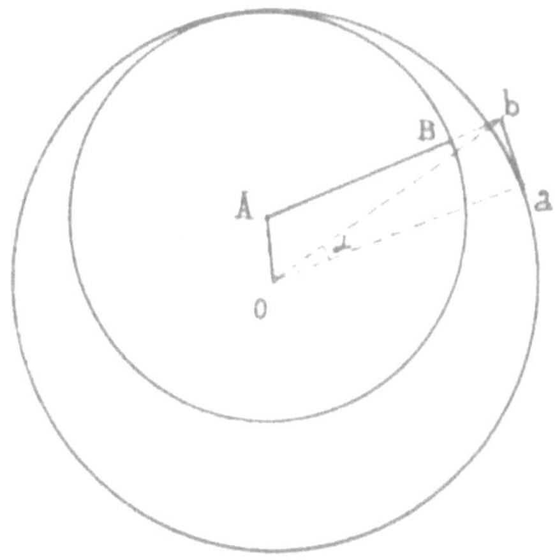

Fig. 113-a.
A, axe de l'étoile des bielles ; B, piston ; A B, bielle ; O, axe du moteur ; *a b*, déplacement du cylindre.

de giration, en glissant le long de cette butée, de façon à avoir à chaque instant leur axe parallèle à celui de la bielle correspondante.

Le déplacement maximum a_1 b_1 du cylindre a lieu quand celui-ci est horizontal (fig. 113) ; la valeur totale de ce déplacement b_2 b_1 est égale à la course du piston. Le cylindre a un fond creux qui sert de chambre d'explosion. Les bielles sont tubulaires et creuses et servent à amener les gaz carbures à la chambre d'explosion.

b. Deuxième solution (fig. 114). — Les cylindres sont montés sur un carter central comme dans les rotatifs ordinaires, et tournent avec une vitesse angulaire constante.

Les pistons, au lieu d'être reliés par des bielles simples intérieures, sont maintenus par deux bielles jumelées extérieures, formant, tendeurs oscillants. Une des extrémités de chaque tendeur peut osciller autour d'une pièce centrée sur le maneton, l'autre autour d'un axe passant par le centre de gravité du piston.

Le fond de la chambre d'explosion étant constitué par la base du cylindre située du côté du carter, et non plus celle de la périphérie comme dans les rotatifs ordinaires, l'explosion tend à éloigner le piston de l'axe du moteur, et par suite les bielles de ceux-ci travaillent toujours dans le même sens, à la traction, du fait non seulement de la force centrifuge, mais aussi des explosions.

Dans les deux solutions, la distribution est obtenue par un tiroir rotatif central, dont le mouvement de rotation est de même sens que celui du moteur, et égal (comme il a été montré pour le moteur Le Rhône), aux sept huitièmes de la vitesse du moteur ; le tiroir glisse à l'intérieur d'une couronne solidaire des bielles dans la première solution, solidaire des cylindres dans la deuxième solution, et percé d'une ouverture en face de chaque bielle (premier cas), de chaque cylindre (deuxième cas).

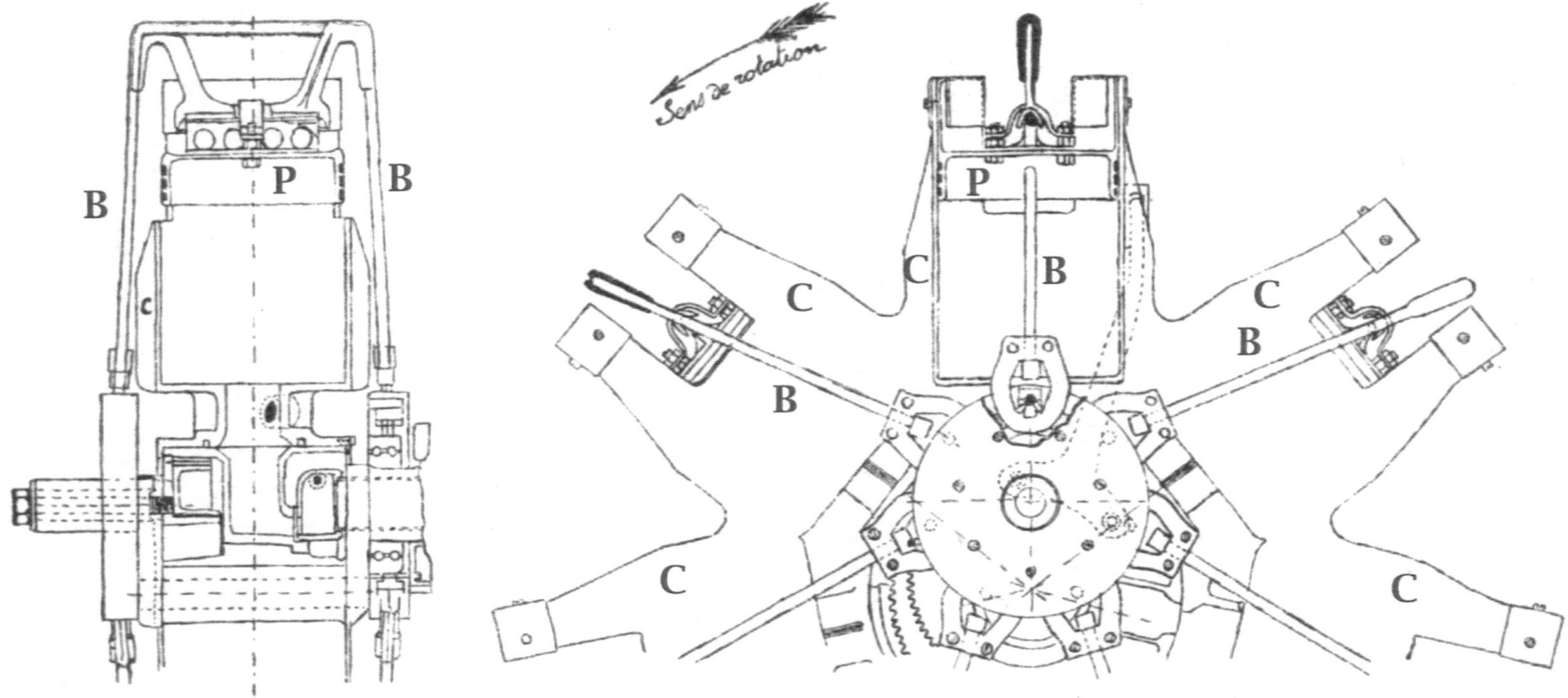

Fig. 114. – Schéma du moteur Cyclone.
(2e solution), P, piston ; B, bielles jumelées ; C, cylindres.

L'étanchéité entre le tiroir intérieur et le tambour extérieur est obtenue au moyen d'un petit piston *p* muni de segments et maintenu appuyé sur le tiroir par un ressort placé à l'abri des gaz de l'explosion.

Le mouvement du tiroir est commandé par un système de pignons droits, l'un solidaire du tambour, l'autre monté fou sur le maneton du vilebrequin, intérieur au précédent et entraîné lui-même par des broches solidaires du carter.

L'échappement est assuré par des fenêtres ménagées dans le cylindre, que le piston découvre quand il arrive à fond de course, et par des ouvertures ménagées dans le tiroir de distribution vers l'axe du moteur.

Il est à noter que, dans les deux cas, la force centrifuge semble devoir empêcher les cylindres de se vider complètement malgré l'échappement à fond de course ; en outre, la présence de gaz chauds d'échappement vers le centre du moteur rend le refroidissement plus difficile à réaliser.

L'échappement à fond de course enlève d'ailleurs de la souplesse au moteur.

Il semble, d'autre part, que le graissage des axes de piston, ainsi placés complètement à l'extérieur du moteur doive présenter certaines difficultés et que, par contre, on ait à craindre un envahissement des chambres d'explosion par l'huile projetée par la force centrifuge. Les axes peuvent, il est vrai, être remplacés par de simples couteaux, étant donnée la faible amplitude des oscillations.

Par contre, ces moteurs présentent les avantages suivants :

- Une grande simplicité de construction.
- Dans la première solution, la force centrifuge et l'explosion agissant dans le même sens sur les segments, l'étanchéité est mieux assurée.
- Dans les deux solutions, la pression maximum des pistons sur les cylindres est inférieure à celle existant dans les moteurs rotatifs ordinaires. Dans la deuxième solution, les effets de l'explosion et ceux dus aux forces d'inertie tangentielles agissant sur le piston et la bielle, au lieu d'être de même sens et de s'ajouter, sont de sens contraire, et, par suite, ont une résultante très faible qu'on pourrait rendre nulle. Le graissage des pistons et des cylindres est ainsi rendu plus facile.

Moteur Esselbe (fig. 115). — C'est un moteur rotatif où les soupapes ont été remplacées par des tiroirs cylindriques mobiles devant des lumières forées dans le cylindre ; l'admission est produite vers la base du cylindre, près du carter, par le mouvement d'un tambour entourant le cylindre ; l'échappement est obtenu par démasquement, grâce à un piston-tiroir, d'ouvertures placées dans le prolongement de l'axe des cylindres.

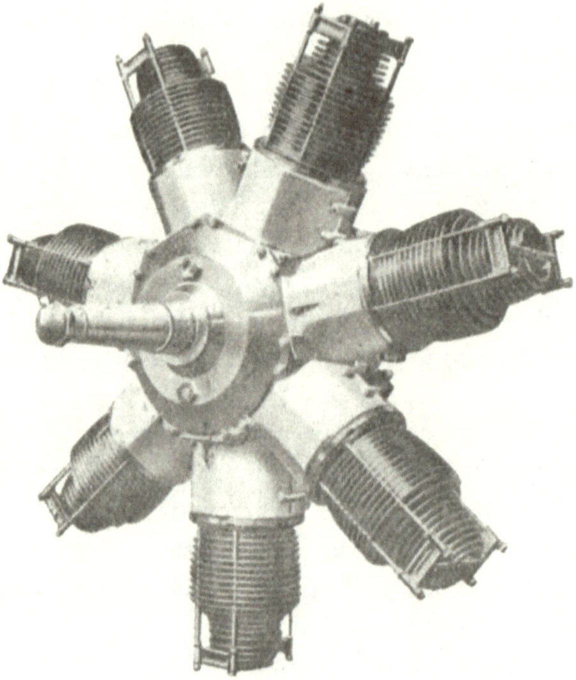

Fig. 115. – Moteur Esselbe.

Tambours et pistons sont commandés chacun par une came excentrée, tournant à demi-vitesse, des renvois de distribution et des biellettes ; celles qui actionnent le tiroir d'échappement semblent devoir être soumises à des efforts considérables.

Les bielles sont montées toutes accolées, le pied de chaque bielle entourant un manchon de grand diamètre, monté sur le maneton unique du vilebrequin. Grâce à ce grand diamètre l'épaisseur de chaque pied de bielle peut être rendue faible et en même temps l'intervalle entre les plans de deux cylindres consécutifs, de sorte que l'équilibrage est encore satisfaisant.

Le type présenté a sept cylindres de 110 mm d'alésage, 120 mm de course, donnerait 60 chevaux à 1250 tours avec un poids de 80 kg.

Moteur Luel. — C'est un moteur italien, à soupapes commandées, établi sur des principes analogues à ceux des moteurs « Clerget » et « Le Rhône ».

Moteurs Dhénain. — Les moteurs rotatifs Dhénain se distinguent des rotatifs ordinaires par les points suivants :

a) La construction : les cylindres sont en fonte coulés d'un bloc avec le carter et chaque cylindre est venu de fonte avec sa tuyauterie d'admission ;
b) Le montage des bielles : celles-ci sont montées d'une façon analogue à celle admise dans le moteur Anzani ;
c) La distribution, qui est assurée au moyen de deux excentriques et de couronnes spéciales à encoches ;
d) Le graissage, qui comprend une pompe à double effet envoyant dans le carter une véritable émulsion d'huile et d'air.

L'huile projetée sur la périphérie la plus grande du carter par la force centrifuge est ramenée vers le centre par un tube fixe, grâce à la pression de l'air dans le carter. Le moteur présenté a sept cylindres, 90 mm d'alésage, 150 mm de course, pesant 110 kg, donnerait 50 chevaux à 850 tours.

Moteurs S.H.K. (fig. 116). — Dans le moteur rotatif à sept cylindres, l'admission et l'échappement sont obtenus au moyen d'un tiroir cylindrique, placé au fond des cylindres, et dont les ouvertures sont mises successivement en communication avec la tuyauterie d'admission et l'extérieur.

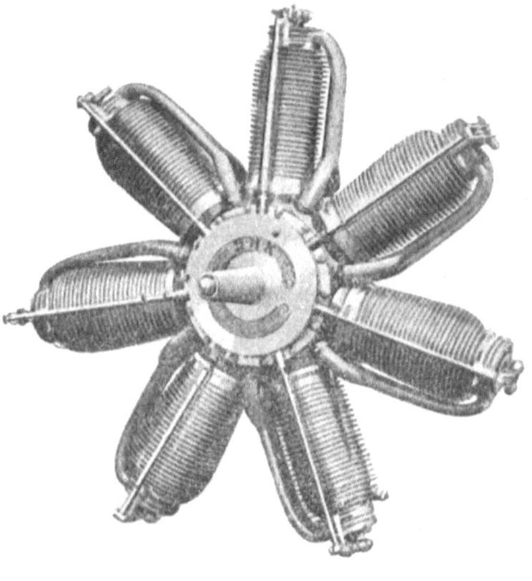
Fig. 116. – Moteur S. H. K.

Les déplacements du piston distributeur sont commandés par un seul culbuteur. Le fonctionnement du tiroir semble devoir présenter des difficultés par suite de la température élevée à laquelle il est porté, ce qui rend son graissage très délicat. Le moteur à sept cylindres 110 × 140 donnerait 70 chevaux.

Moteur à quatre cylindres à pistons fixes

Moteur Weisz (fig. 117). — Dans ce moteur à quatre cylindres verticaux non rotatifs, on a réalisé le déplacement des cylindres en vue de leur refroidissement, et laissé les pistons fixes. Les cylindres, munis d'ailettes hélicoïdales, montent et descendent ; les soupapes, les conduits d'admission et d'échappement sont logés dans le piston. Les cylindres portent les bielles dont les têtes sont articulées sur le vilebrequin, placé à l'air libre à la partie supérieure du moteur. Les bougies sont fixées aux cylindres et reliées par des ressorts en spirale au distributeur, afin de pouvoir suivre les mouvements alternatifs des cylindres. Le support du vilebrequin est relié à la base des pistons au moyen de quatre colonnettes.

Fig. 117. – Moteur Weisz.

Moteurs bi-rotatifs

Dans ces moteurs, on a cherché, en faisant tourner séparément les ensembles cylindres, carter et pistons d'un côté, le vilebrequin et l'hélice de l'autre, dans un sens différent, d'une part à diminuer l'effet gyroscopique, d'autre part à réduire les forces d'inertie qui appliquent le piston sur le cylindre, ce qui facilite le graissage et diminue l'usure des segments ou obturateurs, et enfin à augmenter la puissance.

La résultante des effets gyroscopiques peut être ainsi annulée.

La composante tangentielle de la force d'inertie due au mouvement de rotation du piston, et qui appuie le piston sur le cylindre, est donnée par la formule approchée (première partie de l'ouvrage) :

$$F = M\,(2\pi\,(N/60))^2\,le \sin \Theta$$

les lettres ayant toujours les mêmes significations, en particulier Θ étant l'angle que fait à chaque instant la direction du maneton de la manivelle avec l'axe du cylindre ; 2 π représente ω, c'est-à-dire la vitesse angulaire de rotation des cylindres supposée constante. En diminuant ω on diminue F, mais on est limité dans cette réduction par la nécessité du refroidissement.

Le nombre de cylindrées, pendant l'unité de temps, correspond à la somme du nombre de tours décrits séparément par le vilebrequin et les cylindres. Pour une même valeur des forces d'inertie créées par les mouvements de rotation élémentaires, la puissance est donc augmentée. Le théorème des quantités de mouvement est applicable à ces moteurs. Si M_1 et V_1 sont la masse et la vitesse d'un des ensembles, M_2 et V_2 celles de l'autre, on a la relation

$$M_1 V_1 = M_2 V_2$$

Les moteurs réalisés d'après ces principes sont intéressants, mais présentent des complications mécaniques.

Moteur Burlat (fig. 118-120). — Moteur bi-rotatif ; les cylindres et le vilebrequin tournent dans le même sens, le vilebrequin avec une vitesse double entraîne l'hélice.

Le fonctionnement de ce moteur est une application du théorème de La Hire (fig. 118).

Lorsqu'un cercle A roule à l'intérieur d'un cercle B de diamètre double, les hypocycloïdes décrites par tous les points du cercle A sont des lignes droites confondues avec des diamètres du grand cercle B : ainsi la courbe décrite par le point C est le diamètre DE. Cela tient à ce fait que, lorsque le cercle A vient en A', par exemple, en roulant sur le cercle B, l'arc CC_1 du grand

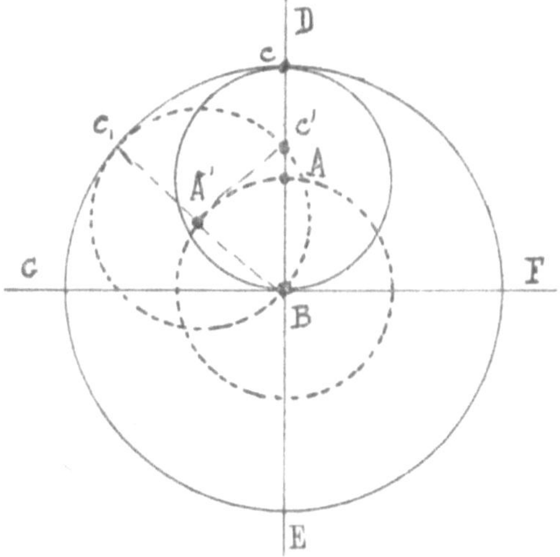

Fig. 118. – Théorème de La Hire.
(Arc $C_1 C_2$ = arc $C_1 C'$) quand le cercle A roule à l'intérieur du cercle B, le lieu du point C est le diamètre DE.

cercle, étant égal à l'are C_1C' du petit cercle de rayon moitié, l'angle inscrit C_1BC' est égal à l'angle au centre CBC.

La ligne décrite par le point B est le diamètre perpendiculaire GF.

Dans le moteur Burlat (fig. 119), le centre A du petit cercle est rendu fixe, c'est l'axe du vilebrequin, distinct de l'axe du moteur (carter) ; les points C et B sont les manetons du vilebrequin. Sur le point B se projette en même temps l'axe fixe du moteur (carter et cylindres). Les cercles de centre A et B sont ainsi animés simultanément d'un mouvement de rotation ; les cylindres et le carter tournent autour du point B dans le même sens que le vilebrequin et deux fois moins vite. Les

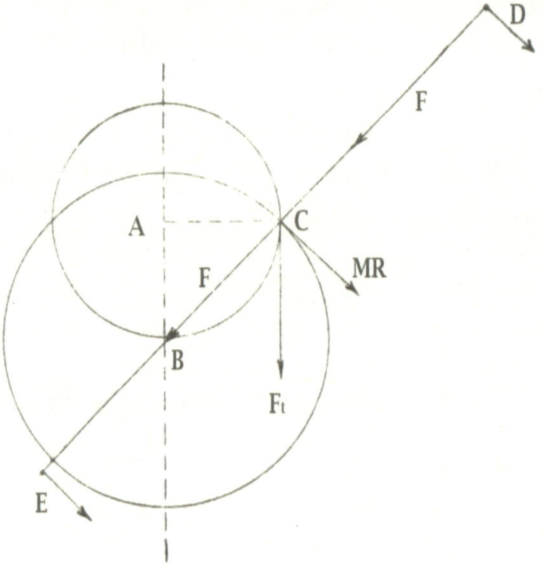

Fig. 119.– Schéma du moteur Burlat.
a) Décomposition de la force d'explosion F.
A, axe du vilebrequin ; B, axe du moteur ; CD - CE bielles ; D, E, pistons ; AB, manivelle du vilebrequin ; Ft, effort tangentiel sur le vilebrequin ; MR, effort d'entraînement des cylindres.

Fig. 119.– Schéma du moteur Burlat.
b) Réalisation mécanique.

manetons B et C du vilebrequin se déplacent constamment sur deux lignes droites DE et GF perpendiculaires entre elles et tournant avec le grand cercle de centre B.

Si l'on prend la droite DE comme axe de deux cylindres opposés D et E, si l'on fait tourner ces cylindres autour du point B, d en même temps le vilebrequin autour du point A à vitesse double et dans le même sens, les bielles des pistons D et E, articulées autour du maneton C, passent constamment par le point B et restent dans le prolongement l'une de l'autre. En rendant ces bielles solidaires entre elles et des pistons de façon à réaliser un tout rigide, pouvant tourillonner autour du maneton C, la rotation des cylindres autour de B entraînera, par l'intermédiaire des bielles rigides, la rotation du vilebrequin autour de A, dans le même sens et à une vitesse double.

La course du piston par rapport au cylindre correspond, comme dans les moteurs ordinaires, au double de l'excentrage des manetons par rapport à l'axe du vilebrequin, c'est-à-dire au diamètre du cercle décrit par les manetons.

Pour une même vitesse de rotation qu'un rotatif ordinaire, les forces d'inertie tangentielles dépendant des variations de vitesse de rotation des pistons sont ainsi réduites, entraînant une réduction dans la pression du piston sur le cylindre, provenant de ce fait.

La pression latérale du piston due aux efforts de l'explosion est également réduite.

En effet, la pression F des gaz s'exerce le long de l'axe des bielles et sa composante tangentielle F, appliquée au maneton C_1 du vilebrequin entraîne la rotation de celui-ci autour du point A. Mais ce mouvement ne peut s'effectuer qu'à la condition que la ligne DE tourne autour du point B en faisant tourner l'ensemble du carter et des cylindres autour du même point B. L'effort d'entraînement nécessaire est représenté par la composante M_R de F_t suivant la perpendiculaire au rayon BC. Cette force M_R a pour effet d'appuyer les deux pistons des cylindres D, E sur les cylindres, du même côté par rapport à l'axe de la bielle, et avec une force égale à $M_R/2$.

Ces forces ont, par rapport au point B, des moments de sens contraire et de bras de levier différents, et le travail utile qu'elles produisent est fonction à chaque instant de la différence de ces moments. Le travail résultant effectué correspond seulement au travail nécessaire pour équilibrer les résistances passives de frottement et la résistance de l'air sur les cylindres et le carter. Dans un rotatif ordinaire, au contraire, le travail effectué sous l'effet de l'appui du piston sur le cylindre correspond au travail total moteur.

Le moteur comprend essentiellement un bâti en tôle emboutie, formant support des paliers du vilebrequin et des paliers du carter situés les uns au-dessous des autres.

Les cylindres sont en fonte à ailettes et maintenus au carter par des colonnettes en acier ; les pistons en fonte, à segments en fonte, sont vissés sur les têtes de bielle. Le carter est en acier coulé et tourne sur des roulements à billes. Le vilebrequin a autant de manetons que le moteur contient de groupes de deux cylindres et porte le moyeu d'hélice. Les groupes de deux cylindres correspondant à deux manetons à 180° sont placés à 90° l'un de l'autre.

Fig. 120.– Moteur Burlat.

Les soupapes d'admission sont automatiques et équilibrées, analogues à celles du moteur Gnome, et placées au fond de chacun des pistons ; leur nombre est de deux par cylindre.

La soupape d'échappement est placée au fond du cylindre et commandée par tige et culbuteur ; un arbre à cames unique logé dans le carter, et tournant avec lui, assure la distribution. Les cylindres tournent ainsi en sens inverse du vilebrequin et de l'hélice, ce qui diminue l'effet gyroscopique de celle-ci.

La figure 120 représente un moteur Burlat à huit cylindres : deux cylindres sont enlevés et laissent voir les pistons au fond desquels on aperçoit les soupapes d'admission.

Moteur E.J.C. à double rotation libre (fig. 121). — Dans ce moteur, l'arbre vilebrequin et le carter portant les cylindres sont montés tous deux fous sur des paliers à billes concentriques, et chacun d'eux porte un moyeu d'hélice. Une hélice est clavelée sur l'arbre, une autre de pas inverse sur le carter, de façon à ajouter son action à la précédente, aucun engrenage ne lie les rotations du carter et du vilebrequin, qui s'effectuent en sens inverse par le seul effet de l'action et de la réaction.

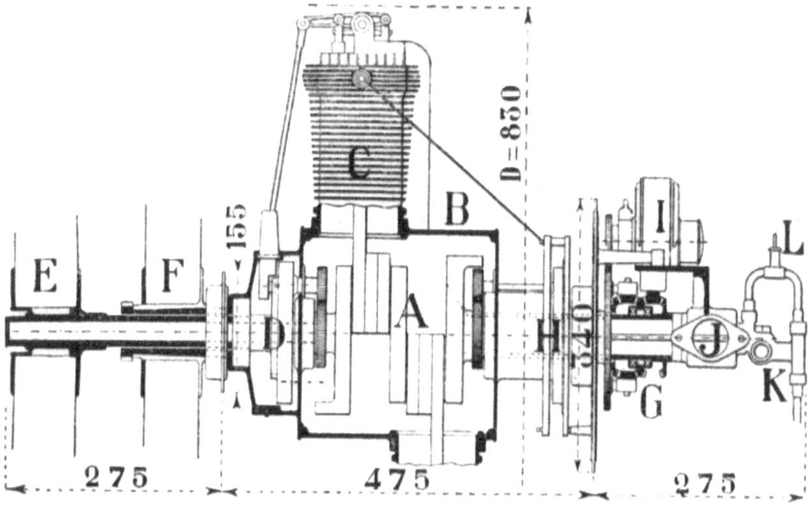

Fig. 121. – Moteur E. J. C., type 60 chevaux.
Légende. – A, arbre manivelle ; B, carter ; C, cylindre ; D, distribution ; E F, hélices ; G, commande de la magnéto ; H, distributeur d'allumage ; I, magnéto ; J, Bride du carburateur ; K, pompe à huile ; L, pulsateur.

En faisant varier la résistance de chaque hélice, on fait varier le rapport des vitesses de l'arbre et du vilebrequin.

Pour que la magnéto soit entraînée constamment à la vitesse voulue égale à la fraction *n*/4 de la somme des vitesses du vilebrequin et des cylindres (*n* étant le nombre de cylindres), il a été nécessaire de conjuguer les pignons de commande calés respectivement sur le carter et

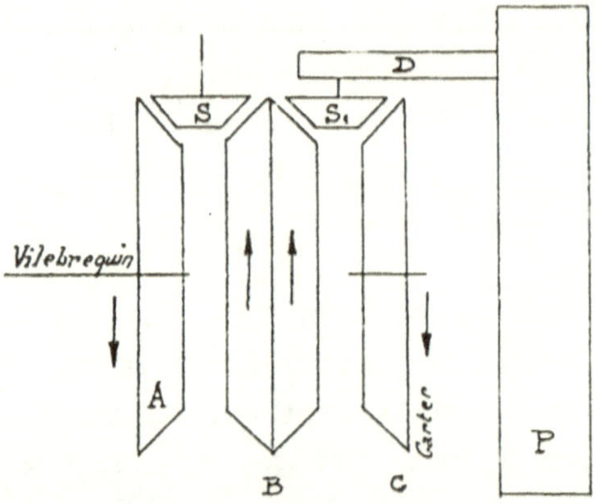

Fig. 122. – Schéma de la commande de magnéto dans le moteur E. J. C.

S, Satellite fixe pour renverser le sens de rotation.
P, Pignon de commande de la magnéto.
S_1, Satellite dont la couronne D entraîne le pignon P.

sur le vilebrequin au moyen de satellites. Le dispositif comprend schématiquement (fig. 122) un pignon conique A monté sur le vilebrequin, un pignon satellite fixe S qui a pour effet d'entraîner le double pignon conique B à la même vitesse que A, mais en sens inverse ; un pignon conique C est solidaire du carter et tourne par suite dans le même sens que B.

Entre B et C se trouve un satellite ordinaire S_1, à axe solidaire d'une couronne D ; cette couronne est montée sur le satellite S_1 et tourne donc comme dans un différentiel d'automobile, à une vitesse égale constamment à la moyenne des vitesses B et C ; c'est cette couronne D qui, solidaire d'un engrenage cylindrique ordinaire P, commande le mouvement de la magnéto.

Le moteur présenté est un moteur à six cylindres, avec vilebrequin à deux manetons portant chacune trois bielles accolées munies de roulements à billes. Les deux soupapes d'admission et d'échappement de chaque cylindre sont commandées par un seul culbuteur. La distribution est assurée par une came unique analogue à celle du moteur R. E. P.

Les cylindres ont 100 mm d'alésage, 100 mm de course (ce qui correspond pour les six à une cylindrée de 4,700 l), le poids est de 84 kg. La puissance serait de 60 chevaux pour une vitesse totale de 2000 tours, 800 tours pour le carter, 1200 tours pour l'arbre.

Moteur Ligez (fig. 123-124), — Dans le moteur Ligez, dit birotatif, on a annulé les effets gyroscopiques des moteurs rotatifs en faisant tourner en même temps et en sens inverse, à des vitesses appropriées, dans un rapport fixe, le vilebrequin et l'ensemble des cylindres.

Le moteur comprend trois cylindres calés à 120° l'un de l'autre sur un même carter, les trois bielles sont montées sur le même maneton.

Le vilebrequin peut tourner autour de son axe qui est le même que celui de l'ensemble des cylindres.

Sur le vilebrequin est calé un pignon A qui engrène deux satellites BB' de diamètre égal à celui du pignon, et dont les centres sont fixes dans l'espace. Ceux-ci à leur tour peuvent entraîner la rotation du carter et des cylindres par l'intermédiaire d'une roue dentée intérieurement C solidaire du carter. La couronne C a un diamètre égal à trois fois celui du pignon A et, par suite, des satellites.

Fig. 123. – Moteur Ligez.

Fonctionnement. — Au moment de l'explosion de chaque cylindre (du cylindre 1, par exemple), le piston s'éloigne du fond du cylindre en entraînant la rotation du vilebrequin par l'intermédiaire de la bielle, dans le sens de la flèche ; les satellites sont entraînés en sens inverse et à la même vitesse, par suite la couronne C et le carter sont eux-mêmes entraînés en sens inverse du vilebrequin à une vitesse trois fois moindre.

En pratique, le vilebrequin tourne à une vitesse de 1200 tours à la minute, le carter de 400, de telle sorte que tout se passe, au point de vue du couple moteur, comme si les cylindres étaient fixes et que le vilebrequin tournât à 1600 tours.

Le cycle à quatre temps correspond pour un cylindre fixe à une explosion tous les deux tours du vilebrequin par rapport à la direction de l'axe de ce cylindre prise comme origine. Dans un moteur à trois cylindres en étoile on a ainsi trois explosions à 240° l'une de l'autre, tous les deux tours du vilebrequin, soit six explosions tous les quatre tours.

Or, pour obtenir dans le moteur rotatif Ligez un mouvement rotatif du vilebrequin par rapport aux cylindres correspondant à quatre tours, il suffit que le vilebrequin tourne dans un sens de trois tours et les cylindres en sens inverse d'un tour. Donc, par tour des cylindres on a six explosions régulièrement espacées de 60°, soit deux explosions par cylindre.

Ce moteur présente l'avantage de permettre, sans démultiplicateur spécial, l'emploi d'hélices soit à grande vitesse (1200 tours), montées sur le vilebrequin, soit à grand pas et faible vitesse (400 tours), calées sur le carter.

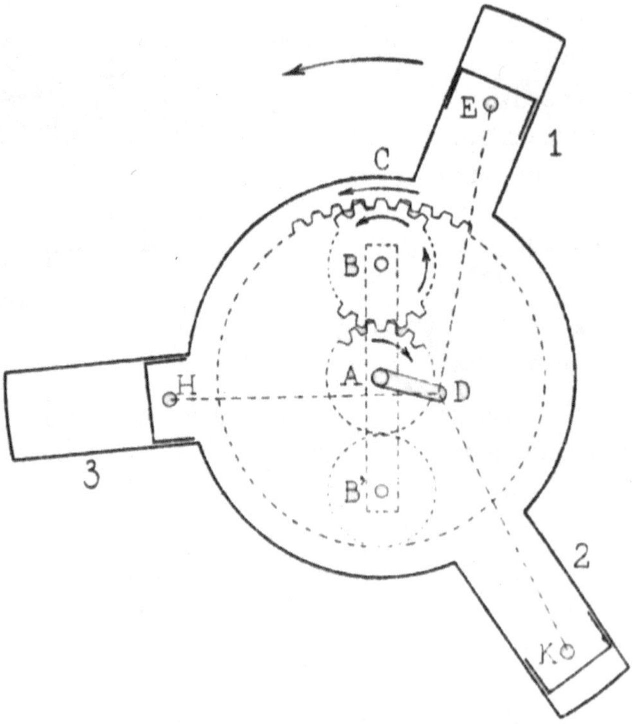

Fig. 124. – Schéma du moteur Ligez.

Comme dispositif ingénieux, on peut citer l'installation des soupapes d'échappement qui sont placées sur les cylindres du côté opposé au sens de rotation, de façon à utiliser, comme dans le moulinet hydraulique, la réaction des gaz d'échappement sur l'air. Le gain de puissance peut atteindre de ce fait 1 à 2 chevaux, à condition que l'évacuation des gaz brûlés ne soit pas gênée.

Ce moteur original aurait 35 chevaux de puissance pour un poids de 70 kg.

Moteurs à vilebrequin parallèle aux cylindres

Moteurs obus étudiés par les maisons Gnome et Canton-Unné. Le principe général de ces moteurs est le suivant : deux cylindres fixes opposés ont leurs pistons reliés par une bielle rigide et sont placés parallèlement à l'axe du moteur. Cet axe est droit et son mouvement de rotation est obtenu comme dans certaines machines-outils, par l'action de la tige ou des pistons sur un plateau circulaire monté obliquement sur cet axe et traversé par lui en son centre. Des roulements à billes de butée diminuent le frottement. Les groupes de deux cylindres sont répartis régulièrement autour de l'axe moteur. Ce dispositif a l'avantage de diminuer la résistance à l'avancement, de réaliser un équilibrage parfait des forces d'inertie et de permettre des longues courses (fig. 125). La transformation du mouvement peut être réalisée non seulement au moyen d'une seule came, mais encore au moyen de plusieurs cames avec bielles spéciales ou d'engrenages d'angles.

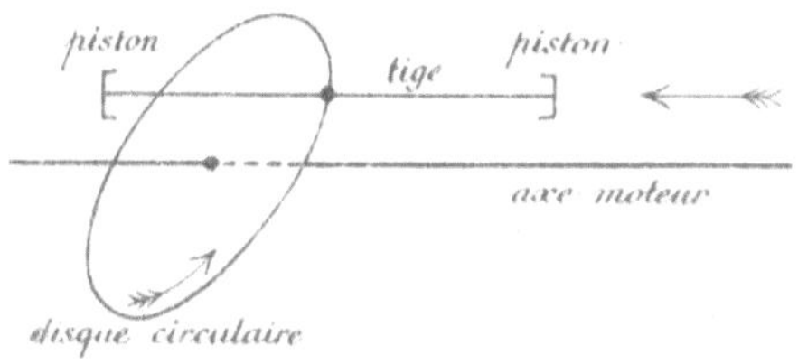

Fig. 125. – Schéma d'un moteur Obus.

Moteurs à pistons animés d'un mouvement oscillatoire

Il a été construit des moteurs, comme le moteur Esselbe (fig. 126), comprenant des pistons en forme de tore, animés d'un mouvement de rotation alternatif oscillatoire, et entraînant le vilebrequin au moyen

Fig. 126. – Moteur Esselbe - 1913.

d'un système de bielles et manivelles analogues à celui du moteur Becq.

On se trouve en présence, dans ces systèmes, de difficultés spéciales pour l'équilibrage, l'étanchéité des chambres d'explosions, le graissage, le refroidissement, l'usinage des pistons, des cylindres et des segments.

Moteurs se rapprochant de la turbine

Moteur Bouret (fig. 127 à 129). — Le moteur Bouret se rapproche de la turbine en ce sens que les surfaces sur lesquelles agit la

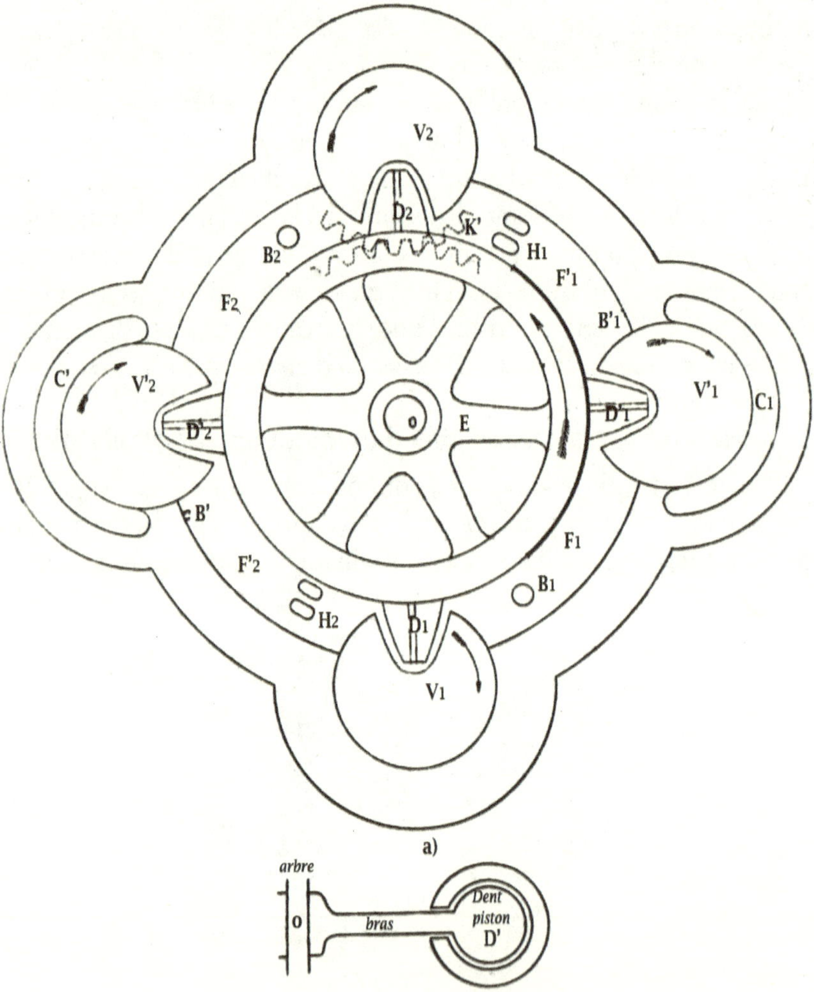

Fig. 127.– Schéma du moteur Bouret.
a) schéma d'ensemble ; a_2) schéma d'une dent de moteur Bouret.

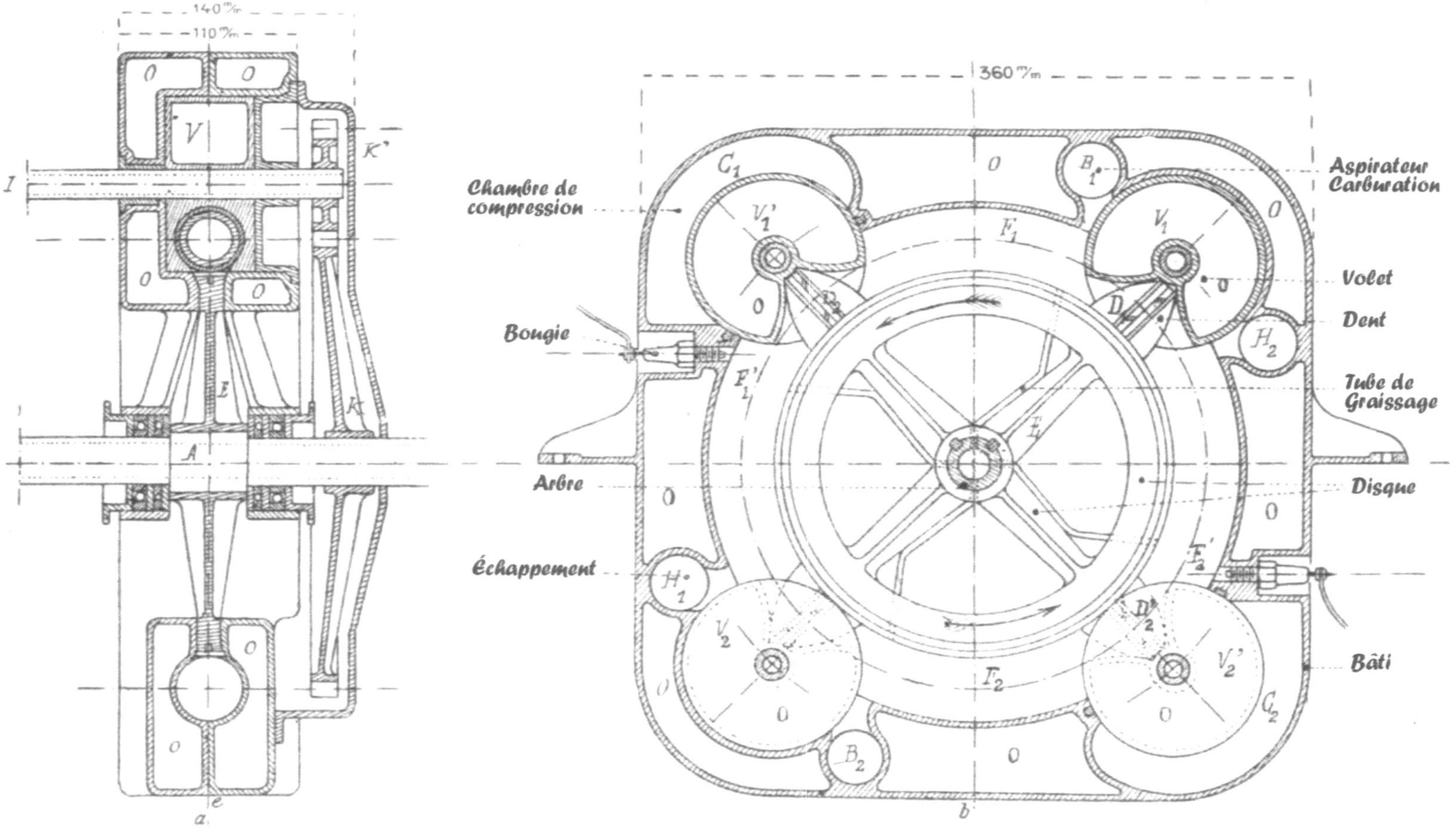

Fig. 128. – **Moteur Bouret.** – *a) Coupe parallèle à l'axe ; b) Coupe perpendiculaire à l'axe.*

pression des gaz explosés à intervalles réguliers, sont calées directement sur l'arbre moteur.

Un élément de moteur Bouret est ainsi composé :

Un tambour E calé sur l'arbre moteur est muni à sa périphérie d'un certain nombre de dents régulièrement espacées, sur le modèle construit de quatre dents D_1, D_2, D'_1, D'_2 à 90° l'une de l'autre. Chacune de ces dents peut s'engager dans l'encoche correspondante d'un volet distributeur ; il existe autant de volets que de dents, quatre dans le cas actuel : V_1, V_2, V'_1, V'_2, et leur entraînement est obtenu au moyen d'engrenages K, K' commandés par l'arbre moteur.

Fig. 129.– Vue d'ensemble d'un moteur Bouret

Ce tambour E tourne à l'intérieur d'un tore supporté par deux flasques assemblées formant bâti fixe ; ce bâti contient les volets distributeurs, les axes et les engrenages K' de commande de ceux-ci. Le tore est ainsi partagé en quatre chambres, telles que F_1, F_2, F'_1, F'_2 par les quatre dents D.

Supposons l'arbre moteur en mouvement dans le sens de la flèche, à un instant donné ; la dent D_1 se trouve dans l'encoche du volet V_1 ; puis elle quitte son logement pendant que s'effectue la rotation du volet V_1 ; la chambre F_1 est alors mise, à l'arrière de la dent D_1 en communication par l'ouverture B_1 avec le carburateur. Le volet V_1 étant tangent au tambour E et le volet V_1 étant muni de segments, l'étanchéité de cette portion de la chambre F est suffisamment assurée pour que le déplacement de la dent D_1 vers la gauche produise l'aspiration des gaz tonnants.

Quand la chambre F, est remplie du mélange explosif, c'est-à-dire lorsque la dent D_1 se trouve en face du volet V'_1, la dent D'_2, se trouve à la place de la dent D_1 et la même opération d'aspiration recommence. La dent D_1 en allant de V_1 à V'_1 aspire en arrière d'elle, et en même temps comprime en avant d'elle les gaz préalablement introduits, comme il vient d'être indiqué. Vers la fin de la compression, grâce au mouvement du volet V'_1, la chambre F_1 (de gauche) est mise en communication avec la chambre C_1 de compression ; le même volet, en continuant à tourner, met en communication la chambre C_1 avec la partie de la chambre F'_1 située derrière la dent D_1, aussitôt que celle-ci a quitté son encoche dans V'_1 ; à ce moment, éclate l'étincelle d'une bougie. La pression des gaz s'exerce sur le volet (bâti fixe) et sur l'arrière de la dent D_1 qui est ainsi poussée dans le sens de la flèche en entraînant avec elle le tambour moteur. En même temps qu'une face de D_1 est poussée par les gaz de l'explosion, l'autre face chasse en avant d'elle les gaz brûlés provenant de la précédente explosion qui remplissent la chambre F'_1 et qui, grâce au volet V_2, sont mis en communication avec la canalisation H_1 d'évacuation, et le cycle continue.

Les mêmes phénomènes se produisent dans les chambres F_2 et F'_2. On a ainsi deux explosions par tour.

Le nombre d'explosions par tour est égal, d'une façon générale, à la moitié du nombre de volets. On peut accoler un nombre quelconque d'éléments, avec les volets décalés chaque fois d'un intervalle angulaire égal à l'intervalle de deux volets consécutifs, de façon à avoir un couple moteur très régulier.

Le refroidissement se fait par circulation d'eau à travers les chambres O. Le graissage se fait sous pression par l'intérieur de l'arbre.

Les difficultés que soulève ce nouveau dispositif de moteur résident surtout dans l'étanchéité des chambres F'_1 et F'_2 dont toutes les parois, sauf une, sont constituées par de grandes surfaces en mouvement, surfaces planes ou toriques, ou cylindriques.

Des segments sont disposés sur les dents D et sur le chemin de glissement des volets V'_1 et V'_2 qui sont soumis aux fortes pressions de la compression et de l'explosion.

Résumé des caractéristiques principales des moteurs d'aviation à explosion actuels

Les moteurs actuels ont les caractéristiques suivantes :

Le *poids* varie de 1,3 à 3 kg par cheval.

Le *refroidissement* se fait par ailettes ou par circulation d'eau. Les moteurs à ailettes, plus simples, ont une tendance à être les plus employés pour les puissances inférieures à 80 chevaux à cause de leur simplicité, malgré leur fragilité, l'irrégularité du refroidissement suivant la température et la vitesse de translation, le danger de l'autoallumage.

Les *carburateurs* sont ou automatiques ou non automatiques, avec ou sans niveau constant. Les premiers sont plus économiques, mais plus compliqués ; ils permettent la marche au ralenti, mais se plient moins facilement aux variations extérieures de l'atmosphère.

La *consommation d'essence* par cheval-heure varie, au banc d'essai en marche normale, de 240 à 320 gr. La consommation totale horaire en vol est accrue, en général, d'un dixième au moins, par suite de l'augmentation de vitesse de rotation du moteur, qui peut atteindre 50 à 100 tours environ avec les vitesses actuelles, si on emploie la même hélice en l'air et au point fixe.

Le *graissage* est toujours fait par circulation avec ou sans pression, par pompe. La consommation horaire d'huile par cheval varie de 14 gr (Salmson C. U.) à 90 gr (Gnome).

La *vitesse de rotation* varie de 1200 à 1800 tours à la minute.

Le *rapport de la course à l'alésage* est compris entre 0,9 et 2,1. La *compression volumétrique* varie de 3,75 à 5 kg ; l'*avance à l'échappement*, de 45 à 90° ; l'*avance à l'allumage*, de 25 à 30° ; le *retard à la fermeture de l'admission*, de 25 à 40°.

La *puissance* varie de 30 à 160 chevaux.

Turbines

On parle beaucoup de la solution de l'avenir par les turbines où tout mouvement alternatif et, par suite, toute trépidation peuvent être supprimés.

La turbine est dérivée du moteur hydraulique.

Dans la roue hydraulique à augets en dessus, on utilise l'énergie potentielle de l'eau, qui est amenée sans vitesse ; dans la roue en dessous, on utilise l'énergie cinétique de l'eau. L'inconvénient des roues est que l'eau n'y a pas une trajectoire déterminée, et que, par suite, il se produit des remous et des chocs qui diminuent beaucoup le rendement.

Avec la turbine, au contraire, l'eau est canalisée par des aubages spéciaux, de façon à supprimer tout choc. Dans le cas où l'on utilise l'énergie potentielle de l'eau, l'eau agit par son changement de pression, on a la *turbine à réaction.* Dans le cas où l'on utilise l'énergie cinétique, l'eau agit par sa vitesse, sans changement de pression nuisible, les canaux ne sont jamais complètement remplis : on a la *turbine à action.*

La turbine a été appliquée à la vapeur. Dans un des types, dit à réaction comme ci-dessus, on utilise la variation de pression de la vapeur ; la difficulté est d'éviter les fuites. Dans un autre type à action, on utilise l'énergie cinétique de la vapeur, ce qui entraîne à des vitesses énormes atteignant 300 tours à la seconde. Il en résulte des difficultés de construction ; en outre, on doit employer des formes spéciales d'ajutage, dès que la vitesse d'écoulement dépasse celle de la propagation du son.

Dans la turbine à gaz, on peut employer les deux systèmes précédents ou une combinaison des deux, en utilisant soit l'explosion, soit la combustion.

1. – Explosion. Schématiquement le dispositif comprend un réservoir muni d'une soupape d'admission, et d'une tuyère destinée à souffler sur les aubages d'une roue. Quand la pression baisse par suite de la rotation de la roue, la soupape est soulevée, le réservoir se remplit d'un mélange combustible qu'on allume, l'explosion ferme la soupape et réagit sur les aubages, la pression baisse, nouvelle aspiration, nouvelle explosion et ainsi de suite. L'explosion, sans compression, est faible.

On peut encore concevoir une turbine constituée par une roue à aubes, entourée, tangentiellement, par un certain nombre de cylindres où l'on envoie le mélange tonnant comprimé au moyen d'une pompe spéciale ; l'extrémité de chaque cylindre est munie d'une tuyère avec soupape dirigeant les gaz explosés sur les aubages.

2. - Combustion. — Le mélange tonnant comprimé est introduit dans le réservoir précédent et s'allume sur un brûleur. Il est difficile de réaliser la compression économique du mélange gazeux : si on emploie un cylindre, c'est revenir au mouvement alternatif ; si on emploie un compresseur rotatif, on a un mauvais rendement.

Enfin, on peut imaginer des dispositifs dans lesquels les explosions se produiraient dans la turbine elle-même.

Une difficulté des deux solutions provient de la haute température que l'on atteint, et qui est nuisible à la bonne conservation des aubages. Le refroidissement par l'eau entraîne de grandes complications, le refroidissement par l'air seul paraît insuffisant.

C'est ainsi qu'à l'heure actuelle aucun système de turbine, du moins pour les petites puissances employées en aéronautique, n'a donné encore complète satisfaction. Ce sont les moteurs rotatifs qui présentent la meilleure solution approchée.

Conclusion

L'aéroplane a ainsi transformé le moteur à explosion et est arrivé à en faire un engin original, doué de qualités spéciales. Il semble que nous assistions aux premières phases de l'adaptation d'un organe à une fonction nouvelle. C'est ainsi qu'on est déjà arrivé à diminuer le poids de 6 à 7 kg par cheval dans le moteur d'automobile à 2,5 kg en moyenne pour les moteurs à quatre cylindres, à 1,2 kg, pour les moteurs rotatifs, grâce au perfectionnement dans le détail et dans l'exécution mécanique, qui est poussé à l'extrême.

Que réserve l'avenir ? Il est difficile de le prévoir, étant donnée la rapidité des progrès réalisés pendant ces cinq dernières années. La rapidité de ces progrès tient, il est vrai, en grande partie aux moyens puissants que l'industrie métallurgique et la machine-outil moderne ont pu donner immédiatement aux inventeurs et aux constructeurs.

Conservera-t-on le cycle actuel du moteur à quatre temps ? On peut présumer que, dans ce cas, si l'on ne découvre pas d'alliages ou de métaux nouveaux à faible densité et a grande résistance, les progrès dans la diminution de la masse puissancique seront relativement lents.

Le moteur à deux temps deviendra-t-il suffisamment pratique et économique ?

Cherchera-t-on dans une autre voie, c'est probable, car le moteur à explosion est encore un peu capricieux et brutal. Emploiera-t-on le moteur à air ou à acide carbonique liquide, dans lequel l'air atmosphérique, au lieu de fournir son oxygène, donnera sa chaleur ?

Découvrira-t-on la turbine légère et pratique employant directement à produire un mouvement de rotation rapide et sûr l'énergie cinétique et la pression des gaz tonnants des moteurs actuels ? La solution serait séduisante, car le rendement serait fortement amélioré, les forces d'inertie dues aux mouvements alternatifs, les effets brutaux des explosions seraient supprimés.

La grande difficulté d'établissement des turbines réside à l'heure actuelle dans le refroidissement des aubages en contact continu avec les gaz à très haute température, mais le problème n'est pas insurmontable.

En attendant la réalisation de ce rêve, il faut chercher à tirer le meilleur parti possible des moteurs actuels. S'ils ne possèdent pas encore au même degré, les qualités de robustesse, de durée, de sécurité de fonctionnement du moteur d'automobile, où les considérations de poids et de rendement ne sont pas prohibitives, ou le métal ne travaille jamais à la limite, où les portées peuvent être largement établies, s'ils n'ont pas tous encore atteint celle simplicité et cette clarté des lignes qui caractérisent l'œuvre définitive, ils sont capables de rendre, dès maintenant, de très grands services, à condition tout d'abord d'être bien montés, c'est-à-dire avec des supports bien établis, des canalisations entre le moteur et les réservoirs bien étudiées ; pour les moteurs à refroidissement par eau, avec un radiateur suffisant comme contenance, débit, surface radiante, en tenant compte de l'exposition au courant d'air ; avec un carburateur bien protégé au point de vue du refroidissement et des remous d'air, avec des commandes simples et sûres ; ensuite d'être utilisés à leur vitesse normale de marche, d'être bien conduits, sans à-coups, et enfin d'être bien soignés, bien entretenus dans les moindres détails, périodiquement visités et bien revus avant chaque vol.

Les pannes graves dues à la rupture subite de pièces surveillées de près et à des intervalles rapprochés sont rares à l'heure actuelle ; grâce aux magnétos, la source d'électricité nécessaire à l'allumage ne se tarit pour ainsi dire plus jamais ; l'essence est obtenue pure par distillation fractionnée, et on a des données précises sur les proportions d'essence et d'air à admettre pour avoir un bon mélange tonnant ; tous les moteurs sont munis d'un graissage rationnel qui présente toute sécurité possible de fonctionnement ; le refroidissement est bien étudié pour éviter les dilatations anormales.

Mais, pour que le moteur fonctionne bien, il faut que tous ses rouages soient constamment tenus en bon état car, s'il est simple, il est encore fragile, à la merci d'un grain de poussière malencontreusement placé, d'une goutte d'eau dans l'essence, d'une impureté dans l'huile, d'une fêlure de porcelaine de bougie, d'un joint qui fuit, d'un raccord ou d'un boulon qui se desserre, d'un ressort qui se détrempe et qui se casse, d'un métal qui cristallise par suite des vibrations et se brise.

Il faut encore, lorsqu'on l'utilise dans des conditions extérieures de température très différentes des conditions normales pour lesquelles il a été établi, c'est-à-dire pendant les grands froids de l'hiver et les chaleurs de l'été, prendre des précautions spéciales pour maintenir les fluides utilisés, eau, huile, air, dans l'état physique et à la température voulus.

Heureusement, il manifeste rapidement le moindre malaise de fonctionnement par des signes caractéristiques pour le mécanicien exercé, toujours aux écoutes, que doit être son conducteur, et sa remise en état faite à temps est, souvent, aussi facile à réaliser que la cause de ses défaillances est simple à découvrir.

Table des Matières

Les moteurs d'aviation

PRINCIPAUX TYPES DE MOTEURS D'AVIATION

MOTEURS

www.decoopman.com

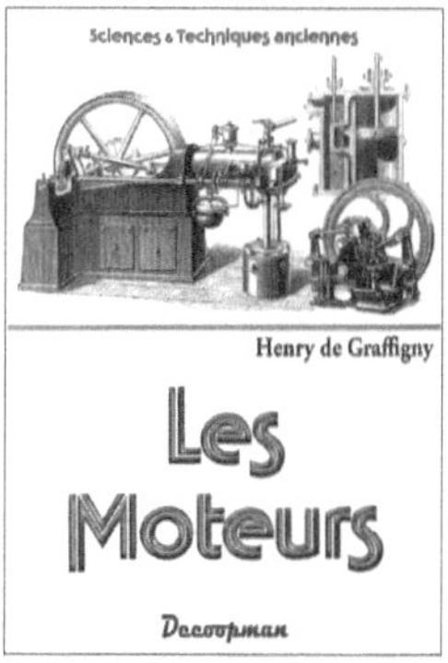

Éditions Decoopman - Ferrières - 30440 Saint-Laurent-le-Minier

Tel : +33 (0) 4.67.73.90.95 - web : www.decoopman.com - e.mail : livres@decoopman.com

Imprimé en France
Lightning Source - 78310 Maurepas

www.ingramcontent.com/pod-product-compliance
Lightning Source LLC
LaVergne TN
LVHW090425061026
849522LV00002B/497
* 9 7 8 2 3 6 9 6 5 1 5 2 9 *